ÉTUDES

LES MICROZOAIRES

INFUSOIRES PROPREMENT DITS

CORBEIL. — Typ. et stér. de Crété fils.

ÉTUDES

SUR

LES MICROZOAIRES

OU

INFUSOIRES PROPREMENT DITS

COMPRENANT

DE NOUVELLES RECHERCHES SUR LEUR ORGANISATION, LEUR CLASSIFICATION
ET LA DESCRIPTION DES ESPÈCES NOUVELLES OU PEU CONNUES

PAR

E. DE FROMENTEL

Docteur en médecine, membre fondateur du Comité paléontologique,
Sociétés géologiques de France, d'émulation du Doubs, Linnéenne de Normandie
des Sciences historiques de l'Yonne, etc., etc , lauréat des Sociétés savantes.

PLANCHES ET NOTES DESCRIPTIVES DES ESPÈCES

PAR Mme J. JOBARD-MUTEAU

PARIS

G. MASSON, ÉDITEUR

LIBRAIRE DE L'ACADÉMIE DE MÉDECINE

17, Place de l'École-de-Médecine

1874

Le règne animal, qui depuis la plus haute antiquité attira l'attention des naturalistes et donna successivement naissance à des travaux remarquables sur les habitants de notre monde visible, contient toute une classe d'animaux inconnus jusqu'à ces derniers temps, invisibles à nos yeux et que le progrès des sciences a pu seul faire sortir des ténèbres profondes où ils étaient plongés depuis la naissance du monde : nous voulons parler des Infusoires ou Microzoaires.

Ces être minuscules, ces petites merveilles de la création n'ont été révélés à l'admiration des savants qu'à l'époque où la découverte des instruments d'optique grossissants leur a permis d'étendre le champ de leurs investigations et pénétrer dans ce domaine des infiniment petits, féerie animée, miniature admirable de notre monde et dépassant en surprises et en étonnements tout ce que pourrait concevoir l'imagination la plus vive et la plus féconde.

Aussi est-ce avec un entrain, une véritable passion scientifique que les premiers micrographes se sont précipités à l'étude de ces petits joyaux de la nature, et il faudrait aujourd'hui des volumes pour relater toutes les recherches patientes, les narrations pleines d'anthousiasme, qui règnent dans les nombreux écrits qui depuis Leeuvenhoek jusqu'à nos jours ont paru en France, en Angleterre, en Allemagne, etc.

La connaissance des Microzoaires a été forcément subordonnée aux progrès que les années ont fait subir aux instruments d'optique : à mesure que le microscope se perfectionnait, l'horizon des découvertes s'élargissait ; les êtres se montraient plus distincts et les erreurs des premiers *Curieux de la nature* se trouvaient peu à peu rectifiées, en même temps que des formes nouvelles, d'admirables créations venaient s'offrir aux yeux émerveillés des derniers investigateurs.

Ce monde des infiniment petits de la terre qui ne peut être comparé, quant à l'immensité du nombre, qu'aux mondes infiniment grands de l'univers, a encore avec ces derniers cette remarquable analogie, que leurs limites réelles sont et seront toujours un mystère que ne pourront approfondir les patients labeurs ni le génie des hommes. La science progresse incessamment, chaque jour elle fait un pas en avant ; elle invente des instruments de plus en plus perfectionnés qui étendent le domaine de nos connaissances : mais plus nous avançons, plus l'horizon recule. Les télescopes vont au loin plonger dans le ciel pour y chercher la forme des astres et découvrir les lois qui les régissent ; le microscope s'approche des particules animées et en étudie les organes étranges ; chaque jour nous pénétrons de plus en plus dans l'étude des grandes et des petites créations, mais, à mesure que nous étendons le champ de nos investigations et quand nous croyons avoir atteint les extrêmes limites, des mondes nouveaux apparaissent, des êtres inconnus surgissent à nos yeux et jettent à nos moyens bornés le défi des créations illimitées.

Qui nous dira jamais quels sont ces points lumineux qui tremblent au firmament, qui nous en chiffrera le nombre : quel instrument nous fera pénétror dans ces mondes immenses que nous voyons semés dans l'univers comme une poussière de diamants ?

Qui donc aussi pourra nous faire connaître ces atomes animés qui fourmillent sous nos yeux, poussière vivante qui, malgré les efforts de l'optique, reste insaisissable, dont les molécules se mêlent et se croisent sous nos yeux sans que nous puissions sonder les mystères de leur existence ? — Il est un terme que l'homme par sa nature même ne saurait franchir : tout est limite et horizon pour lui; les limites et les horizons n'existent pas dans la Création.

Outre l'attrait que présente l'étude des Infusoires en nous révélant des organes inconnus chez les autres animaux, des effets de mécanique que la science ignore, une vie et une reproduction qui étonnent l'observateur par la rapidité des actes qui s'accomplissent sous ses yeux, les êtres microscopiques ont encore attiré l'attention du monde savant par le rôle extraordinaire qu'on a cru devoir, dans ces derniers temps, leur faire jouer dans les phénomènes de la fermentation et de la décomposition des corps et plus encore peut-être par les discussions orageuses qui ont retenti au sein de nos académies, au sujet de leur origine première.

Nous avons donc pensé que le moment était venu de publier nos recherches sur la nature et la composition organique des Infusoires, croyant qu'il était de notre devoir d'apporter tous les matériaux que nous possédons à la fondation de la Microzoologie, édifice scientifique resté jusqu'alors à peu près à l'état d'ébauche et auquel nos successeurs devront un jour apporter tous les perfectionnements que l'avenir leur réserve.

Je ne saurais trop ici remercier madame J. Jobard-Muteau, de Gray, qui non-seulement a bien voulu mettre à la confection des planches de cet ouvrage son rare talent de peintre et de dessinateur, mais qui a fourni encore à la description des espèces toutes les notes qu'elle a recueillies avec une patience et un esprit d'observation remarquable, pendant les longues années que nous avons consacrées ensemble à l'étude des Microzoaires.

DE FROMENTEL.

ÉTUDES

SUR

LES MICROZOAIRES

OU

INFUSOIRES PROPREMENT DITS

PREMIÈRE PARTIE

I

RECHERCHES ANATOMIQUES SUR LES INFUSOIRES.

Le volume extrêmement réduit de la plupart des Infusoires, la rapidité souvent vertigineuse de leurs mouvements, leur changement brusque de forme, les modifications qu'ils subissent au moment de leur multiplication et la diffluence souvent complète de leur corps, alors que l'on croit pouvoir les saisir et les examiner, sont autant de difficultés qui ont rendu leur étude extrêmement pénible et engendré de longs débats dans la science au sujet de la structure de leurs organes et des fonctions qu'ils sont appelés à remplir.

Les premiers observateurs, mal servis par les instruments imparfaits qu'ils possédaient alors et ne pouvant étudier que les objets qu'ils leur permettaient de voir, ne purent se rendre compte de la nature animale ou végétale des êtres qu'ils découvrirent, et bien moins encore de leur organisation. C'est ainsi que Baker (1743), Trembley (1744), Hill (1752), Joblot (1754) et presque en même temps Rœsel, Ledermuller, etc., firent connaître successivement différents animaux microscopiques qu'ils rencontrèrent dans les mares, les ruisseaux ou les infusions artificielles, mais sans les distinguer des nombreux êtres étrangers qu'ils confondirent avec eux. Après Wrisberg (1764), qui le premier donna aux animaux microscopiques le nom d'*Infusoires*, et Linné, qui les confondit sous le nom de *Chaos*, Ellis (1769) et Eischorn (1776) décrivirent un assez grand nombre de Microzoaires et semblèrent avoir ouvert à leurs successeurs la voie qui devait bientôt conduire à des études plus approfondies sur la nature des Infusoires et les fonctions de leurs organes. En effet, les travaux de Spallanzani et de Saussure sont déjà caractérisés par des données physiologiques sur la manière de vivre des Infusoires et sur leur mode de multiplication, et Gleichen (1778), qui parvint à les colorer artificiellement en leur faisant absorber du carmin, démontra les facultés nutritives des Infusoires et traça une route nouvelle aux savants qui dès lors essayèrent de fonder une classification de ces petits êtres, tels que Muller, Lamarck, Bory-Saint-Vincent, etc.

Mais cette expérience remarquable devait surtout avoir un retentissement prodigieux quand Ehrenberg publia ses recherches sur la structure des Systolides et des Infusoires. Mieux servi que ses prédécesseurs par des instruments perfectionnés, il répéta l'expérience de Gleichen, vit les bols alimentaires se distribuer dans l'intérieur des Infusoires et sur ces observations posa les bases de sa nouvelle classification : non-seulement il attribua aux Infusoires des estomacs nombreux, mais il leur trouva des organes sexuels, visuels, nerveux, musculaires, et enfin une organisation qui les rapprochait des êtres supérieurs.

Ces travaux, qui étonnèrent le monde savant et y soulevèrent un enthousiasme extraordinaire, ne tardèrent pas à provoquer une réaction à laquelle du reste il était facile de s'attendre. La théorie de la polygastricité et les éléments organiques décrits par M. Ehrenberg furent simultanément attaqués en France et en Allemagne et même par les élèves du savant professeur de Berlin. On nia les estomacs, les muscles, les organes sexuels et nerveux, etc., et l'on tomba bientôt dans un excès contraire en refusant aux Infusoires toute trace d'organisation. M. Dujardin, l'adversaire français le plus passionné de M. Ehrenberg, alla encore plus loin ; il ne voulut pas reconnaître aux microzoaires une enveloppe, un tégument quelconque, et il en fit une masse gélatiniforme susceptible de se creuser spontanément des vacuoles et qu'il nomma *sarcode*.

Il serait trop long aujourd'hui de faire l'historique de ces débats interminables qui surgirent dans la science au sujet de l'existence admise ou rejetée des organes des Infusoires ; l'erreur se trouve nécessairement aux deux extrêmes ; aussi, entre les affirmations ardues de M. Ehrenberg et les dénégations exagérées de M. Dujardin, il existe un ensemble de connaissances, vrai domaine de la réalité, que les travaux des micrographes contemporains ont contribué à mettre en évidence. et auquel nous venons aujourd'hui apporter le tribut de nos propres recherches.

Bien qu'il existe une relation, une certaine parenté entre les différents organes que nous allons étudier chez les Infusoires ; bien que certains de ces organes servent à la fois à des fonctions multiples soit de relation, soit de nutrition, pour plus de clarté et pour rendre cette étude plus facile, nous les diviserons en *organes externes* et *organes internes*.

I. ORGANES EXTERNES DES INFUSOIRES.

Nous donnons le nom d'organes externes à tous ceux qui se trouvent placés à la surface de l'Infusoire alors même que, comme les cirrhes buccaux, ils servent à une fonction interne. Les cirrhes buccaux sont en effet plus spécialement destinés à attirer dans la bouche des Infusoires les parties nutritives, les molécules qui se trouvent dans le liquide qui les baigne, mais en même temps ils peuvent servir d'organes locomoteurs, comme on le remarque chez la plus grande partie des Infusoires nageurs.

Les organes externes comprennent : 1° l'enveloppe proprement dite des Infusoires et 2° les appendices qui y adhèrent.

A. *Cuticule et Myose.*

Cuticule. — Dans l'état actuel de la science on peut affirmer, sans crainte d'être contredit, que les Infusoires proprement dits ont tous une enveloppe, un tégument particulier qui recouvre et protége les organes internes.

M. Dujardin lui-même, après avoir nié ce tégument, fut enfin contraint de l'admettre, et, depuis, les travaux de MM. Frey, Leuckart. Carter, Claparède, etc., n'ont plus laissé de doute à cet égard. M. Cohn lit à ce sujet une expérience que nous avions tentée avec succès bien avant lui, et qui consiste à traiter certains Infusoires par l'alcool. Sous l'influence de cet agent, on voit bientôt la substance interne se séparer du tégument et n'avoir plus d'adhérence avec lui que par l'œsophage. Nos premières expériences ont été faites sur les Kolpodes, et celles de M. Cohn sur les Paramécies. MM. Claparède et Lachmann annoncent pouvoir obtenir le même résultat avec l'acide chromique étendu d'eau.

Il n'est même pas nécessaire, pour s'assurer de l'existence d'un tégument chez beaucoup d'Infusoires, d'avoir recours aux expériences que nous venons d'indiquer ; un grand nombre de Microzoaires possèdent une enveloppe qui résiste à la mort et à la dessiccation de l'animal. La partie parenchymateuse et les organes internes peuvent même s'échapper par la rupture de la membrane tégumentaire, sous l'influence d'une pression, par exemple, sans que dans certains cas le tégument disparaisse. Il est vrai que chez certains Infusoires l'enveloppe, la *cuticule*, comme la nomme M. Cohn, alors même qu'elle présente l'aspect d'une carapace, peut diffluer comme le reste du corps de l'animal et se résoudre en granulations fines, dites élémentaires : ce cas se présente chez les Stentors, les Stylonychies, etc.; mais chez les Vorticelles, les Épistylies, certains Kolpodes, etc., la cuticule acquiert assez de consistance pour résister à la mort de l'animal et pouvoir être conservée à l'état de préparation microscopique.

Le tégument des Infusoires est rarement lisse, le plus ordinairement il est sillonné de stries longitudinales ou obliques, mais rarement transversales et dont nous étudierons bientôt l'origine. La cuticule peut être constituée par une pellicule unie, semblable à un vernis; mais chez certains infusoires on constate qu'elle est formée de plaques écailleuses et même qu'elle se durcit en forme de carapace, comme on le voit chez les Kolpodes et les *Coleps*.

Il ne faut pas confondre la cuticule avec certains organes résistants que l'on remarque chez les Vaginicoles, les *Tintinnus*, les *Thecamonas*, etc. Ces enveloppes solides, souvent très-dures et qui persistent après la disparition de l'animal, doivent être considérées comme un produit de la sécrétion de la cuticule et offrent une certaine analogie avec les coquilles ou les fourreaux des annélides. Il serait en effet bien difficile d'expliquer la présence de ces étuis transparents, d'une forme élégante et de nature diverse, si on ne devait pas y voir un produit de l'animal lui-même, et par conséquent et par analogie avec ce que nous voyons dans les séries animales plus élevées, le résultat d'une sécrétion des organes extérieurs.

La cuticule proprement dite, alors qu'elle n'est pas durcie sous forme de cuirasse ou de carapace, comme nous l'avons dit plus haut, est aussi élastique que le parenchyme du corps de l'Infusoire ; elle se prête à tous les mouvements, à toutes les formes ; elle s'allonge, se rétrécit suivant les besoins de l'animal et peut même, sous l'influence d'un travail mystérieux, se séparer en partie de son premier individu pour aller, se multipliant à l'infini, recouvrir une série interminable d'êtres semblables.

Suivez l'évolution d'une Vorticelle au moment de sa multiplication : celle-ci en un temps donné se divise en deux Vorticelles, et la cuticule de la première se trouve recouvrir les deux êtres qui viennent de se séparer. L'une d'elles, munie momentanément de cils à la base, va au loin se constituer à l'état parfait, puis se fissiparise et donne naissance à deux autres Vorticelles semblables. Pendant ce temps, la première restée sur le pédoncule est de nouveau soumise à la fissiparité et a encore détaché une moitié d'elle-même. La première a donc donné naissance à 4 Vorticelles ; celles-ci en peu de temps en engendrent 8, 16, 32, 64, etc., et cependant chacune d'elles est recouverte de la cuticule première, de même qu'il existe pour chacune d'elles une partie du parenchyme renfermant les éléments de tous les organes de ces êtres déjà assez compliqués.

Les Vorticelles sont portées sur un pédoncule qui est formé d'un tube rigide ou pouvant se contracter. Ce tube arrondi ou légèrement aplati a ses parois formées par la continuation de la cuticule épaissie, et sa lumière contient souvent un élément contracteur que nous examinerons bientôt. Lorsqu'une Vorticelle, après avoir subi la fissiparité, s'est divisée en deux Vorticelles semblables et attachées au même point du pédoncule, l'une d'elles se sépare de sa congénère et nage librement au moyen de cils qui se sont, à cet effet, momentanément développés en couronne à sa base. Bientôt ses mouvements, d'une rapidité d'abord extrême, se ralentissent ; puis elle se fixe enfin sur un corps étranger par le point qui fut sa dernière attache avec la Vorticelle mère. Sa couronne de cils devenue inutile disparaît bientôt et son pédoncule se développe insensiblement. Nous avons eu plusieurs fois la patience de suivre ce développement en mesurant par minutes la longueur que prend le pédoncule. Ce développement, qui paraît très-rapide en raison du grossissement avec lequel on l'observe, suit en réalité à peu près les lois qui régissent la croissance des appendices chez les animaux supérieurs. Le pédoncule d'une Vorticelle s'allonge de 0^{mm}, 029 en 5 minutes vu avec un grossissement de 400 diamètres ; en 10 minutes il est de 0^{mm}, 035 ; en 15 minutes, de 0^{mm}, 042 ; en 20 minutes de 0^{mm}, 050 ; en 25 minutes, de 0^{mm}, 059, etc. On voit par ces chiffres que la puissance de développement diminue à mesure que le temps augmente ; car, si la progression était constamment égale par minute, le pédoncule qui a en 10 minutes atteint une longueur de 0^{mm}, 035, devrait en 20 minutes être de 0^{mm}, 070, tandis qu'en réalité il n'est que de 0^{mm}, 050, ce qui établit pour la seconde période de 10 minutes une différence en moins de deux centièmes de millimètres. Or, d'après les nombres que nous avons indiqués pour un développement du pédoncule pendant 5, 10, 15, 20, etc., minutes, on constate que la différence en moins, par série de 5 minutes, est en réalité de un millième de millimètre ; de sorte que cette croissance atteindrait en une heure une longueur de 0^{mm}, 140, si elle n'était arrêtée par un maximum de développement.

Cette longueur de 0^{mm}, 140 en une heure étant la progression réelle du pédoncule pendant ce temps, on voit, en tenant compte des différences en moins qui se produiraient encore, qu'en 24 heures la croissance serait environ de 2 millimètres. Or ce développement en longueur est généralement celui que l'on constate dans la croissance des poils chez les êtres supérieurs, lorsqu'ils ont été coupés au ras de la peau. Avec un grossissement de 400 diamètres si c'était

possible, on verrait donc croître les poils des animaux supérieurs avec
autant de rapidité que l'on voit se développer le pédoncule du vorticelle ; ce qui prouve que, même chez les infiniment petits, comme chez
les êtres les plus développés, les lois de la nature semblent rester
constantes.

Myose. — Lorsque l'on examine avec un fort grossissement la surface d'un Stentor (1), le *Stentor vert*, par exemple, on reconnaît que
le tégument est creusé de sillons longitudinaux très-étroits, allant du
sommet à la base de l'animal et séparés par des bandes relativement
assez larges et à peu près égales dans toute leur longueur. Quand le
Stentor, accidentellement fixé par sa base, s'est développé dans toute
son étendue, ces bandes apparaissent plates et les sillons qui les séparent ressemblent à des lignes très-fines. Dans cet état on peut
apercevoir, en attirant le foyer du microscope un peu au-dessus de
la surface, le milieu des bandes garni de cils fins, assez longs et régulièrement espacés (2). Chaque cil est implanté sur une molécule
arrondie, un peu brillante et qui semble placée sous la cuticule. Le
reste de la bande est rempli de granulations extrêmement fines,
presque opaques et qui sont reliées entre elles par des fibres infiniment minces et hyalines. Mais si le Stentor vient à se contracter et à
prendre une forme arrondie, la surface tégumentaire change alors
complétement d'aspect. Les sillons qui séparent les bandes se creu-
sent profondément ou du moins ont cette apparence, car cet aspect
n'est que le résultat de la forme que prennent les bandes ciliées.
Celles-ci, de plates qu'elles étaient, s'épaississent en s'arrondissant (3) ; les cils de la périphérie se rapprochent ; la surface arrondie
se mamelonne et présente à l'œil une succession de petits monticules

(1) Voyez pl. I et II.
(2) Pl. II, fig. 2 et 5.
(3) Pl. II, fig. 4 et 4.

séparés par des lignes transversales. Les granulations sous-cutanées se trouvent serrées les unes contre les autres et la substance fibreuse hyaline qui les unit n'est plus visible.

Que s'est-il donc passé au moment de la contraction du Stentor qui a diminué sa longueur de près des deux tiers? La cuticule est restée inerte, mais a subi l'influence d'un corps éminemment contractile, qui, agissant à la manière des muscles des animaux supérieurs, a déterminé, en se contractant, le froncement du tégument. Ce n'est pas celui-ci, qui n'est en réalité qu'une pellicule extrèmement mince, qui cause l'épaississement des bandes, mais bien une couche inférieure à la cuticule, qui naturellement devient plus épaisse en diminuant de longueur, et joue ici exactement le rôle des muscles des animaux supérieurs. C'est à cet organe contractile que nous avons donné le nom de *myose*, pour rappeler les fonctions qu'il est appelé à remplir.

On aurait tort de croire que l'organe contractile que nous venons de décrire existe seulement chez les Stentors. Nous avons pris pour exemple cet infusoire parce que c'est un des plus grands qui existe et, par conséquent, celui qui offre le plus de facilité à l'observation; mais nous avons pu nous convaincre que chez tous les Microzoaires qui ont la faculté de se contracter et, par suite, de modifier volontairement la forme de leur corps, cet appareil existe exactement comme nous l'avons décrit pour le Stentor.

Il est une famille d'animaux microscopiques bien connue des micrographes et qui attire forcément leur attention par leur admirable organisation, nous voulons parler des Systolides ou Rotateurs. Ces petites merveilles de la création, douées déjà d'organes bien supérieurs à ceux des Infusoires, ont aussi des appareils contracteurs bien développés et d'un examen facile. Chez eux, ces petits muscles sont aussi des bandes rubanées, hyalines, mais bien détachées de l'enveloppe extérieure et dont on aperçoit facilement les deux points d'adhérence. Ces muscles, si on ose leur donner ce nom, sont constitués par des fibres longitudinales extrèmement fines et transparentes et qui, au moment de la contraction, s'épaississent et deviennent par suite plus visibles. On aperçoit aussi, mais moins abondamment, des granulations punctiformes disséminées dans ces fibres, et l'analogie est frappante entre ces organes contracteurs et ceux des Infusoires. Mais chez les Systolides il existe des parties résistantes auxquelles ces organes peuvent s'attacher et, par conséquent, la liberté plus grande dont ils jouissent dans leurs mouvements les rend plus faciles à l'observation. Chez les Infusoires, les attaches du tissu contractile ne peuvent avoir lieu que sous la cuticule, et ces points d'attache, étant forcément très-rapprochés, donnent, au moment de la contraction, cet aspect chagriné que nous venons de décrire pour les Stentors et qui est exactement le même chez les espèces que renferme la famille des Lacrymariens. Seulement ici les fibres n'ont plus tout à fait la direction longitudinale des Stentors, elles sont obliques et contournent en spirale le corps de ces Infusoires. Il résulte de cette disposition, par suite de la transparence de ces Microzoaires, un aspect tout particulier et qui a fait croire aux micrographes qui nous ont précédé, que le tégument était réticulé.

Chez les Vorticelles qui, elles aussi, peuvent atteindre une taille relativement assez considérable, la myose est tout aussi facile à observer que chez les Stentors et les Lacrymariens ; mais ici nous avons à examiner des Infusoires dont le corps est glabre et qui ne possèdent plus ces bandes séparées par des sillons qu'on remarque chez les Infusoires que nous avons cités plus haut. M. Dujardin a bien figuré des Vorticelles avec un tégument réticulé, mais nous n'avons rien pu observer de semblable, et nous avons seulement remarqué chez celles-ci comme chez les *Épistylis* des stries transversales qui deviennent très-évidentes au moment de la contraction de ces animaux (1).

(1) Pl. VIII, fig. 1, 2, 3.

Nous décrirons, en étudiant spécialement les organes qui séparent cette famille des autres, ce qui occasionne le retrait des cirrhes buccaux et du sommet des Vorticelliens, mais ici nous ne devons nous occuper que de l'appareil contracteur qui détermine dans le corps de ces Infusoires et dans leur pédoncule les changements brusques de forme que l'on y constate.

Au moment où la Vorticelle se contracte, la partie inférieure du corps se plisse, le pédoncule se contourne en spirale en se raccourcissant (1), ou se dispose suivant des angles plus ou moins aigus (2). L'organe contracteur des Vorticelles, qui semble n'être que l'épanouissement en cône renversé de la myose du pédoncule, ne paraît avoir que trois ou quatre points d'attache à la cuticule du reste fort résistante. Ces points d'attache sont indiqués par les trois ou quatre plis qui se produisent à la base de la Vorticelle au moment de sa contraction. Quelques espèces offrent un froncement presque général de la cuticule, ce qui fait supposer que dans ce cas les fibres myosiques se prolongent jusqu'au sommet, et ont des points d'attache sur toute la hauteur. Le pédoncule des Vorticelles n'est en réalité que la continuation de leur tégument. Il se présente sous forme d'un tube à parois assez épaisses et renfermant un appareil contracteur analogue à celui que nous avons constaté dans les bandes myosiques du Stentor. Ici encore c'est un tissu fibreux, hyalin, parsemé de granulations fines et opaques. Cet appareil contracteur, qui dans le corps de la Vorticelle agit du sommet à la base suivant l'axe de l'animal, se trouve dans le pédoncule avoir ses points d'attache disposés suivant une ligne spirale. Aussi, au moment de sa contraction, le pédoncule revient sur lui-même en formant un enroulement analogue aux élastiques métalliques. Chez quelques espèces, assez rarement du reste, les points d'attache existent sur des endroits symétriquement et alter-

(1) Pl. VII, fig. 16. — Pl. IV, fig. 5. — Pl. II, fig. 5, etc.
(2, Pl. IV, fig. 21.

nativement opposés ; aussi, dans ce cas le pédoncule ne se contracte plus en spirale, mais il se plisse en zigzag.

Quelques espèces de la famille des Vorticelliens possèdent dans le pédoncule un organe myosique qui a bien, comme dans les cas précédents, des points d'attache disposés en spirale, mais au moment de la contraction la myose seule se contourne en spirale et le tégument extérieur du pédoncule se raccourcit sans s'enrouler, et s'invagine segment par segment, tout en conservant une direction rectiligne (1).

Dans d'autres cas, les fibres myosiques paraissent développées seulement d'un seul côté à la base de l'animal : aussi lorsque celui-ci, sous l'influence d'une excitation extérieure, vient à se contracter, ni le corps ni le pédoncule ne se raccourcissent, mais le premier s'infléchit brusquement sur le second et y demeure jusqu'au moment où le redressement s'opère pour lui faire reprendre sa position normale (2).

Nous n'avons pas voulu séparer l'étude de la myose de celle de la cuticule, parce que ces deux organes sont en rapport intime, et que la seconde se trouve constamment sous la dépendance de la première. Celle-ci, ne pouvant avoir de point d'attache qu'avec la cuticule, ne saurait manifester son action sans elle ; mais la myose n'est pas toujours destinée à opérer des contractions qui modifient plus ou moins profondément la forme du corps, elle est aussi l'agent qui préside aux mouvements des organes externes que nous allons étudier. La myose se trouve alors plus ou moins développée suivant les organes qu'elle est appelée à mettre en mouvement et constitue même, dans certains cas, une substance qui peut résister à la diffluence du Microzoaire. C'est ainsi que les fibres myosiques disposées en couronne au sommet de l'*Halteria grandinella*, et qui sont destinées à produire les mouvements rapides et puissants des cirrhes du sommet, se présentent après la disparition du reste de l'animal, sous

(1) Voy. pl. IV, fig. 21.
(2) Pl. VIII, fig. 4.

forme d'une couronne transparente, grenue et légèrement jaunâtre,
sur laquelle se conservent encore longtemps les cirrhes qui en dépendent (1). Un appareil analogue, n'offrant pas toujours, il est vrai, la
même résistance, se rencontre chez tous les infusoires à tourbillons,
mais devient de plus en plus difficile à constater à mesure que le
Microzoaire diminue de volume.

L'organe contracteur, que nous venons de décrire sous le nom de
myose, avait déjà été entrevu par plusieurs micrographes. M. Ehrenberg pense que presque tous les Infusoires sont munis de muscles,
mais il ne donne aucune description de cet organe. Czermack décrit
le muscle du pédicelle des Vorticelles et de la base du calice, mais en
commettant une erreur grossière sur le nombre et la disposition des
faisceaux. Leydig (2) représente les muscles des Infusoires comme
formés d'une succession de cônes emboîtés les uns dans les autres.
Lieberkühn (3) a très-bien étudié le jeu des muscles des Stentors,
mais n'a pas suffisamment défini leur nature ; enfin MM. Claparède
et Lachmann (4) ont constaté chez un Zoothamnium marin la myose
du pédoncule faisant saillie à sa base et présentant un faisceau de
fibres nombreuses et contournées en spirale.

B. *Organes appendiculaires.*

Cils. — La surface externe des Infusoires est ordinairement couverte d'appendices très-fins, plus ou moins longs et serrés. Ces appendices, auxquels on a donné le nom de *cils*, se montrent sur la
cuticule en lignes droites, longitudinales ou spirales, mais rarement

1) Pl. XXII.
(2) *Lehrbuch des Hist.*, p. 134 et suiv.
(3) Muller's Archiv, 1857.
(4) *Étude sur les Inf. et les Zhizopodes*, 1858, p. 22.

transversales. Ces petits organes, qui ont quelquefois une ténuité telle qu'ils échappent à l'observation, sont destinés le plus souvent à faire mouvoir l'animal dans le liquide qu'il habite. Leurs mouvements sont individuels et successifs, ce qui donne à leur ensemble un aspect ondulant d'autant plus facile à observer que l'infusoire est plus rapproché de sa fin.

Les cils ne sont pas, comme on pourrait le supposer, un produit de la cuticule, ils traversent ce mince tégument, et leur base se trouve placée entre celui-ci et la couche myosique qui provoque et régit leurs mouvements ondulatoires. Aussi, lorsque la myose se trouve très-développée et que ses fibres se montrent sous forme de bandes longitudinales ou obliques, comme on le remarque chez les Stentors, les Lacrymaires, etc., les cils forment des séries régulières plus ou moins serrées et qui suivent exactement le sommet des faisceaux myosiques.

Quelques auteurs, et ceux surtout qui ont refusé aux Infusoires une organisation quelconque, ont assimilé les cils de la cuticule aux filaments que l'on constate aux sommets de certaines cellules chez les animaux supérieurs et qui sont connues sous le nom de *cellules vibratiles*. Ces cellules, que l'on rencontre dans les fosses nasales, les voies aériennes, le vagin, etc., se présentent sous une forme conique dont la base est munie de filaments très-déliés et doués d'un mouvement ondulant. Mais ces organes sont constamment destinés à la même fonction, leur mouvement est uniforme et toujours dirigé dans le même sens ; il est instinctif, pour ainsi dire, et continue jusqu'à ce que les agents extérieurs aient détruit les principes de la cellule elle-même. Le mouvement des cils des Microzoaires est *réfléchi* ; il est sous l'influence de la volonté de l'animal qui le modifie à chaque instant, soit pour se porter en avant, soit pour nager en arrière, soit en arrêtant leur vibration lorsqu'il veut rester à l'état de repos.

Cette soumission des cils à la volonté de l'animal se fait encore plus sentir chez les autres organes externes des Infusoires que nous allons examiner, et leur mouvement réfléchi semble encore plus prononcé, en raison de leur plus grande dimension et des fonctions qu'ils remplissent.

Les Infusoires les plus inférieurs, je pourrais dire les plus microscopiques, car nous considérons, peut-être à tort, comme inférieurs les êtres qui par leur petite taille échappent à notre examen et ne nous permettent pas de sonder les mystères de leur organisme, ces Infusoires, dis-je, sont encore certainement recouverts d'un duvet de cils que le microscope ne peut nous faire découvrir directement. Et d'abord on constate que tous les Microzoaires chez lesquels nous ne pouvons voir les cils, tant à cause de leur ténuité externe que par suite des mouvements rapides dont ils sont doués, sont entourés d'une auréole brillante pendant leur vie. Or cette auréole, après la mort de l'Infusoire et sa dessiccation, disparaît, et à sa place on aperçoit une bande frangée de cils plus ou moins longs et généralement difficiles à reconnaître. Les Microzoaires les plus petits que nous puissions examiner, tels que les Vibrions et les Spirilles, qui pour nous sont de vrais Infusoires, sont d'une dimension tellement réduite que l'observation directe, même avec un grossissement de 700 diamètres, ne peut y faire apercevoir les cils qui couvrent leur surface ; mais s'ils viennent à se dessécher lentement dans un liquide chargé de molécules extrèmement ténues, on remarque autour de leur corps un espace clair que ces molécules ne peuvent franchir et qui a la même épaisseur dans tout le pourtour du Microzoaire. Cet espace clair (1) est dû très-probablement à la présence des cils qui couvrent le corps de ces infusoires et tiennent à distance toutes les particules que le dessèchement attire constamment vers les corps plus volumineux.

(1) Pl. XXVII, fig. 5.

Quelques micrographes, Alleman (1) et Schmit (2), ont cru reconnaître, chez certains Infusoires, le *Paramecium aurelia*, *Bursaria*, et le *Bursaria leucas*, des bâtonnets ou tricocystes analogues à ceux que l'on rencontre dans la peau des Turbellariées, et qui joueraient le rôle des cellules urticantes des Polypes. Ces tricocystes renfermeraient, enroulé sur lui-même, un long filament urticant que l'Infusoire pourrait décocher à volonté et qui aurait pour effet de stupéfier les animaux voisins qui en seraient atteints. Cohn n'admet pas ces observations et les explique par un effet d'optique. Claparède et Lachmann les acceptent non-seulement pour les Infusoires cités, mais encore pour les Loxophillums, les *Amphileptus*, les Nassules, etc. Nous avons bien, quant à nous, constaté qu'au moment de la mort de certains Infusoires les cils semblaient augmenter de longueur, mais, malgré des observations attentives, nous n'avons pu découvrir les tricocystes d'Alleman, ni les effets urticants des soies de Lachmann.

Cirrhes. — Outre les cils dont ils peuvent être recouverts, les Microzoaires à tourbillon possèdent des appendices plus forts, plus épais et plus rigides, auxquels on a donné le nom de *cirrhes*. Ces organes sont placés généralement suivant des lignes droites, courbes ou circulaires, à la surface de la cuticule, et sont désignés sous le nom de *cirrhes marginaux*, *dorsaux*, *ventraux* et *buccaux*, suivant la place qu'ils occupent. A l'exception des cirrhes buccaux, qui ont une fonction spéciale à remplir, les autres semblent destinés comme les cils à la natation des microzoaires, mais paraissent plus spécialement occasionner le mouvement brusque que l'on remarque chez les Stylonychies, les Oxytriques, etc., pendant que les cils ont une action permanente de natation. En effet, si l'on suit attentivement la marche

(1) *Quarterly Journal of microscopical sc.*
(2) Muller's Archiv, 1857.

d'une Stylonychie, on voit que dans la natation en avant tous les
appendices de la surface exécutent des mouvements d'ensemble qui
donnent à la marche de l'Infusoire une progression constante et régulière : mais, aussitôt que l'animal veut éviter un obstacle, ou se retirer d'un certain milieu, on constate une action plus prépondérante
des cirrhes de la surface. Ces organes sont du reste implantés comme
les cils, comme ceux-ci ils subissent l'action de la myose, mais on
remarque qu'ils sont toujours en lignes serrées régulières, et très-
inclinés sur la cuticule.

Les cirrhes buccaux méritent d'être étudiés avec plus de soin que
les précédents, vu les fonctions importantes qu'ils remplissent et les
différentes formes qu'ils affectent. Les Microzoaires qui composent
notre premier ordre se distinguent de ceux du second par les cirrhes
buccaux que seuls ils possèdent, et qui occasionnent dans le liquide
ambiant un tourbillon remarquable, qui a pour but d'appeler à la
bouche de l'Infusoire les molécules qui doivent lui servir de nourriture. La disposition de ces organes est par suite subordonnée à la
forme de la bouche et à la place que celle-ci occupe chez les
Infusoires. Chez les Stentors, les Vorticelles, les Épistylis, les Vaginicoles, etc., les cirrhes buccaux sont placés au sommet de l'animal et
affectent la forme d'une couronne interrompue dont les deux extrémités s'infléchissent en dedans ; chez d'autres Infusoires, la couronne
est complète et peut même former plusieurs circuits, comme on le
remarque, par exemple, chez les Tintinnus. Lorsque la bouche ne se
trouve pas placée au sommet du Microzoaire, les cirrhes buccaux se
montrent sous forme de bandes ou d'écharpes, partant de la partie
antérieure du corps et venant, en suivant une ligne plus ou moins oblique, aboutir à la bouche. Quelques Infusoires, les Glaucomes entre
autres, ont les cirrhes buccaux placés sur une membrane, sorte de
lèvre vibrante et douée d'un mouvement extrêmement rapide.

Les cirrhes buccaux sont généralement assez longs et droits, mais chez les Stentors on remarque qu'ils sont infléchis à la base et recourbés en dedans (1).

Ces organes, doués d'un mouvement très-rapide et d'une puissance extraordinaire, qui étend la sphère de leur action à une distance considérable, présentent à l'observation l'aspect d'une roue dentée et qui tourne rapidement. Cet aspect, comme l'a très-bien démontré M. Dujardin, tient à ce que les cirrhes s'infléchissent régulièrement l'un après l'autre et se relèvent dans le même ordre, de telle façon que, si l'animal vient accidentellement à les faire mouvoir lentement, ils prennent la forme d'une succession de dents qui semblent se poursuivre selon une certaine direction. C'est ainsi que les épis d'un champ, inclinés par le vent, présentent à l'œil l'aspect d'une succession de vagues qui courent sans cesse les unes après les autres d'un bout à l'autre du sillon.

Ce mouvement rapide des cirrhes buccaux aide puissamment à la natation chez les Infusoires nageurs, et leur action est toujours double, c'est-à-dire qu'ils servent simultanément à la progression et à la nutrition de l'animal. Aussi, quand les Microzoaires se trouvent placés subitement dans un milieu qui ne leur convient pas ; quand sous l'action des cirrhes buccaux ils attirent forcément à la bouche des particules qui leur déplaisent, ils sont obligés de faire cesser leur mouvement de progression en avant, et alors, comme on le remarque si bien chez les Stentors, ils contractent les cirrhes et ne laissent plus d'action qu'aux cils de la surface dont un mouvement contraire ramène rapidement l'animal en arrière.

Cornicules. — Il existe toute une famille de Microzoaires qui sont à la fois organisés pour la natation et pour la marche. Ces Infusoires, outre les organes que nous venons de signaler, possèdent encore des

(1) V. pl. III, fig. 7.

appendices qui, par leur forme et leurs fonctions, s'éloignent complétement des précédents. Ces appendices, auxquels Muller a donné le
nom de *cornicules* que nous leur conservons, sont des espèces de
pieds en forme de cornes recourbées. Leur extrémité est fine, mais
ils vont rapidement en s'épaississant et sont implantés sur un bulbe
rond et remarquable par son éclat.

Ces cornicules sont spécialement destinées à la marche des Infusoires qui les possèdent ; ils ont des mouvements lents ou rapides,
mais bien distincts de ceux des cils ou des cirrhes. Ils se meuvent
séparément et à mesure que l'animal s'avance et marche sur un
corps quelconque ; ils font enfin complétement office de pieds et
ont dans leur mouvement beaucoup d'analogie avec les pattes de
certains insectes. Cependant, comme les Microzoaires qui possèdent
les cornicules sont en même temps marcheurs et nageurs, ces organes
ne restent pas inactifs pendant la natation, et par leur mouvement de
rame ils aident dans une certaine mesure à la progression de l'Infusoire.

Il n'existe pas d'organe chez les Microzoaires qui, plus que les
cornicules, rende évidents les mouvements volontaires de ces animaux.
Pour le micrographe qui s'est plu à suivre attentivement l'action de
ces appendices, la manière réfléchie dont chacun d'eux exécute ses
mouvements, il n'est pas douteux que la volonté et la réflexion ne
président aux fonctions des organes qu'il étudie. Or quelle conclusion
ne doit-on pas en tirer ? La volonté demande un centre pour se
manifester, des fibres nerveuses pour se transmettre, des organes
musculaires pour produire ces mouvements pleins de discernement.
Alors le savant micrographe de Berlin est-il donc tant dans l'exagération quand il donne aux Infusoires une organisation aussi complète
que celle qu'il leur reconnaît ?

Styles. — Quelques Infusoires possèdent encore d'autres organes appendiculaires qui accompagnent souvent les cornicules et que l'on désigne sous le nom de *styles*. Ces appendices, remarquables chez les Stylonychies et auxquels MM. Claparède et Lachmann ont donné improprement le nom de pieds-rames, n'ont pas encore de fonctions bien définies. Ce sont des appendices raides, aplatis, relativement très-épais et souvent terminés par un pinceau de poils très-fins et taillés obliquement. Ils ont des mouvements rares et saccadés de droite à gauche ou de gauche à droite, mais d'une étendue fort restreinte. Ces mouvements peuvent s'exécuter alors que l'animal est à l'état de repos, sans influencer en rien sa station. Bien que l'on soit obligé d'avouer que ces organes n'ont pas encore de fonctions bien apparentes, on peut cependant supposer que chez certaines espèces ils sont destinés à faciliter la sortie des fèces et à les détacher du corps de l'infusoire. Ils auraient alors une fonction analogue à celle de cette longue soie que Lachmann a si bien étudiée chez les Vorticelles, qui se trouve placée dans le vestibule et qui, par un mouvement assez semblable à celui des styles que nous venons de décrire, éloigne de la bouche des Vorticelles les particules qui sortent de l'anus situé dans le voisinage.

Soies, filaments trainants, flagellum, etc. — On remarque encore, chez certains Infusoires à tourbillons, des appendices plus longs que ceux que nous venons de décrire, d'une ténuité extrême et ayant une disposition toute particulière. Ces organes, auxquels on a donné le nom de *soies*, sont en faisceau isolé, comme on le remarque chez les Alyscum, ou disposés en couronne autour de l'animal, comme cela existe chez les Halteries. Ils sont recourbés en arrière ou très-inclinés sur le corps de l'animal et paraissent immobiles à côté des cils et des cirrhes en mouvement : mais tout à coup ils se relèvent brusquement, fouettent énergiquement le liquide ambiant et font exécuter au Microzoaire un bond relativement prodigieux et qui le lance avec la rapidité de l'éclair à une distance considérable de la place qu'il occupait d'abord ; les Infusoires qui sont doués de ces organes sont appelés *sauteurs*.

Il existe sur de rares Microzoaires des filaments qui paraissent analogues à ceux que nous venons d'indiquer, quant à la longueur et la ténuité, et qui ne sont doués d'aucun mouvement appréciable, on les appelle *filaments traînants*, et on ignore encore les fonctions qu'ils sont appelés à remplir.

Dans l'ordre des Infusoires oscillants, les cirrhes buccaux sont remplacés ordinairement par des appendices flagelliformes qui sont doués d'un mouvement ondulant et qui déterminent dans le liquide un remous qui attire près de la bouche les particules dont l'animal doit se nourrir. Cet organe, nommé *flagellum*, est aussi destiné à la natation du Microzoaire, c'est même souvent son seul moyen de locomotion, mais il imprime au corps de l'animal un dandinement qui n'a plus de rapport avec la marche rapide et directe des infusoires à tourbillon. Les Euglènes n'ont qu'un seul flagellum, mais chez d'autres infusoires on en voit deux, trois, quatre, etc. Quelques micrographes ont pensé que ces appendices étaient des espèces de trompes, des suçoirs qui servaient spécialement à la nutrition. Il n'en est rien, et nous avons pu, dans bien des cas, reconnaître que la bouche était située à la base du flagellum. Cet organe est quelquefois très-allongé, sa base est peu flexible, et ce n'est que l'extrémité amincie qui s'agite plus ou moins vivement dans le liquide ; d'autres fois il est mobile et doué d'un mouvement ondulant dans toute son étendue : dans ce dernier cas, le flagellum a à peu près la même épaisseur dans toute sa longueur.

On remarque encore, chez quelques Infusoires du même ordre, des appendices dirigés d'avant en arrière, assez épais dans toute leur étendue et traînants, mais ces filaments ont la propriété de pouvoir se fixer par leur extrémité libre et même quelquefois de se contracter brusquement, à peu près comme les pédicelles des Vorticelles. On donne à ces organes le nom de *pédicules traînants*.

Enfin on constate encore chez certains Infusoires, au moment de leur naissance, des cils qui se développent à la base de l'animal, et qui, pendant un certain temps, leur permettent de nager librement. Ces cils disparaissent aussitôt que l'animal s'est fixé et qu'il va vivre de sa vie définitive. On donne à ces organes le nom de *cils caducs*.

II. ORGANES INTERNES.

Les organes internes des Infusoires sont ceux qui président aux phénomènes de la nutrition, de la circulation, de la respiration et de la reproduction. L'étude de ces différentes fonctions formera la première partie des organes internes, et nous comprendrons dans la seconde tout ce qui a rapport au parenchyme proprement dit, ainsi qu'aux organes assez peu connus que l'on y constate, et nous terminerons par l'examen des phénomènes qui accompagnent et suivent la mort des Microzoaires.

PREMIÈRE PARTIE. — A. *Système digestif.*

Les organes du système digestif ont été la source de longues discussions et de controverses interminables. Les débats, encore aujourd'hui, étant loin d'être clos sur cette question, nous avons pensé qu'il n'était pas inutile de jeter un coup d'œil rapide sur les théories qui ont été émises par les différents auteurs qui nous ont précédé.

Comme nous l'avons dit plus haut, c'est Gleichen qui le premier parvint à colorer les Infusoires en leur faisant avaler du carmin. Cette expérience fut le point de départ des recherches de M. Ehrenberg.

qui non-seulement admit pour les Microzoaires une bouche et un anus, mais leur attribua un appareil intestinal très-compliqué, avec des estomacs multiples qui servirent de base à sa classification.

Mais la théorie de la polygastrie fut bientôt vivement attaquée en France par M. Dujardin, qui nia tous les organes digestifs de M. Ehrenberg, et par MM. Carus (1) et Focke (2), qui signalèrent les mouvements particuliers auxquels les aliments sont soumis dans le corps des Microzoaires.

Plus tard, M. Perty (3) (1852) soutint les idées de M. Dujardin ; il refusa aux Infusoires toute espèce d'organes, et même ne voulut pas reconnaître chez un grand nombre de ceux-ci l'existence d'un tégument. Cependant, dès 1839, Meyen (4) avait déjà fait connaître la bouche et l'œsophage des Microzoaires, il avait même décrit d'une façon remarquable la manière dont le bol alimentaire se forme à l'extrémité de l'œsophage, pour être ensuite poussé dans l'intérieur du corps. Mais là s'arrêta son appareil digestif ; il nia formellement les estomacs multiples de M. Ehrenberg, l'existence d'un intestin, et supposa le bol alimentaire jeté dans la cavité qui occupe tout l'intérieur de l'animal.

M. de Siebold (5) admet bien aussi la formation du bol alimentaire, comme Meyen, mais il pense que l'œsophage cilié s'enfonce dans une substance molle et transparente qui compose tout l'Infusoire, et qu'il n'est en communication avec aucune cavité digestive. C'est aussi l'opinion qui, en second lieu, a été émise par M. Dujardin (6) dans son dernier ouvrage, et qui trouva des défenseurs parmi les auteurs récents, MM. Leuckart, Perty et Stein.

(1) Zool. 1834.
(2) Isis. 1836.
(3) Zur Kennt. der klein. Lebensformen.
(4) *Einige Bemerkungen über den Verdauungs. der Infus.*
(5) *Vergleichende Anatomie.*
(6) *Infusoires*

On ne peut se rendre un compte exact de l'idée qui a donné naissance à cette dernière théorie de la nutrition chez les Infusoires. Comment, en effet, pouvoir expliquer de quelle façon un bol alimentaire, abandonné à lui-même dans une masse sarcodique, peut s'y frayer un chemin pour aboutir forcément à un point donné? M. Dujardin, et ceux qui partagent sa manière de voir, disent bien que la force qui précipite le bol dans l'intérieur du sarcode suffit pour le faire progresser ; pendant un certain temps, au besoin, c'est possible, mais de cette manière lui faire parcourir deux fois toute la longueur du corps, comme on le remarque pour les Vorticelles, descendre d'abord, puis remonter pour aller toujours sortir par un point désigné, c'est ce que le raisonnement ne saurait admettre en aucune façon.

L'existence d'une cavité intérieure, telle que Meyen l'a indiquée, a trouvé aussi de nombreux partisans, Cohn (1), Schmidt (2), Lieberkühn et plus tard Leydig (3). Les auteurs qui, comme Meyen, admettent une cavité générale dans le corps de l'Infusoire, peuvent reconnaître l'existence d'un anus où aboutissent les bols alimentaires après une station plus ou moins longue dans l'intérieur de la cavité, et sous l'influence d'une contraction des parois ; Dujardin aussi était conséquent avec lui-même en niant l'anus et en considérant comme une ouverture accidentelle celle qui donnait sortie aux fèces, puisqu'il n'admet aucune cavité intestinale. Mais on est on ne peut plus surpris de voir Claparède et Lachmann (4) attaquer vivement Dujardin, lui reprocher de nier l'existence de l'anus, eux qui un peu plus loin ne reconnaissent point de cavité intestinale et qui retombent dans les erreurs qu'ils relevaient chez l'auteur que nous venons de citer.

(1) Bergman und Leuckart, *Vergl. Anat.*
(2) *Zeitschrift f. wiss. Zoolog. Beiträge zur Entwicklung. der Inf.*
(3) *Traité d'Histologie,* trad. franç.
(4) *Étude sur les Inf. et les Rhizop.*

Pour Claparède et Lachmann le corps de l'Infusoire est rempli d'un liquide épais auquel ils donnent improprement le nom de chyme. Dès lors le bol formé à l'extrémité de l'œsophage est précipité dans ce liquide et y flotte à son gré. Quelle différence y a-t-il entre le chyme de ces auteurs et le sarcode de Dujardin? et pourquoi lui reprochent-ils de ne pas admettre d'anus quand eux-mêmes ne reconnaissent pas l'existence d'une cavité intestinale? « Il arrive (1) fréquemment, « disent-ils (à savoir lorsque le chyme est très-concentré), que les bols « alimentaires, au moment où ils sont expulsés dans la cavité digestive « (pour Claparède et Lachmann, nous verrons que cette cavité n'existe « pas), laissent derrière eux un sillon plus clair dans *lequel on pourrait* « *être tenté de voir l'indication d'un intestin*. Mais c'est là tout sim- « plement le sillage du bol dans la substance du chyme. La voie « que le bol se creuse dans sa progression ne se referme pas immé- « diatement derrière lui à cause du peu de fluidité du chyme ; elle « reste au contraire quelques instants béante et remplie d'eau, puis « elle disparaît, pour se reformer derrière le bol suivant. Ce sillage « ne se montre jamais lorsque le chyme contenu dans la cavité du « corps n'atteint qu'un faible degré de densité, par la simple raison « que la voie se referme immédiatement derrière le bol. »

Qu'entendent ces auteurs par une cavité remplie d'un liquide épais? C'est évidemment pour eux l'espace qui est limité par la cuticule ; or, une cavité remplie de liquide n'existe plus et comment expliquer dans ce liquide cette rotation régulière et toujours la même du bol alimentaire qui doit les conduire enfin à cette ouverture bien déter-minée et qu'ils reconnaissent comme faisant fonction d'anus? Il est vrai que Gruithuisen, et après lui Carus et Focke et les autres micro-graphes ont observé un mouvement de circulation dans l'intérieur des Infusoires, et Claparède et Lachmann peuvent supposer que ce mou-

______
(1) *Loc. cit.*, p. 35.

vement peut entraîner les bols et les conduire au point où ils doivent en définitive être expulsés. Mais ce mouvement circulatoire, sur lequel nous aurons à revenir plus tard, se fait remarquer seulement dans certains points au-dessous de l'enveloppe du Microzoaire ; jamais il n'en atteint les parties centrales, et il n'a aucune influence sur la progression des bols dans l'intérieur de l'Infusoire.

En réalité, pour tous les micrographes qui ont eu la patience de suivre la marche du bol alimentaire, à partir du moment où il se détache de l'œsophage, il est certain qu'il suit une route tracée à l'avance, dont il ne dévie jamais, et qui le conduit dans un temps donné à l'ouverture ; qui doit, à part les modifications qu'il a subies pendant son trajet, le faire aboutir à l'endroit où se trouve l'ouverture par laquelle il est expulsé du corps.

Il nous reste maintenant à étudier séparément les diverses parties dont se compose le système digestif, puis à examiner la manière dont s'opère l'acte de la digestion.

1. BOUCHE. — Pour se rendre un compte exact de la manière de vivre des Infusoires, et pouvoir étudier les organes qui président à leur nutrition, il faut, comme nous l'avons fait pour les organes de la locomotion, prendre pour sujet d'études les êtres qui présentent le plus de facilité à l'examen, c'est-à-dire dont la taille est assez développée pour que les différentes parties organiques que nous allons étudier se prêtent à un examen relativement facile. C'est encore dans la famille des Vorticelliens, des Paraméciens, etc., que nous prendrons nos exemples, afin de pouvoir, par analogie, adapter le résultat de nos observations aux êtres qui, par la ténuité extrême de leurs corps, semblent devoir échapper à l'examen microscopique.

La bouche est loin d'être identique chez tous les Infusoires : elle varie de forme et de situation, suivant les familles, les genres et même quelquefois les espèces. Aussi notre intention n'est pas de donner ici la description de toutes les variétés qu'elle présente, réservant cette étude quand nous traiterons des organes spéciaux aux genres et aux espèces : nous allons seulement indiquer les formes générales qu'affecte la bouche des Infusoires, suivant les deux ordres que nous avons établis.

Bouche des Infusoires à tourbillons. — Tous les Microzoaires qui se trouvent compris dans notre premier ordre sont pourvus de cirrhes buccaux que nous avons étudiés plus haut, et qui ont pour mission d'attirer, par leur vibration et le courant qu'ils déterminent, les molécules suspendues dans le liquide ambiant, et qui doivent servir à la nutrition des Infusoires. Ces cirrhes buccaux sont toujours disposés suivant une ligne circulaire ou oblique, dont le point de départ est éloigné de la bouche, et l'autre extrémité en contact direct avec celle-ci. Le mouvement de ces cirrhes se fait dans le même sens et amène ainsi à la bouche les particules nutritives qu'ils attirent. Cet appareil existe chez tous les Infusoires connus autrefois sous le nom de Ciliés, il manque complétement chez les Infusoires oscillants ou flagellés.

Chez les Vorticelles, les Stentors, les Vaginicoles, les Spirostomes, etc., la frange ciliaire, après avoir suivi une ligne plus ou moins circulaire ou oblique, se contourne en arrivant à la fosse buccale et s'y enfonce en suivant une direction spirale plus ou moins prononcée suivant les espèces. Il en résulte une forme d'entonnoir sur la paroi interne duquel circule une frange spirale qui va de plus en plus en rétrécissant son diamètre. Les Microzoaires qui présentent cette remarquable disposition de la cavité buccale possèdent toujours un œsophage plus ou moins spacieux et qui fait immédiatement suite à la bouche.

Les Paramécieus, les Kéroniens, etc., ont aussi une bouche située à l'extrémité de la frange ciliaire ; mais celle-ci ne s'y contourne pas en spirale et ne fait qu'entourer plus ou moins la fosse buccale, dont l'ouverture extérieure est généralement oblique. Cette bouche reste béante et n'est pas susceptible de se contracter comme la bouche spirale, qui du reste ne se fait voir que dans les espèces qui ont la propriété de modifier leurs corps en se contractant brusquement.

Une famille de Microzoaires présente à l'ouverture buccale un appareil tout particulier, auquel les auteurs ont donné le nom de *bouche en nasse*. Chez ces Infusoires les parois de la cavité buccale sont garnies de petits bâtonnets très-rapprochés, offrant l'aspect d'un cône tronqué renversé, et susceptibles, en s'éloignant les uns des autres, d'augmenter la capacité de la bouche et permettre la déglutition de corps relativement très-volumineux. Ces bâtonnets, qui sont unis par une membrane éminemment élastique, sont généralement inclinés sur l'axe du corps chez la plupart des Nassuliens, excepté chez les Prorodons où ils occupent, suivant l'axe du corps, le sommet de celui-ci. Quelques auteurs pensent que ces bâtonnets n'existent pas, que c'est un effet d'optique occasionné par le plissement de la paroi interne de la cavité buccale. Nos recherches nous ont démontré que cette assertion n'est qu'une supposition erronée, et il n'est pas difficile de constater la présence de ces organes buccaux après la disparition complète du reste du corps de l'animal.

On remarque encore chez quelques Microzoaires une bouche assez restreinte, oblique sur l'axe de l'animal, et qui est munie de rebords saillants auxquels on a donné le nom de *lèvres vibratiles*. Ces organes, qui distinguent le genre *Glaucoma*, sont en effet doués d'un mouvement excessivement rapide de vibration qui donne à la bouche un éclat remarquable. Le genre que nous venons de citer est le seul qui présente un appareil buccal de cette nature parmi les Infusoires à tourbillons. Chez certaines espèces les deux lèvres semblent vibrer à l'unisson; chez d'autres, au contraire, une seule paraît entrer en vibration. Celle-ci semble plus longue et plus développée que sa voisine; elle se trouve toujours placée au côté gauche de l'animal, et est douée d'un mouvement très-vif qui lui donne un grand éclat : elle paraît frangée sur son bord interne et est munie d'une garniture de cils très-fins, serrés et courts.

La bouche se trouve quelquefois au sommet de l'axe de l'Infusoire : chez les Halteries, par exemple, elle occupe cette place, se présente sous une forme arrondie et est entourée complétement d'une couronne épaisse de cirrhes buccaux. Quelques Infusoires ont une bouche largement ouverte, garnie de cirrhes épais et serrés et communiquant directement et sans œsophage avec la cavité intestinale ; ce cas se présente chez les Kolpodes et chez certains Kéroncs. D'autres Microzoaires, outre les Vorticelles, ont une soie très-longue, à mouvement rare et ondulant, placée dans le voisinage de la bouche et qui joue probablement le même rôle que celle qui se trouve chez les Vorticelles. On remarque cette disposition dans certaines espèces du genre *Paramecia*.

Bouche des Infusoires oscillants. — Les Microzoaires qui ne possèdent pas de cirrhes buccaux sont munis d'un ou de plusieurs flagellums qui, par leur mouvement ondulatoire, attirent à la bouche les particules nécessaires à leur nutrition. La bouche, chez ces Infusoires, dont le volume est généralement très-réduit, est assez difficile à reconnaître et demande, pour être observée, une étude patiente. Elle se trouve presque toujours située à la base du flagellum antérieur et se montre sous forme d'une fente légère et placée obliquement. Plus les êtres diminuent en volume et plus leurs organes échappent à notre observation, aussi est-ce par analogie que nous nous croyons à même de pouvoir affirmer que tous les Infusoires proprement dits ont une bouche, un intestin et un anus. Plusieurs micrographes, et nous-même, avons pu constater le transport des matières colorées dans le corps des Infusoires les plus petits, tels que les *Monades* et les *Volvox*, et si les êtres les plus petits n'absorbent pas de matières colorantes, c'est que les molécules qui composent cette matière sont déjà trop volumineuses pour pouvoir pénétrer dans les ouvertures excessivement réduites de ces animalcules.

Nous reviendrons sur la forme et la position de la bouche chez les Infusoires, à mesure que nous aurons à faire l'étude de cet organe dans les familles et les genres.

Œsophage. — On remarque chez les Infusoires à tourbillons un organe qui n'existe pas dans les Microzoaires du second sous-ordre ou du moins qu'on ne peut y constater. Cet organe, auquel on a donné le nom d'œsophage que nous lui conservons, est un tube plus ou moins allongé et rigide qui fait suite à la bouche et se trouve continué par la fente intestinale. L'œsophage a des parois résistantes, contractiles, qui le laissent toujours béant. Il est généralement muni de cils rares qui se meuvent séparément et par saccades. Les Stentors (1) ont ordinairement l'œsophage renflé près de la bouche et très-atténué à la partie inférieure. Le bol alimentaire qui s'y forme est aussi assez restreint. — Chez les Vorticelles (2), l'œsophage est plus allongé, renflé au centre et diminué vers la partie inférieure ; il est généralement contourné en S et les bols qui s'y forment sont assez volumineux. Les Spirostomes (3) ont l'œsophage droit et subcylindrique : les Nassules (4) l'ont contourné en C : enfin chez les Paramécies (5), les Glaucomes (6), et la plupart des Infusoires qui appartiennent à cette famille, l'œsophage est court, presque droit ou peu arqué.

Les Stylonychies, les Kérones, etc., et tous les Microzoaires marcheurs qui possèdent des cornicules paraissent dépourvus d'œsophage, ou du moins celui-ci est tout à fait rudimentaire : la bouche largement ouverte communique dans ce cas directement avec la fente intestinale qui occupe une grande partie de l'intérieur du Microzoaire.

Quelques Infusoires, les Stentors, par exemple, ont la singulière

(1) Pl. I, fig. 1, 3, 8 et 9. — Pl. II, fig. 1 et 7.
(2) Pl. IV, fig. 5, 16, 17 et 18.
(3) Pl. XV, fig. 1*d*, *b*.
(4) Pl. XV, fig. 9 et 10.
(5) Pl. XVI, fig. 8.
(6) Pl. XVI, fig. 5 et 7.

faculté de pouvoir faire saillir au dehors leur œsophage en le retournant, de manière à présenter à l'extérieur la membrane ciliée qui se trouve à la partie interne de cet organe. Claparède et Lachmann, qui ont constaté comme nous cet accident, pensent qu'il est le résultat d'un cas pathologique, d'un état hydropique de l'animal. Il n'en est rien, car les Microzoaires qui possèdent cette singulière faculté ont en même temps le pouvoir de faire rentrer à volonté l'œsophage dans sa situation normale, chose qui ne serait plus facultative si le renversement de l'œsophage était le résultat d'un état hydropique de l'Infusoire.

2. INTESTIN ET ANUS. — Ehrenberg est le premier qui ait admis l'existence d'un intestin chez les Infusoires, et il se le représentait comme une succession d'estomacs reliés entre eux par des tubes très-déliés ou bien sous forme de canaux ramifiés. Lieberkühn (*in* Claparède) a vérifié cette dernière disposition chez le *Trachelius ovum*. Claparède et Lachmann, malgré leur singulière théorie du chyme, ont été contraints aussi de reconnaître un canal alimentaire chez le *Loxodes rostrum* et confirment ainsi les dernières observations de Gegenbaur (1), sur ce sujet. Pritchard a figuré le *Trachelius ovum*, non-seulement avec un intestin ramifié, mais encore avec des poches stomacales très-développées.

Aujourd'hui que les adversaires les plus résolus d'un système intestinal chez les Microzoaires sont obligés, tant par le raisonnement que par suite d'observations directes, de reconnaître qu'il existe un appareil intestinal possédant une membrane propre (2), il ne nous

(1) Müller's Arch. 1857.

(2) « Cette disposition de l'appareil digestif chez le *Trachelius ovum* et le *Loxodes* « *rostrum*, permet de supposer que chez les autres Infusoires aussi la cavité digestive « est limitée par une paroi, propre, mais que cette paroi étant exactement appliquée « contre le parenchyme du corps, n'a pu être reconnue jusqu'ici. » (Claparède et Lachmann, *loc. cit.*)

reste plus qu'à examiner la nature de cet organe et la disposition qu'il affecte chez les différents Microzoaires.

Le tube intestinal des Infusoires commence soit directement à la bouche, soit à l'extrémité inférieure de l'œsophage, et se termine à l'anus après avoir suivi dans le corps de l'animal un trajet plus ou moins long et sinueux. Il est constitué par une membrane fine très-transparente et éminemment élastique. Cette membrane est entièrement enveloppée par cette substance molle, transparente, analogue à de l'eau de gomme très-épaisse et à laquelle Dujardin a donné le nom de *sarcode*. Cette substance, qui présente chez l'Infusoire le tissu cellulaire des animaux supérieurs, est la gangue dans laquelle sont renfermés tous les organes de la digestion, de la circulation, de la reproduction, etc.; c'est elle qui remplit tous les espaces compris entre les organes internes, et c'est sur elle que s'applique la cuticule doublée des fibres myosiques.

Cette substance sarcodique, douée d'une élasticité qui n'a d'analogue que l'élasticité des gaz, semble être constamment sous l'influence d'une certaine pression interne contre laquelle elle réagit sans cesse. C'est cette réaction qui ferme la vésicule contractile quand elle doit répandre son contenu dans les vaisseaux qui en dépendent; c'est elle qui rend au corps sa forme primitive accidentellement déformée par une contraction des fibres myosiques ou par la pression des corps étrangers; c'est elle aussi qui resserre sur elle-même la membrane propre de l'intestin, et réduit infiniment son volume à l'état de vacuité. Cette substance sarcodique joue le rôle d'un ressort tendu dont tous les points de l'animal subissent l'incessante pression.

Suivons maintenant avec une attention et une patience soutenues la manière dont les aliments pénètrent dans l'intestin, et dont ils en sortent après avoir subi l'influence de la digestion.

Les Infusoires à tourbillons possèdent tous un appareil vibratile qui détermine dans l'eau un courant très-rapide et souvent d'une grande étendue, et qui a pour résultat d'amener à la bouche les particules dont l'Infusoire doit se nourrir. Les Microzoaires qui possèdent un œsophage ont la bouche constamment béante, et le courant occasionné par les Cirrhes buccaux y entraîne avec une certaine violence les particules solides tenues en suspension dans l'eau. Ces particules entrent presque toutes jusqu'au fond de l'œsophage, mais de là une certaine quantité et surtout les plus volumineuses, en sont rejetées en suivant un courant opposé au premier qui les a apportées. Les particules qui restent au fond de l'œsophage s'y accumulent, pressent sur la membrane accolée de l'intestin vide, y forment une dépression d'abord hémisphérique, qui augmente rapidement en volume, et constitue une masse de plus en plus arrondie. Lorsque, sous la pression du courant provoqué par les Cirrhes buccaux, le bol qui s'est formé à la base de l'œsophage en écartant et en dilatant les parois intestinales, est arrivé à la grosseur voulue, le sommet du tube intestinal se resserre brusquement derrière le bol et le pousse à une distance assez éloignée de la base de l'œsophage ; la membrane pressée par le parenchyme élastique revient sur elle-même, et paraît fermer de nouveau l'extrémité de l'œsophage jusqu'au moment où, dilatée par la pression d'un nouveau bol, le même jeu recommence. Mais, pendant que le second bol se forme à la base de l'œsophage, le premier ne reste pas stationnaire, et sous l'influence d'une pression péristaltique il s'engage de plus en plus dans le tube intestinal qui s'ouvre devant lui et se referme par derrière avec une élasticité inexprimable. Cette remarquable élasticité de la membrane intestinale et de la masse sarcodique fait que le bol également pressé de toutes parts conserve toujours sa forme arrondie pendant tout son trajet à travers l'intestin, et c'est pendant cette migration que, subissant une digestion dont nous ne pouvons apprécier le travail, il diminue de plus en plus en volume, et que les substances solides qu'il renferme, lorsqu'elles ne sont pas indigestes, sont modifiées dans leur forme, leur grosseur et leur coloration. Le bol arrive enfin à l'anus et s'arrête là souvent un certain temps avant d'être expulsé. Il n'est même pas très-rare de voir en cet endroit plusieurs bols réduits à un petit volume par l'acte de la digestion se réunir en une seule masse avant d'être rejetés au dehors.

Les bols mettent souvent un temps très-long à parcourir le trajet de l'intestin, et l'observateur est obligé de s'armer d'une patience à toute épreuve pour pouvoir suivre d'une manière exacte leur migration à travers le corps de l'Infusoire. Les Vorticelles, qu'il est facile de transporter d'un milieu dans un autre, sont un excellent sujet d'étude pour examiner les fonctions digestives; après leur avoir fait absorber quelques bols colorés par du carmin, on les transporte dans une eau qui n'est plus colorée, et l'on peut facilement suivre les progrès des bols colorés à travers l'intestin. Ces Microzoaires mettent douze, dix-huit et quelquefois vingt-quatre heures à opérer le travail de la digestion et à rejeter au dehors les parcelles non digérées. Les Stentors, les Paramécies, et en général tous les Infusoires à œsophage sont à peu près dans le même cas, et la différence que l'on remarque dans la lenteur ou la rapidité de la digestion de ces animaux tient la plupart du temps au milieu dans lequel ils se trouvent et aux conditions de lumière et de chaleur qu'ils subissent.

Les Infusoires qui ne possèdent pas d'œsophages ont la membrane intestinale immédiatement unie aux bords de la bouche, et forme à la base de celle-ci un cul-de-sac qui s'entr'ouve facilement pour recevoir des objets volumineux tels que des navicules, des bacillaires, etc. Cette disposition que l'on remarque chez les Stylonychies, les Kérones, etc., est en rapport avec la voracité de ces animaux, que l'on voit souvent remplis de navicules (1). Ici l'intestin paraît constitué par une fente dont les parois semblent complétement accolées à l'état de vacuité, et qui occupe une grande partie du corps de l'animal.

(1) Pl. XIII, fig. 19.

Plus on étudie les Microzoaires dont la taille diminue, et plus les organes de la digestion échappent à nos recherches; c'est ainsi qu'en arrivant aux Infusoires oscillants, on peut encore, dans les grandes espèces se rendre compte de l'appareil digestif, mais bientôt tous les organes échappent à nos regards, nos instruments deviennent impuissants, et c'est à peine si chez les petits Infusoires on constate dans l'intérieur du corps la présence du carmin qu'ils ont absorbé.

Nous avons dit plus haut que la membrane de l'intestin comprimée par la masse sarcodique pouvait se trouver réduite au point d'échapper à l'examen : dans d'autres cas, le trajet de l'intestin reste visible même pendant sa vacuité; ce fait est surtout facile à constater chez les Infusoires qui renferment un pigment coloré (1) qui, par sa rareté ou son absence au voisinage de l'intestin, laisse apparaître en clair le trajet du tube intestinal.

Cette membrane intestinale, qui généralement est très-resserrée, peut dans certains cas se dilater d'une manière disproportionnée, et cela sans se rompre. Il n'est pas rare de voir des Microzoaires avaler des brins d'oscillaires qui, comme un ressort, distendent la cavité intestinale, et vont jusqu'à déformer accidentellement le corps de l'Infusoire lui-même.

La forme générale du tube intestinal varie chez les différents Microzoaires; il s'étend quelquefois directement sous l'aspect d'une large fente de la bouche à l'anus, comme chez les Stylonychies, les Kérones, etc. Chez les Stentors, il descend en droite ligne de l'œsophage à la base de l'Infusoire pour remonter du côté opposé et arriver à l'anus situé sur le disque vibratile. Il suit à peu près le même trajet chez les Vorticelles, les Epistylis, les Vaginicoles, etc., seulement il se contourne en un tour de spire et présente à peu près la forme d'un 8 ouvert à son sommet. Dans les espèces qui composent les familles des Paramécies, le tube intestinal fait tout le tour de l'animal depuis la

(1) Pl. XV, fig. 6.

bouche jusqu'à l'anus situé souvent sur le même côté, d'autres fois il se replie et se contourne sur lui-même pour aller s'ouvrir à la partie inférieure de l'Infusoire. La cavité intestinale peut, en un mot, affecter les formes les plus variées, mais nous n'avons jamais pu retrouver ces intestins ramifiés et contenant de nombreuses poches stomacales que mentionnent Ehrenberg, Gegenbaur, Liberkühn et Pritchard, chez le *Trachelius ovum*, et que semblent admettre Claparède et Lachmann, ces deux adversaires de l'existence d'un intestin.

L'existence d'un anus étant la conséquence naturelle de la présence d'un intestin, cet organe a été admis par presque tous les micrographes qui, depuis Ehrenberg, ont étudié les fonctions digestives des Infusoires. Dujardin ne reconnaissant à ces animalcules aucune organisation devait naturellement nier l'existence de l'anus, et considérer comme une ouverture accidentelle celle qui donnait passage au résidu de la digestion; mais ce qui surprend davantage, c'est de voir Claparède et Lachmann, eux qui ne reconnaissent pas d'intestin proprement dit, qui maintiennent que les « bols sont « expulsés dans la cavité du corps par une contraction du pharynx, et « qu'ils se trouvent flotter dans un liquide épais », se ranger à l'avis d'Ehrenberg, de Frantzius, de Leuckart, de Samuelson, de Carter, etc., et attaquer vivement Dujardin, parce que ce dernier, conséquent avec sa manière de voir, ne veut pas reconnaître l'anus. C'est de la part de ces auteurs une contradiction dont il est difficile de s'expliquer le motif.

L'anus occupe différentes places chez les Infusoires. Ceux de ces animaux qui possèdent un disque vibratile susceptible de rentrer dans l'intérieur du corps, par suite d'une contraction brusque, tels que les Stentors, les Vorticelles, les Epistylis, les Vaginicoles, etc., ont l'anus placé près de la bouche sur le disque vibratile lui-même: la plupart des Microzoaires marcheurs possèdent un anus placé à la partie postérieure du corps et largement ouvert; d'autres, comme une partie des espèces qui forment le groupe des Paraméciens, l'ont placé sur un des côtés du corps.

L'anus, en s'ouvrant pour laisser passage au résidu de la digestion, subit quelquefois des contractions successives, et qui rappellent les mouvements occasionnés chez les animaux supérieurs par le sphincter qui entoure cet organe.

B. *Système circulatoire et respiratoire.*

1. APPAREIL CIRCULATOIRE. — Tous les micrographes qui ont précédé Ehrenberg et le savant professeur de Berlin lui-même n'ont pas reconnu la circulation qui existe chez les Infusoires. Ehrenberg considère la vésicule contractile et ses annexes comme un organe sexuel mâle; cette vésicule est pour lui un organe séminal, et ses contractions sont autant d'éjaculations de semence. Dujardin qui avec raison rejette la théorie d'Ehrenberg ne voit dans ces vésicules contractiles que des vacuoles analogues à celles qui se forment spontanément dans le sarcode sous l'empire de la déglutition, et il admet que toutes ces vacuoles peuvent disparaître dans un moment donné sans se reproduire à la même place, ce qui est complétement erroné et contraire à l'observation la plus élémentaire, en ce qui concerne la vésicule contractile.

Aujourd'hui tous les naturalistes sont d'accord sur la stabilité de la vésicule contractile, mais on est encore loin d'être d'accord sur ses fonctions et sa nature. En effet, les uns ne veulent pas reconnaître pour cet organe et les vaisseaux qui en dépendent une membrane propre et les considèrent comme des espaces pulsatoires qui existent dans le parenchyme. Cette manière de voir qu'à *priori* la simple raison ne saurait admettre est cependant soutenue par des savants d'une grande valeur, parmi lesquels figurent Stein, Perty, de Siebold.

Leuckart, etc., et l'on se demande en vain comment on peut concevoir un vide, dépourvu de membrane propre dans un milieu quelconque et qui posséderait par lui-même la propriété de se contracter d'une manière rhythmique et toujours à la même place.

L'opinion contraire, celle que nous partageons et qui consiste à reconnaître à la vésicule contractile et aux canaux qui en dépendent une membrane propre, est soutenue par des micrographes distingués, tels que Schmidt, Lieberkühn, Müller, Carter, Samuelson, Lachmann, etc. Il est vrai que cette paroi est tellement ténue qu'elle échappe aux investigations les plus minutieuses, mais, sans avoir à s'appuyer sur l'observation un peu hasardée de Carter qui prétend avoir constaté une fois dans une vorticelle en décomposition la séparation complète de la vésicule contractile des autres parties environnantes, il est évident, pour tout observateur attentif, que le fonctionnement de cet organe et sa stabilité dans un point donné du microzoaire suffisent pour faire admettre une paroi limitant cette cavité qui, sans elle, n'aurait aucun motif de se montrer toujours la même et au même endroit. Je sais bien que les adversaires de cette manière de voir font surtout valoir ce fait que, pendant la contraction de la vésicule, celle-ci disparaît complétement, ce qui serait impossible ou difficile à expliquer avec l'existence d'une membrane entourant sa cavité ; mais, outre que dans le plus grand nombre de cas, la vésicule ne disparaît pas entièrement, que le plus souvent on constate à la place qu'elle occupait un point plus ou moins visible suivant les espèces plus ou moins développées que l'on examine, la membrane est comme celle de la cavité digestive, tellement mince, hyaline et contractile, qu'il n'est pas étonnant qu'au moment de la systole elle disparaisse au regard de l'observateur. La membrane propre de la vésicule contractile est soumise aux mêmes lois que celle de la fente intestinale, au moment de la contraction elle ne se fronce pas comme le ferait une membrane ordinaire des animaux supérieurs, son élasticité réside en elle-même, elle diminue de volume sans augmenter sensiblement d'épaisseur et, sous la pression constante du parenchyme de l'Infusoire, elle reste invisible dans bien des cas, jusqu'au moment où le liquide affluant par les canaux excite de nouveau la diastole et ramène la vésicule à cette forme arrondie qu'on lui connaît.

Ces tissus transparents, dans lesquels nous ne pouvons reconnaître les éléments de la contraction et de la dilatation, existent dans la plupart des animaux inférieurs de notre cinquième embranchement. Les Foraminifères qui eux aussi possèdent une vésicule contractile ont le pouvoir d'émettre au loin des filaments souvent très-ténus et qui sont surtout constitués par la paroi blanche transparente qui enveloppe l'animal et dans laquelle ne pénètrent jamais les grains colorés du parenchyme. C'est cette paroi hyaline qui possède à un haut degré le pouvoir contracteur que l'on remarque chez ces animaux. Les dernières observations qui ont été faites sur la partie vivante des éponges et les cellules flagellées qu'on y remarque démontrent que ces êtres possèdent aussi ce même tissu transparent et doué d'un pouvoir contracteur assez puissant pour arriver à l'oblitération momentanée des orifices aquifères.

Tous les Microzoaires à tourbillon possèdent une ou plusieurs vésicules contractiles, les Microzoaires oscillants ou flagellés en paraissent aussi pourvus, quand le volume de leur corps permet au microscope d'en sonder les organes. La vésicule est très-visible chez les Euglènes, les Péridiniens, les Thécamonas, etc. Plusieurs auteurs l'ont constaté comme nous chez les Monades et les Volvox, et il est très-probable que la ténuité extrême des autres Infusoires oscillants est la seule cause qui nous empêche de reconnaître chez eux la vésicule contractile.

Cet organe se rencontre souvent unique, comme chez les Stentors, les Verticelles, les Épistylis, les Spirostomes, etc., et il y occupe une position déterminée sur laquelle nous reviendrons en décrivant ces Microzoaires. Chez d'autres Infusoires, on remarque deux vésicules contractiles, chez le *Paramecium Aurelia*, par exemple ; d'autres en ont trois et souvent même un grand nombre, comme on le constate dans l'*Amphileptus meleagris*, l'*A. longicollis*.

Quelques auteurs pensent que le grand nombre de vésicules chez le même animal est dû à un état variqueux des canaux qui en dépendent. Carter, entre autres, est de cet avis ; il remarque, chez le Chilodon où la vésicule contractile est unique et existe normalement près d'une extrémité, qu'il se forme parfois des vésicules nombreuses disséminées irrégulièrement dans le corps de l'animal, sans qu'aucune occupe la place de la vésicule normale. Il en conclut que la vésicule contractile fait dans ce cas son apparition de temps en temps, et que par suite d'une certaine irritabilité ou de quelque autre cause elle ne reste pas dilatée assez longtemps pour recevoir le contenu des canaux, qui alors se dilatent eux mêmes et donnent naissance à ces nombreuses vésicules accidentelles.

C'est à cette dilatation accidentelle des canaux que Pritchard rapporte les 50 ou 60 vésicules régulièrement disposées, et que Gegenbauer a décrites dans le Trachelius ; c'est à cette même cause qu'il attribue les 12 ou 16 vésicules décrites par Siebold et Perty dans l'Amphileptus. Il reconnaît même dans le canal longitudinal qui descend de la base au sommet du Stentor une série de vésicules accidentelles, provenant de la même cause, mais que jamais nous n'avons pu constater. On remarque, il est vrai, chez beaucoup de Microzoaires de grande taille qu'à la suite de la contraction de la vésicule, il se forme dans les canaux des renflements très-visibles et d'une certaine durée. Mais ces renflements ont toujours un aspect allongé, fusiforme et n'affectent jamais la forme arrondie et régulière de la vésicule contractile proprement dite.

Il n'est pas rare de rencontrer chez des Microzoaires qui ne

possèdent en réalité qu'une seule vésicule contractile, une seconde
vésicule, d'abord plus petite que la première, mais qui bientôt acquiert
à peu près la même taille. Cette seconde vésicule qui se montre sur
un point plus ou moins éloigné de la première est le centre nouveau
d'une circulation qui appartiendra bientôt à un nouvel être. En effet,
aussitôt que cette seconde vésicule se montre, apparaissent tous les
symptômes qui indiquent que le Microzoaire va subir une division
par fissiparité : entre les deux vésicules contractiles on voit se former
un étranglement qui se prononce de plus en plus ; la frange de
Cirrhes buccaux se montre là où doit se creuser la bouche, et une
séparation lente mais constante s'opère dans tout le reste des organes
internes.

Ehrenberg a très-bien compris et expliqué la formation de cette
nouvelle vésicule contractile, dans un animal qui normalement n'en
possède qu'une ; mais, outre qu'il lui attribue des fonctions qu'elle
n'a pas, il suppose que cette nouvelle vésicule est le résultat de
la division de la première. C'est une erreur que propage aussi
Carter.

La vésicule contractile n'est pas soumise par elle-même à une division naturelle au moment de la fissiparité ; Stein et Wiegmann
soutiennent avec raison cette opinion. On ne remarque cette division
de la vésicule que chez les Infusoires pressés entre deux verres et qui
sont sur le point d'être détruits. Et encore, cette division est-elle
plutôt apparente que réelle, car, en observant attentivement ce qui se
passe en ce moment, on est forcé d'admettre que le liquide renfermé
dans la vésicule et soumis à une pression accidentelle, s'échappe
par les canaux, les gonfle et y détermine une dilatation morbide
très-développée. En somme, la vésicule contractile n'est pas soumise
à la fissiparité, et celle qui prend naissance au moment de la division
du Microzoaire se forme loin de la vésicule première et probablement sur le trajet d'un des principaux canaux de la circulation.

Dans l'état actuel de la science microzoologique, l'existence d'une membrane propre à la vésicule contractile est à peu près reconnue par tous les auteurs. Lachmann cite à l'appui de cette opinion une observation que chacun peut répéter facilement, non-seulement chez le *Spirostomum ambiguum*, mais chez tous les Infusoires dont l'anus est placé près de la vésicule contractile. Il a remarqué avec justesse que, chez ce Microzooaire qui a la vésicule contractile située à l'extrémité du corps et près de l'anus, les bols alimentaires après avoir subi la digestion arrivent se mettre en contact avec la vésicule, la contournent en la pressant et même en la déprimant, sans jamais cependant pénétrer dans son intérieur.

Quelques auteurs, M. Carter en autres, pensent que la vésicule contractile s'ouvre dans la cavité buccale et y déverse son contenu : Leydig croit avoir vu la vésicule en communication avec l'extérieur dans la partie qui sépare la bouche de l'anus chez les Vorticellines. Ces auteurs ont été trompés par la position occupée par la vésicule qui en effet est dans ce cas très-rapprochée de la bouche et de l'anus, mais ils n'ont pas remarqué qu'à chaque contraction, la vésicule déversait son contenu dans un canal qui occupe circulairement le sommet de l'animal et qui est très-voisin des organes de la digestion.

Nous ne voulons pas suivre Carter dans toutes les idées qu'il professe au sujet de la fonction que remplit la vésicule ; pour lui c'est une espèce de pompe qui soutire les liquides contenus dans l'Infusoire et qui les rejette au dehors : ailleurs il en fait un instrument qui avec la même fonction est chargé de faire éclater les kystes de certains Microzoaires. Ces affirmations qui ne peuvent soutenir l'examen le plus élémentaire, ni le raisonnement le plus simple, ont été victorieurement combattues par Claparède et Lachmann.

Quelques auteurs, micrographes distingués, ont émis une opinion analogue à celle de Carter et qui consiste à croire que la vésicule contractile s'ouvre directement à l'extérieur. Schmidt (1) et Leuckart (2) pensent qu'il existe un canal conduisant le contenu de la vésicule au dehors de l'animal. Ni Stein, Claparède et Lachmann, ni nous, n'avons rien pu constater de semblable, ni voir le canal dont parlent les auteurs que nous avons cités. Il est vrai que chez un grand nombre d'Infusoires on voit (3), dans l'intérieur de la vésicule, une ou plusieurs petites taches claires qui ont l'apparence d'ouvertures. Ce sont, en effet, des ouvertures, mais qui ne communiquent pas avec l'extérieur et qui représentent les extrémités béantes des canaux dont nous parlerons bientôt. Claparède et Lachmann font remarquer avec raison, que si la vésicule contractile déversait son contenu à l'extérieur, elle déterminerait par cette raison un courant dans le liquide ambiant, chose qui n'a pas lieu ; mais il est inutile de chercher des raisons pour réfuter la manière de voir des auteurs qui soutiennent cette opinion, parce que, dans la plupart des Infusoires de grandes dimensions, on voit parfaitement la vésicule qui, en se contractant, refoule le liquide qu'elle contient dans les vaisseaux qui en dépendent et qui se dilatent sous cette pression.

La vésicule contractile est pour presque tous les observateurs actuels le cœur, le centre de la circulation chez les Microzoaires. Ses mouvements de systole et de diastole sont rhythmiques, et chaque contraction expulse de cette vésicule le liquide qu'elle renferme et qui se répand dans des canaux plus ou moins ténus qui y aboutissent. Ces canaux sont quelquefois très-nombreux et ramifiés et se répandent dans tout le parenchyme de l'Infusoire. Dans d'autres cas, ils paraissent plus rares et parcourent une partie de la périphérie. Sans vouloir entrer dans un examen détaillé de la disposition de ces canaux chez les Infusoires, examen qui trouvera plutôt sa place dans la des-

(1) Froriep. Notizen, 1846, p. 6.
(2) Loc. cit., p. 115.
(3) Pl. XVI, fig. 5.

cription des genres, nous pouvons poser comme principe général,
que les canaux les plus volumineux et par conséquent les plus visibles sont en rapport avec l'activité plus grande de certains organes,
comme si cette activité exigeait une dépense plus considérable de suc
nourricier. Ainsi, chez les Infusoires qui possèdent comme les Vorticelles, les Stentors, les Vaginicoles, etc., etc., un disque vibratil
surmonté de Cirrhes buccaux doués d'une grande vigueur, il existe,
partant de la vésicule contractile, un canal qui contourne ce disque
et qui paraît plus volumineux que ceux du reste de l'animal.

Les canaux qui charrient le liquide nutritif sont à peu près de
même dimension, sur un long parcours ; au moment de la contraction de la vésicule, ils deviennent bien plus apparents en raison de
leur augmentation de volume. Ils sont plus ou moins nombreux suivant les espèces ; Lieberkühn a vu chez l'*Ophryoglena flava*, jusqu'à
trente canaux venant s'ouvrir dans la vésicule ; en général, le nombre
de ces canaux est beaucoup plus restreint, et souvent on n'en constate
que quatre ou cinq par vésicule.

Chez les Infusoires qui possèdent plusieurs centres de circulation,
chaque centre, c'est-à-dire chaque vésicule, possède un système de
canaux qui lui appartient, mais jusqu'à ce jour on n'a pas pu s'assurer si ces canaux avaient une communication directe entre eux.

Pour bien étudier le jeu de la circulation chez les Microzoaires, il
faut prendre pour sujet des Infusoires d'une grande dimension et
dont le corps transparent se prête à un examen facile, tels que le *Paramecium Aurelia*, le *Panophrys chrysalis*, etc. (1). Au moment où
la diastole a atteint son maximum, la vésicule se présente sous forme
d'un globe parfaitement arrondi, clair, transparent et faisant le plus
souvent saillie à la surface de l'Infusoire. La vésicule reste ainsi
gonflée pendant un certain temps pour permettre à une fonction que

____

(1) Pl. XVI, fig. 5 et 8.

nous étudierons plus tard de se remplir, et pendant ce temps les canaux qui y correspondent sont réduits à leur plus mince volume et généralement très-peu visibles. Mais bientôt on aperçoit ces derniers qui s'élargissent, leurs parois se séparent, le liquide les gonfle et la systole de la vésicule commence d'abord lentement, puis se termine brusquement et avec une telle énergie que la vésicule semble avoir entièrement disparu. Cependant tout le liquide qu'elle renfermait a passé dans les canaux qui prennent un instant près de la vésicule l'aspect fusiforme, mais qui, en se contractant, font circuler au loin le liquide qu'ils viennent de recevoir de la vésicule. Pendant ce travail et alors que la systole n'est pas complète, le système circulatoire affecte la forme d'une étoile avec un noyau arrondi, mais bientôt le noyau, c'est-à-dire la vésicule, disparaît, et il ne reste plus à la place qu'une étoile dont les rayons dilatés s'effacent peu à peu à mesure que les parois des canaux réagissant sur le liquide qu'ils renferment la répandent dans leurs ramifications périphériques.

On peut donc s'assurer par l'observation directe de la manière dont le liquide contenu dans la vésicule est poussé dans les canaux qui en dépendent, mais il est beaucoup plus difficile de se rendre compte de l'arrivée du liquide nourricier dans la vésicule. Lieberkühn et Carter pensent que le liquide qui remplit les vaisseaux revient dans la vésicule au moment de la diastole ; mais le premier admet que ce retour n'est effectué que pour permettre à la vésicule de le reverser ensuite dans ces mêmes canaux, tandis que Carter croit d'abord que c'est pour le rejeter à l'extérieur. Claparède admet le jeu de circulation indiqué par Lieberkühn et ne voit dans la systole et la diastole de la vésicule que l'afflux et le reflux du liquide nourricier dans les vaisseaux ; aussi, il compare la circulation des Infusoires à celle des Salpes, circulation qui s'effectue par un mouvement de va-et-vient continuel. Lorsqu'un Microzoaire possède deux ou plusieurs vésicules contractiles, dont les pulsations alternent, on pourrait jusqu'à un certain point admettre que, les vaisseaux communiquant entre eux, une vésicule en se contractant envoie son liquide vers un autre centre pendant la diastole de celui-ci, et que celui-ci à son tour se contracte et fait refluer le liquide qu'il a reçu vers la vésicule qui le lui a d'abord transmis. Cette circulation de va-et-vient s'expliquerait ainsi facilement, et Samuelson prétend que c'est ainsi que la chose se passe dans le *Glaucoma scintillans*. Cet Infusoire, d'après cet auteur, n'a qu'une vésicule contractile, mais au moment de la systole le liquide chassé de la vésicule vraie irait à travers les vaisseaux gonfler des vésicules *formées temporairement* qui, à leur tour, en se contractant, renverraient le liquide dans la vésicule centrale. Nos observations n'ont en rien confirmé jusqu'à présent les affirmations de Samuelson, et, bien que cette manière de voir soit théoriquement rationnelle, nous sommes obligé de convenir que, chez les Infusoires qui ne possèdent qu'une seule vésicule contractile, nous ne savons encore sous quelle incitation la diastole s'opère. John Müller pense qu'après la contraction de la vésicule, le liquide qui a pénétré dans les vaisseaux est soumis lui-même à une pression des parois de l'animal, ou mieux à une contraction active des vaisseaux eux-mêmes, et qui ramène le liquide dans la vésicule. Claparède et Lachmann partagent cette manière de voir, qui est en effet la seule admissible, mais il faut bien cependant reconnaître que l'observation directe n'a rien donné de certain à l'appui de cette hypothèse qui a en outre l'inconvénient de s'éloigner de tout ce qui est connu, en fait de circulation, chez les autres animaux.

Il est beaucoup plus rationnel d'admettre que la circulation chez les Infusoires se fait à peu près dans les mêmes conditions que chez les autres animaux. En effet, les micrographes modernes admettent que la vésicule est un centre de circulation, ils reconnaissent qu'à cette vésicule viennent aboutir des canaux plus ou moins nombreux dans l'intérieur desquels la vésicule verse son contenu. Ces canaux, comme nous l'avons reconnu dans certaines espèces (1), se répandent dans l'Infusoire en se ramifiant et en diminuant sensiblement de volume. Si une circulation complète n'existait pas, on serait obligé d'admettre que le liquide chassé de la vésicule par sa contraction et charrié dans les canaux irait aboutir à un cul-de-sac terminal de chaque vaisseau, d'où il reviendrait dans la vésicule sous l'influence d'une pression quelconque : nous avons vu que cette manière de voir est celle de plusieurs micrographes. Mais si cette demi-circulation avait réellement lieu, le liquide nourricier accumulé dans les extrémités des vaisseaux, les dilaterait et donnerait naissance à des vésicules accidentelles, comme le pense Samuelson ; or, rien de semblable ne peut être observé, les canaux vésiculaires gonflés par la contraction de la vésicule reviennent bientôt à leur diamètre premier après avoir fait circuler le liquide dans leurs extrémités, sans que la plus minutieuse observation puisse démontrer qu'ailleurs on aperçoive un renflement quelconque sur les canaux. Il y a donc lieu de croire que ces canaux que nous voyons se dilater au moment de la systole et qui remplissent les fonctions des artères chez les animaux supérieurs se continuent après leurs ramifications avec d'autres canaux faisant fonction de veine, et qui, au moment de la diastole, déversent leur contenu dans la vésicule. Il est très-probable aussi que la ténuité de ces vaisseaux, et leur transparence externe nous font confondre ces deux systèmes de vaisseaux. Ce qui du reste vient à l'appui de ce que je viens de dire, c'est l'existence du canal circulaire que nous avons signalé chez les Vorticellides et le canal descendant et ascendant qu'on remarque chez les Stentors.

APPAREIL RESPIRATOIRE. — Le phénomène de la respiration considéré aux points de vue chimiques et vitaux, est la conséquence forcée

(1) Pl. XVI, fig. 5.

de l'acte de la circulation, quel que soit du reste la manière dont ces fonctions s'accomplissent. Ces deux actes fonctionnels chez tous les êtres, animaux ou végétaux, sont en connexité parfaite, et l'on ne peut concevoir une circulation d'un liquide nourricier sans respiration, de même que l'acte de la respiration implique forcément un travail de circulation.

Cependant quelques auteurs, tout en ne reconnaissant pas le phénomène de la circulation chez les Infusoires, ont cru devoir admettre pour eux un travail de respiration. M. Dujardin, qui nie la circulation d'un liquide nourricier chez les Microzoaires, dit cependant (1) : « Quant à la respiration elle paraît plus réelle chez les Infusoires, « soit qu'on admette, d'après Spallanzani, que les vésicules sont des- « tinées à cette fonction, soit qu'on admette d'après l'analogie de beau- « coup d'animaux inférieurs, que le mouvement vibratile des cils peut « n'y être pas étranger, en même temps qu'il sert à la locomotion et « à la production du tourbillon qui amène les aliments. *On ne peut* « *douter* que ces animalcules n'aient besoin de trouver de l'air res- « pirable dans l'eau ; les expériences faites par M. Pelletier sur l'as- « phyxie de ces animalcules tendent à le prouver..... »

Comment un naturaliste aussi distingué que M. Dujardin a-t-il pu se mettre ainsi en contradiction avec lui-même et avec tout ce qui est connu dans la science au sujet de ces phénomènes, lui qui non-seulement ne reconnaît pas de circulation chez les Infusoires, mais qui nie les organes qui président à cette fonction ? La respiration pulmonaire, branchiale, tubulaire, membraneuse, etc., ne peut exister, ou du moins devient inutile sans une circulation qui mette constamment et successivement les différentes parties du liquide nourricier en contact avec l'air libre, ou dissous dans le liquide ambiant. Or, puisqu'on ne peut douter, comme le dit M. Dujardin, que ces animalcules

____

(1) *Loc. cit.*, p. 109.

n'aient besoin de trouver de l'air respirable dans l'eau, il faut admettre que cet air respirable doit avoir un but, et ce but, c'est la *revivification* du liquide nourricier par le moyen de la circulation que cet auteur repousse complétement.

Pour prouver qu'une circulation est impossible chez les Microzoaires, M. Dujardin s'appuie sur ce fait bien connu en physique, la difficulté, l'impossibilité même où se trouve un liquide de traverser un tube capillaire dont la lumière est extrêmement réduite, alors même que le liquide est soumis à une certaine pression. Mais déduire d'un fait physique un acte vital, comparer un tube rigide de verre à un canal élastique et doué des propriétés de la vie, c'est dépasser les bornes d'un raisonnement rigoureux et pousser un peu loin l'amour de l'induction.

M. Dujardin a-t-il donc oublié qu'il existe chez les animaux supérieurs des vaisseaux d'une ténuité telle, qu'ils ne peuvent admettre dans leur intérieur les corpuscules sanguins, et qui cependant charrient le liquide du sang, comme on le remarque dans la cornée de l'œil, par exemple? Et puis, à quoi bon regarder les cils comme des organes de la respiration si le corps des Infusoires, comme le dit cet auteur, est susceptible d'une imbibition qui doit faire pénétrer dans l'animal (1) les liquides oxygénés qui l'environnent.

Spallanzani est le premier qui ait émis l'opinion que la vésicule contractile pourrait bien être le siége de la respiration. Mais il est loin de s'être rendu un compte exact de cette fonction chez les Microzoaires, et il paraît avoir confondu le mécanisme de la respiration avec celui de la circulation. Les auteurs qui l'ont suivi n'ont pas profité de cette première indication fournie par Spallanzani, et on ne trouve rien dans leurs travaux qui se rapporte à cette fonction. M. Dujardin, après avoir supposé que les microzoaires, comme certains

(1) *Loc. cit.*, p. 24. « Il est donc bien plus conforme aux lois de la physique d'admettre que chez ces petits animaux les liquides pénètrent simplement par imbibition. »

7

animaux d'un ordre plus élevé, pouvaient respirer au moyen des appendices qui couvrent leur surface, est porté à reconnaître les vésicules comme des organes respiratoires : « Mais que l'on considère, « dit-il, leur multiplication dans les Infusoires mourants ou dans ces « animaux simplement comprimés entre deux lames de verre et « privés des moyens de renouveler le liquide autour d'eux : que l'on « se rappelle leurs rapides contractions (des vésicules) et même leur « complète disparition qui ont frappé tous les observateurs ; que l'on « songe enfin à la manière dont ils se soudent et se confondent plu- « sieurs ensemble, et l'on ne pourra s'empêcher de reconnaître des « vésicules sans téguments ou des vacuoles creusées spontanément « *près de la surface* pour recevoir, à travers les pores du tégument, le « liquide servant à la respiration. »

La respiration par imbibition d'un liquide servant à la respiration est une opinion qui n'est plus soutenable. Il est parfaitement établi aujourd'hui, qu'en dehors de la vésicule contractile que nous avons vu être le centre, le cœur d'une circulation bien établie et reconnue par tous les micrographes contemporains, les autres vésicules qui se montrent dans le corps de l'Infusoire sont toujours le resultat de l'absorption de l'eau et des matières nutritives qu'il renferme par la voie digestive que nous avons étudiée plus haut. Le corps du Microzoaire n'absorbe pas le liquide qui l'entoure, rien au moins ne peut le faire supposer, et on ne voit de vacuoles dans leur intérieur que celles qui sont le résultat de la déglutition ou le principe de la circulation.

Les cils et autres appendices qui couvrent le corps d'un grand nombre de Microzoaires pourraient, comme l'a supposé M. Dujardin, être considérés comme le siége d'une respiration chez ces animaux. Ils joueraient dans ce cas le rôle de branchies et rappelleraient la manière dont la respiration s'effectue chez quelques crustacés. En effet, l'agitation presque permanente des cils les met constamment

en contact avec un milieu nouveau ; leur ténuité extrême, leur longueur relativement considérable, et leur nombre le plus souvent
incalculable, accusent une surface immense et bien propre à satisfaire au besoin d'une respiration active. Mais rien jusqu'à présent n'a
pu faire reconnaître dans ces appendices les éléments des organes respiratoires : aucun observateur n'a pu reconnaître une circulation dans
ces appendices même les plus développés, comme les styles des
Stylonychies : et si certains Infusoires sont largement couverts de ces
appendices filiformes, comme les Stentors, les Paraméciens, les Kéroniens, les Lacrymariens, etc., il en est d'autres, comme les Vorticelliens proprement dits qui ont le corps complétement glabre et qui
ont pour tout appendice ciliaires la couronne de cirrhes buccaux qui est
spécialement destinée à l'absorption des aliments. De plus, il existe
parmi les Microzoaires flagellés ou oscillants un grand nombre d'Infusoires, chez lesquels on reconnaît une circulation évidente démontrée par le jeu de la vésicule contractile et qui cependant ne présentent
plus de cils à la surface. Les Euglènes, les Monades et presque tous
les Infusoires du second ordre possèdent une circulation démontrée
par le jeu constant de la vésicule contractile, et cependant ils sont
dépourvus de cils à la surface du corps et ne possèdent même plus de
cirrhes buccaux. Le ou les flagellum qui leur servent de moyens de
locomotion sont généralement très-ténus et ne présentent pas une
surface qui serait capable de subvenir au besoin d'une respiration
suffisante. Les Amibes, ces êtres douteux qui établissent la transition
entre les Microzoaires proprement dits et les Rhizopodes, ont aussi
une vésicule contractile très-développée, et cependant on ne trouve
plus à leur surface ni les cils des Infusoires à tourbillon ni les filaments des Infusoires flagellés.

Il est donc plus rationnel de revenir à l'opinion de Spallanzani
et de considérer la vésicule contractile comme l'organe respiratoire
en même temps qu'elle est le siége actif de la circulation.

La respiration et la circulation sont deux fonctions qui sont, comme nous l'avons déjà dit, intimement liées entre elles : il n'y a donc rien d'irrationnel à supposer, que le même organe se trouve dans des conditions à pouvoir subvenir à leur exercice. Depuis longtemps déjà, nous avions remarqué que la vésicule contractile était toujours placée près de la périphérie et jamais près du centre de l'animal. Quand celui-ci se meut en tournant sur son axe, il est facile de se rendre compte de la situation de la vésicule et on la voit décrire une ligne circulaire suivant le mouvement de rotation de l'Infusoire. Mais la vésicule non-seulement est placée sous la cuticule, mais là où on la voit se dilater et se contracter successivement, on remarque que la cuticule est d'une ténuité extrême et d'une transparence remarquable. En outre, chez presque tous les Infusoires de grande taille, on constate qu'au moment de la dilatation de la vésicule, c'est-à-dire pendant tout le temps qu'elle est remplie par le liquide nourricier, la paroi antérieure, celle qui est en contact avec le liquide ambiant, se soulève, se gonfle, et forme à la surface du Microzoaire une saillie arrondie et semblable à un verre de montre.

Cette paroi de la vésicule qui forme ainsi à l'extérieur un mamelon arrondi est d'une transparence extrême, qui indique assez combien en cet endroit la membrane est amincie. De plus, si au lieu de regarder la vésicule quand elle est placée sur les bords de l'animal où elle affecte la forme que nous venons d'indiquer, on l'étudie quand elle se présente en face, sur le milieu de l'Infusoire on remarque qu'à la place qu'elle occupe on ne voit plus les organes myosiques que nous avons décrits plus haut chez les Microzoaires qui les possèdent et que la place occupée par la vésicule contractile est dépourvue, au moins pendant la diastole, des stries que forment les bandes de la myose sous la cuticule.

Cette situation toute superficielle de la vésicule, cette saillie qu'elle fait à la surface de l'Infusoire pendant qu'elle renferme le liquide qu'elle doit ensuite chasser dans les canaux; enfin, la ténuité extrême de la paroi interne sont autant de motifs qui nous forcent à voir là le siége de l'acte de la respiration chez les Infusoires. La vésicule, après avoir chassé dans les vaisseaux le liquide qu'elle renferme, reste contractée pendant un temps plus ou moins long ; pendant ce temps le liquide pénètre dans les ramifications des vaisseaux, va comme chez les êtres supérieurs y entretenir la vie en se modifiant lui-même, puis revient dans la vésicule qui se dilate de nouveau pour le recevoir. Pendant cette dilatation de la vésicule, sa paroi externe se soulève, s'arrondit en s'amincissant et reste ainsi pendant un certain temps en contact avec le liquide ambiant. C'est pendant ce temps, quelquefois assez prolongé, que l'échange se fait entre les matériaux respirables de l'eau et le liquide contenu dans la vésicule, comme cela se fait dans les poumons des animaux supérieurs, et que le liquide nourricier, vicié par le travail de la nutrition, reprend sous l'influence de ce contact les qualités nutritives qu'il avait perdues pendant la circulation.

Ainsi la paroi de la vésicule contractile qui pendant la systole se comporte comme l'enveloppe musculaire du cœur des animaux supérieurs posséderait pendant la diastole les propriétés de leurs tissus pulmonaires.

Cette explication de l'acte de la respiration chez les Infusoires, basée sur l'examen attentif du jeu de la vésicule contractile, nous semble la seule capable de satisfaire l'esprit sans heurter les règles de la physiologie.

Tous les micrographes ont pu constater les modifications qui sont apportées dans l'appareil circulatoire et respiratoire, lorsque l'Infusoire, pressé entre deux lames de verre, ne peut plus circuler et qu'il est proche de sa fin. Nous avons plus haut rapporté à ce sujet la manière de voir de M. Dujardin qui, considérant la vésicule comme un organe respiratoire, ou plutôt comme le réceptacle de l'eau nécessaire à la respiration qui pénètre dans l'intérieur de l'animal par imbibition, pense que le besoin de respiration devenant de plus en plus grand par l'immobilité où se trouve forcément le Microzoaire, il se forme des vésicules accidentelles destinées à multiplier les surfaces respiratoires. Cette opinion de M. Dujardin est la conséquence de sa théorie sur la nature du sarcode qui a la propriété de se creuser spontanément en vacuoles qui pour cet auteur sont des cavités sans membrane propre. Claparède et Lachmann qui ont aussi observé cette apparence de multiplication de la vésicule contractile peu de temps avant la mort de l'Infusoire, et qui reconnaissent à cette vésicule une membrane spéciale, expliquent ce phénomène en disant qu'il n'y a rien d'extraordinaire à ce qu'un organe aussi contractile et éminemment élastique puisse se diviser par un resserrement fortuit de sa membrane dans sa partie médiane et donner ainsi naissance à deux ou plusieurs vésicules dérivées. En réalité, rien de semblable n'a lieu, la vésicule ne se subdivise pas, mais quand le Microzoaire se trouve comprimé entre deux lames de verre, la circulation du liquide nourricier se trouve arrêtée dans les vaisseaux périphériques ; ce liquide ne peut plus les traverser librement, et, au moment d'une des dernières contractions de la vésicule, quelques canaux se gonflent, prennent une forme arrondie et paraissent constituer des vésicules accidentelles à côté de la vésicule vraie. Celle-ci se déforme bientôt, ses contractions deviennent de plus en plus rares, et, peu avant la mort de l'Infusoire, elle ne présente plus ainsi que les vésicules formées par les vaisseaux dilatés que des places claires, irrégulières, accolées les unes aux autres et qui s'évanouissent au moment de la diffluence de l'animal.

C. *Reproduction*.

Presque tous les microzoologistes actuels reconnaissent aux Infusoires le pouvoir de se reproduire et de se multiplier suivant trois modes différents : la fissiparité, la gemmiparité et l'oviparité.

La fissiparité est la propriété qu'ont les Microzoaires de se multiplier au moyen d'une divison spontanée d'un seul animal qui donne ainsi naissance à deux êtres semblables : ce mode de multiplication est de beaucoup le plus fréquent et celui qui se prête à une observation relativement facile.

La gemmiparité ou multiplication des Infusoires par bourgeonnement est plus rare ; très-fréquente chez les Coralliaires où elle joue un rôle très-important, elle se montre visiblement chez les Infusoires, surtout de la famille des Vorticellides où elle a été constatée par les auteurs les plus anciens.

L'oviparité, comme la gemmiparité, n'a encore été réellement constatée que chez un petit nombre de Microzoaires. Mais ce mode de reproduction, qui rappelle celui des animaux plus élevés dans l'échelle animale, est venu jeter une lumière nouvelle sur la génération des Infusoires, et doit un jour porter le dernier coup aux défenseurs des générations spontanées en établissant ce fait, jusqu'alors resté à l'état de doute, que les Infusoires comme les autres animaux possèdent un organe ovarique, qu'ils peuvent provenir d'un œuf, dont le générateur paraît être l'organe appelé *nucleus* que nous étudierons bientôt.

Fissiparité. — Le mode de reproduction le plus ordinaire et le mieux constaté chez les Infusoires est la *fissiparité* ou division spontanée. Ce mode de reproduction est sans contredit le plus répandu dans la classe des Microzoaires, et il a été constaté par presque tous les micrographes dans toutes les familles des Infusoires à tourbillon et oscillants.

Ce phénomène de la fissiparité chez les Infusoires n'est pas, comme le pensent certains auteurs (1), un fait caractéristique et spécial à cette classe d'animaux, on le retrouve plus fréquemment encore et dans de plus grandes proportions chez les Foraminifères et surtout chez les Coralliaires, où il joue un rôle des plus importants. Les végétaux inférieurs ont aussi, comme les Oscillaires, ce moyen de reproduction, et ce n'est pas, comme nous le verrons plus loin, le seul rapport qui existe entre ces Microphytes et les Infusoires.

La reproduction des Microzoaires par division spontanée se fait suivant trois directions distinctes : la direction verticale, la direction oblique et la direction transversale. La division par fissiparité, suivant une direction verticale, c'est-à-dire suivant un plan qui passe par l'axe du corps, est le mode le plus rare de multiplication, et nous ne l'avons constaté d'une manière sérieuse que dans la famille des Vorticelliens.

Cependant certains auteurs (2) ont encore observé chez les individus d'autres familles ce mode de divisions, chez les Kolpodes, les Paraméciens, etc., et ils admettent même que, chez les Infusoires que nous venons de citer, on peut constater la division transversale et la division longitudinale chez la même espèce. Il nous a été impossible jusqu'à présent de rien observer de semblable malgré toute l'attention que nous avons pu y mettre.

Lorsqu'une Vorticelle veut se multiplier par fissiparité, elle replie ses cirrhes buccaux, retire en dedans son disque vibratile, prend une forme sphérique et reste en cet état dans une immobilité complète. Le sommet de la Vorticelle présente un petit fron-

____

(1) Claparède et Lackmann, *loc. cit.*, 3ᵉ mém., p. 243.
(2) Claparède et Lackmann, *loc. cit.*, p. 245, et M. Cohn, *Zeitschrift für Win. Zool.*, III, p. 270.

cement qui fait saillie à la surface supérieure et offre à l'observateur une légère excavation conique (1). C'est l'endroit par où le disque vibratile est rentré dans la cavité de la Vorticelle et c'est là aussi que se montrera la première ligne de division. Dans l'état où se trouve alors la Vorticelle, il est parfois impossible de voir le canal œsophagien et les cirrhes buccaux qui se sont retirés en dedans, mais on aperçoit toujours la vésicule contractile qui continue ses mouvements rhythmiques de systole et de diastole.

Bientôt on distingue une légère dépression qui part du sommet de la Vorticelle et s'étend jusqu'à son pédicule, en même temps qu'une seconde vésicule contractile fait son apparition à la gauche de la première. Depuis ce moment les deux vésicules se contractent incessamment, sans qu'il y ait une relation quelconque dans leur mouvement ; et la dépression, se prononçant de plus en plus, transforme le corps de la Vorticelle en deux lobes arrondis, mais encore réunis dans toute leur longueur (2). Quelques minutes après, la partie supérieure de la Vorticelle se sépare et on remarque au sommet de chaque lobe séparé un espace arrondi qui doit déjà contenir tous les éléments de la nutrition, bouche, œsophage, cirrhes buccaux (3), etc. En effet, peu de temps après, les deux lobes de plus en plus distincts, mais encore très-unis par la base (4), commencent à émettre en dehors le bourrelet vibratile qui porte les cirrhes buccaux et ceux-ci entrent lentement en vibration. Peu à peu la division devient plus complète et on remarque bientôt qu'une des Vorticelles, qui ne tient plus à sa voisine que par un point peu étendu de sa base, s'étrangle légèrement à sa partie inférieure où se montre un sillon dans lequel apparaîtront des cils fins, très-

---

(1) Pl. VII, fig. 1.
(2) Pl. VII, fig. 2.
(3) Pl. VII, fig. 3.
(4) Pl. VII, fig. 4. C'est à tort qu'on représente dans cette figure le sommet du pédicule divisé ; il reste toujours simple.

déliés et doués d'un mouvement assez lent (1). On constate ces cils quand leur mouvement ondulatoire les décèle à la vue de l'observateur, mais il nous a été impossible de voir comment ils prennent naissance.

Il a fallu environ une heure pour que la Vorticelle ait atteint ce degré de division : dans cet état, une des Vorticelles, celle qui n'a pas de cils en couronne à la base, celle qui doit rester sur le pédicule et qu'on peut appeler la Vorticelle mère, a déjà repris l'exercice de toutes ses fonctions, pendant que sa voisine tient presque constamment son sommet contracté. Cependant cette dernière a acquis tout son développement, la couronne de cils qui s'est développée à sa partie inférieure possède toute son énergie vibratoire (2) et tout fait présumer qu'elle va bientôt se détacher de sa congénère et devenir libre. En effet, après quelques secousses qui accusent la contraction des fibres myosiques, elle rompt son attache et s'élance dans le liquide ambiant avec une rapidité telle qu'il devient extrèmement difficile de la suivre. Ses mouvements sont d'abord très-rapides et désordonnés; elle s'élance en avant, tourbillonne sur elle-même, change brusquement de direction, mais conserve toujours pendant ces rapides évolutions sa partie postérieure dirigée en avant. Cependant après un certain temps de cette course vertigineuse, la Vorticellide commence à se calmer, ses mouvements deviennent moins rapides et on la voit enfin s'arrêter, tourner quelquefois encore un instant sur elle-même, puis devenir immobile. Bientôt les cils qu'elle portait en ceinture à sa base disparaissent, son calice muni des cirrhes buccaux s'élargit et les fonctions de nutrition commencent à s'établir. La Vorticellide est fixée par sa base (3) et son pédicule

(1) Pl. VII, fig. 5 et 6.
(2) Pl. VII, fig. 7. La jeune Vorticelle ciliée à la base ne possède pas de pédicule comme le montre à tort la figure, mais reste adhérente à sa congénère comme on le voit dans les figures 5 et 6, jusqu'à sa complète séparation.
(3) Pl. VII, fig. 8 et 9.

commence à se développer comme nous l'avons indiqué pages 6 et suivantes.

Nous avons pu observer dans le genre Épistylis un mode un peu différent de division longitudinale. Les choses se passent d'abord comme nous venons de l'indiquer, mais la séparation, au lieu de se faire uniquement à la partie supérieure de l'animal, a lieu en même temps à la base (1). Il en résulte que, dans un moment donné, on voit sur la même tige deux individus séparés au sommet et à la base, mais encore unies à leur partie moyenne. Dans ce cas le dernier point d'attache correspond au niveau du nucleus, et l'on voit distinctements celui-ci allongé de part et d'autre et formant deux corps fusiformes, retenus encore par leur partie externe atténuée.

Bien qu'il soit encore impossible de se rendre un compte exact de ce qui se passe dans l'intérieur d'un animal qui se sépare en deux parties égales longitudinalement sous l'influence de la fissiparité, il est cependant permis de supposer, dans les cas que nous venons d'étudier, que le disque vibratil est le premier organe qui se trouve subir la division spontanée ; puis doivent venir les organes de la digestion, à moins que, comme on le remarque pour la vésicule contractile, ces organes ne se forment de toute pièce à côté de ceux qui existent déjà. Quant au nucleus que nous aurons à étudier bientôt, il est évident que chez les Vorticellides il se divise en deux portions à peu près égales. MM. Claparède et Lachmann pensent peut-être avec raison qu'une des parties de la Vorticelle qui subit la fissiparité conserve sa bouche et son œsophage primitifs et qu'une partie de la spire buccale est le point de départ de la formation de ces organes dans l'autre partie. Nous verrons plus loin que cette hypothèse devient une vérité pour les deux autres modes de fissiparité.

Il est reconnu que si la reproduction par fissiparité se fait au moyen

(1) Pl. VIII, fig. 8 et 9.

des individus qui, détachés, comme nous venons de le dire, de leurs
congénères, vont au loin donner naissance à une colonie nouvelle, la
multiplication se produit de la même façon, mais avec des individus
qui restent attachés avec leur autre moitié au sommet du pédoncule.
Chez les Vorticellides qui après la fissiparité doivent se détacher du
tronc commun, l'individu qui reste au sommet de la tige conserve
seul et en entier ses rapports avec la myose du pédicule ; mais quand
les deux moitiés doivent y rester adhérentes, comme chez les Zoothamnium, la division du muscle se fait d'une manière égale et chaque
individu conserve ses rapports avec les fibres myosiques du pédicule
commun. Non-seulement dans certains cas les deux Vorticellides provenant de la division fissipare restent adhérentes au pédicule, mais
chacune d'elles peut sécréter un pédicule nouveau et former ainsi un
nouvel embranchement (1). C'est ainsi que se forment ces colonies
remarquables, qui, composées d'un grand nombre d'individus, n'ont
cependant qu'un pédicule unique pour point de départ.

Il ne faut pas croire cependant que la reproduction a toujours
lieu par des individus qui se détachent du pédicule aussitôt que la
fissiparité les a séparés du premier parent. On remarque souvent,
dans le genre Épistylis surtout, des individus qui, après avoir vécu
un certain temps et isolément au sommet d'une tige, s'en détachent volontairement pour aller au loin donner naissance à une
autre colonie. Dans ce cas, l'individu qui doit se séparer du reste
de sa colonie change de forme, sa base se contracte, il se ramasse
en boule, ferme son péristome, et bientôt s'entoure d'une couronne de cils vibratils à la partie inférieure de son corps. Lorsque
cette couronne de cils a atteint tout son développement, la Vorticellide se détache de son pédicule, nage librement pendant un
certain temps, puis s'arrête et se fixe sur un corps quelconque pour

(1) Pl. VI, fig. 1. — Pl. IX, fig. 3 et 5. — Pl. XI, fig. 2.

y donner naissance à une nouvelle colonie, ou subir une transformation que nous étudierons plus loin (1).

La fissiparité suivant un plan oblique est plus fréquente que celle dont nous venons de parler et la manière dont elle s'opère est aussi, comme pour la fissiparité transversale, plus facile à apprécier. C'est encore chez les Infusoires de grande taille qu'il faut en étudier le mécanisme. Les Stentors, que nous avons observés pendant qu'ils subissent la multiplication par fissiparité, ne nous ont jamais présenté le phénomène de la fissiparité longitudinale que quelques auteurs semblent admettre ; nous les avons constamment vus se diviser suivant une ligne oblique qui les sépare en deux parties à peu près égales (2).

Dès 1744, Tremblay avait déjà très-bien étudié et décrit la manière dont les Stentors se divisent suivant une ligne oblique. Il avait remarqué que la crête ciliée que l'on constate sur le côté de certains Stentors n'existe pas sur d'autres individus de la même espèce. Il a donc vu cette crête partir du sommet du Stentor, descendre obliquement jusque vers la partie moyenne de l'animal, et là se contourner pour donner plus tard naissance à la spire buccale du Stentor inférieur, qui doit se détacher de son congénère. C'est en effet ainsi que les choses se passent : lorsqu'un Stentor doit subir la division par fissiparité oblique, on aperçoit une ligne dentelée qui part de la spire buccale de l'individu, obliquement et en ondulant légèrement (3), jusque vers le milieu de la hauteur de l'animal et là s'y contourne en affectant déjà la forme que prend cette spire en arrivant près de la bouche. Bientôt on aperçoit un étranglement qui, dirigé obliquement, part de l'extrémité inférieure de cette crête et atteint la partie opposée en un point un peu plus élevé. Cet étranglement va toujours en augmentant

(1) Pl. VIII, fig. 7, 8, 9, 10, 11, 12, 13, 14, 15, 16.
(2) Pl. I, fig. 4 et 5.
(3) Pl. I, fig. 4, et Pl. II, fig. 14 et 16.

et bientôt la forme du nouveau Stentor avec une partie de son appareil vibratil se révèle à l'observateur. Cependant une dilatation du vaisseau latéral a donné lieu à une nouvelle vésicule contractile et, à mesure que la fissiparité augmente, la crête ciliaire qui existait au sommet du Stentor disparaît. La vésicule contractile se trouve placée dans le Stentor inférieur comme dans le Stentor primitif à la partie latérale de l'œsophage ; la crête adventive qui s'est formée pour donner naissance à la spire buccale du second Stentor s'est donc développée suivant une ligne déterminée et qui se trouve dans le voisinage d'un des vaisseaux latéraux. Peu à peu les organes buccaux du Stentor inférieur se développent, l'espace se restreint entre les deux individus et, après un temps souvent assez long, les deux Stentors se séparent complétement.

Le Stentor supérieur a conservé le disque vibratil, la vésicule contractile, la bouche et l'œsophage de l'ancien individu, et les branches des vaisseaux latéraux ont dû s'anastomoser pour former le circuit de la circulation. Le ruban nucléaire s'est séparé en deux parties à peu près égales pour fournir le nucleus de chaque animal.

Le Stentor inférieur a dû constituer de toute pièce son disque vibratil, sa bouche et son œsophage qui est venu rejoindre l'ancienne fente intestinale. La branche descendante de celle-ci, resserrée pendant la fissiparité, s'est abouchée dans le Stentor supérieur avec la branche ascendante pour reconstituer l'anse intestinale inférieure, pendant que le second Stentor, unissant son œsophage à la branche descendante de l'ancien Stentor, conservait toute la partie inférieure de l'ancienne fente et ouvrait son anus à l'extrémité de la moitié supérieure de la branche ascendante de cet organe. Tel est le mode de reproduction fissipare du Stentor, et nous sommes étonné que Claparède et Lachmann, qui citent les observations de Tremblay, aient pu voir dans cette division une fissiparité longitudinale, qui en réalité n'existe pas.

La division par fissiparité oblique se fait encore d'une manière plus

simple chez les autres Microzoaires; en général on aperçoit un rétré-
cissement oblique à la partie moyenne de l'animal et immédiatement
au-dessous de cet étranglement un bourrelet qui se garnit rapidement
de cils ou de cirrhes, suivant les espèces. C'est dans la partie déclive
de ce bourrelet que se creuse la bouche et l'œsophage, et la partie la
plus élevée de la ligne oblique devient le sommet de l'animal. Là où
les vésicules contractiles se forment en même temps et peu à peu, les
deux nouveaux êtres se dessinent plus nettement et se séparent ensuite.
Nous avons figuré, planche XIX, fig. 7, un Amphileptus au moment
où la fissiparité oblique se manifeste : déjà les deux vésicules contractiles inférieures sont développées ; la partie inférieure de la ligne
oblique de division deviendra la bouche et la partie supérieure et déjà
saillante constituera le sommet cilié du nouvel animal.

La division fissipare, suivant un plan transversal, est de beaucoup
la plus fréquente ; elle se manifeste dans la plupart des Microzoaires
à tourbillon et surtout dans ceux qui composent le sous-ordre des
Microzoaires Oscillants ou Flagellés. Chez les Infusoires ciliés qui
subissent cette division on remarque un étranglement de plus en plus
prononcé qui se fait voir dans un certain point de l'animal et le plus
souvent dans sa partie moyenne. A mesure que l'étranglement se resserre, les organes nouveaux des systèmes circulatoire et digestif se constituent de toutes pièces et entrent en fonctions avant la complète séparation des deux nouveaux individus.

Chez les Spirostomes (1) la division transversale s'opère dans le
milieu de l'animal et le partage en deux parties à peu près égales. La
partie supérieure conserve intacts sa bouche et l'œsophage qui dans
la partie inférieure sont obligés de se constituer entièrement. Mais l'animal inférieur conserve l'ancienne vésicule contractile située à la base
près de l'anus, tandis que l'animal supérieur est obligé de se consti-

______

(1) Pl. XV, fig. 2 a.

tuer ces deux organes. Le nucléus, dans ce cas, est partagé en deux portions à peu près égales.

Les Glaucomes, le *Glaucoma scintillans*, par exemple, subissent une séparation à peu près identique à celle que nous venons de décrire (1). La seule différence consiste en ce que l'animal supérieur conserve sa bouche et sa vésicule, que l'animal inférieur est obligé de constituer de toutes pièces.

Il en est encore à peu près de même pour le *Chilodon cucullulus* (2), qui possède deux vésicules contractiles. Au-dessous de l'étranglement qui se produit dans la partie moyenne, on aperçoit bientôt la bouche dentée et garnie de son long filament, mais l'individu supérieur a perdu sa vésicule contractile inférieure, qui est restée en partage à l'individu inférieur, et celui-ci est obligé de constituer une vésicule à son sommet pendant que l'individu supérieur rétablit à sa base celle qui lui a été enlevée.

Certains Oxytriques, l'*Oxytricha* (3) *rubra*, par exemple, se divisent à peu près comme les Glaucomes : l'individu inférieur étant obligé de créer sa bouche et sa vésicule contractile, ne conserve de l'animal primitif que sa part du nucléus. On remarque encore cette division simple chez les Acomies, les Paramécies, les Coleps, etc. Les Infusoires oscillants et surtout ceux qui occupent la dernière place dans la série de ces animaux présentent une fissiparité transversale très-abondante : on la constate chez les Euglènes, les Volvox, les Uvelles, les Spirilles, les Bactéries, etc.

GEMMIPARITÉ. — La reproduction des Microzoaires par gemmiparité ou bourgeonnement est loin d'avoir l'importance qu'elle acquiert dans certaines classes d'animaux inférieurs tels que les

(1) Pl. XVI, fig. 2.
(2) Pl. XVII, fig. 9 *a*.
(3) Pl. XX, fig. 7, 7 *a*.

Coralliaires et les Bryozoaires. C'est en grande partie au bourgeonnement que sont dues ces élégantes colonies habitées par les êtres que nous venons de citer et dont la multiplication constitue ces bans immenses de coraux que l'on rencontre dans les mers chaudes et qui font l'admiration des voyageurs.

Le bourgeonnement est au contraire très-rare chez les Microzoaires, bien que signalé depuis longtemps par les naturalistes (Spallanzani, 1776). Il paraît restreint à la grande famille des Vorticellides ; on l'a constaté chez les Vorticelles, les Carchesium, les Zoothamnium, les Epistylis, les Vaginicoles, les Cothurnies et les Ophrydies. Claparède et Lachmann, après Ehrenberg, pensent avoir aussi observé une espèce de bourgeonnement chez le *Stylonychia mytilus*. Stein n'a jamais vu la gemmiparité s'effectuer chez les Operculaires.

Lorsque la reproduction par bourgeonnement doit s'effectuer, on remarque en un point de la surface de l'Infusoire une légère élévation, ayant comme le reste de l'animal une constitution granuleuse ; peu à peu cette élévation prend la forme d'un bouton saillant et on aperçoit à sa base une ligne de démarcation de plus en plus profonde entre le bourgeon et le premier parent. Pendant ce temps les organes internes du jeune Infusoire se développent, son sommet se creuse et s'entoure de cils ; on aperçoit une petite masse sombre qui devient le nucléus et en même temps on commence à remarquer la vésicule contractile qui s'est formée probablement aux dépens d'un des vaisseaux qui était en contact avec le point de bourgeonnement. Bientôt le bourgeon affecte une forme ovoïde, ne tient plus au premier Infusoire que par un lien très-étroit ; une couronne de cils se développe à sa base, enfin il rompt son attache et s'élance dans le liquide ambiant avec une extrême rapidité. Pendant la reproduction par fissiparité, on voit le nucléus se diviser et chaque individu après son entier accroissement en conserver une portion ; rien de semblable n'a lieu pendant la gemmiparité ; le bourgeon est une simple excroissance ne renfermant aucun des organes contenus dans le premier Infusoire et obligé de se les créer de toutes pièces. Il renferme en lui, à l'exception peut-être du vaisseau d'où naît la vésicule contractile, les germes de tous les organes qu'il doit plus tard posséder.

Les gemmes sont toujours plus petits que le parent dont ils sortent, mais ils en conservent la forme générale, et ressemblent, après leur développement, aux animaux résultant de la fissiparité. Ils se comportent comme ces derniers et, après avoir nagé pendant un certain temps, ils se fixent, se développent, acquièrent la taille du premier parent ou s'enkystent soit pour subir dans cet état une division fissipare, soit pour résister aux conditions extérieures qui pourraient leur être nuisibles. Stein, qui a bien étudié et décrit la reproduction par gemmiparité, estime qu'il y a peu de différence entre celle-ci et la fissiparité; il regarde la gemmiparité comme une fissiparité inégale où tout est à créer et il considère la fissiparité comme le développement de deux gemmes égaux qui se partagent le premier animal et ses organes essentiels.

Selon ce dernier auteur la gemmiparité se fait dans le *Spirochona* d'une manière un peu différente. On remarque souvent deux gemmes dont l'un est plus développé que l'autre et qui sont généralement plus forts que ceux des Vorticelles. A mesure que le bourgeon du *Spirochona* se développe, il se forme une frange ciliée au sommet en même temps qu'on voit apparaître le nucléus. Mais il ne se produit jamais de couronne ciliée à la base, et le bourgeon reste généralement fixé par un pédicule étroit au premier parent pendant tout le temps que la frange ciliée antérieure met à se transformer en cette spire élégante du sommet qui caractérise cet Infusoire. Ce développement complet du bourgeon n'est pas un fait rigoureux, quelques bourgeons semblent frappés d'une espèce de somnolence, s'enkystent avant leur entier développement et se transforment en êtres acinétiformes. Cette dernière remarque de Stein paraît un peu hardie et il ne serait pas étonnant que cet auteur ait pris de jeunes acinètes parasites pour de vrais bourgeons de *Spirochona*. Il fait aussi une observation singulière à propos du bourgeonnement des Lagenophrys, il suppose que deux ou quatre bourgeons qu'il constate dans la gaîne commune de cet Infusoire sont d'abord conçus à l'intérieur et rejetés ensuite au dehors, ce qui est contraire à l'observation des autres micrographes. Le bourgeonnement chez les Lagenophrys se produit dans sa partie la plus large, qui semble se segmenter elle-même et les jeunes sont immédiatement munis de nucléus et de vésicules contractiles. Ils ne ressemblent pas de suite au premier parent, ils affectent une forme ovoïde et, quand le moment de la séparation est proche, il se forme une couronne ciliée et chaque bourgeon présente à son sommet conique une frange de cils qui indique le point où doit se creuser la bouche.

En somme le bourgeonnement diffère de la fissiparité en ce que dans ce dernier phénomène l'animal se divise en deux portions à peu près égales et emportant chacune une partie des organes internes préexistants, tandis que le bourgeonnement donne naissance à de nouveaux êtres qui ne prennent au premier Infusoire qu'une portion de son parenchyme granulé et constituent eux-mêmes tous les organes internes de la digestion, de la circulation, etc., qu'ils doivent posséder à l'état parfait.

Le bourgeonnement se fait sur toute la surface de l'Infusoire, on le constate (1) le plus ordinairement dans le voisinage de la base, cependant on le remarque aussi sur la partie moyenne et même à la partie supérieure jusque sur le disque vibratil. Claparède et Lachmann disent avoir constaté, sur un bourgeon déjà avancé, l'existence d'un second plus petit situé au sommet du premier et lorsque celui-ci, garni à sa base de sa couronne ciliaire, s'est détaché du

(1) Pl. V, fig. 1 et fig. 11. — Pl. VI, fig. 3, 9, 10, 11, 12, 13.

premier parent, il s'est élancé dans le liquide emportant son jeune
bourgeon avec lui. Cette observation d'une superfétation de bourgeon
demande à être de nouveau constatée, pour prendre rang dans la
science et on peut, jusqu'à nouvelle constatation, supposer que ces
auteurs ont pris un parasite quelconque pour un vrai bourgeon.

OVIPARITÉ. — Outre les deux modes de reproduction que nous
venons d'examiner, les Infusoires peuvent encore se reproduire et
se multiplier par des germes internes comparables aux œufs des
animaux supérieurs. Ce fait reconnu et constaté par un assez grand
nombre de Microzoologistes est cependant contesté par des auteurs
d'une grande valeur comme Siebold, Köliker, etc. C'est surtout sur
le *Stentor cœruleus* que nous avons pu confirmer les observations
d'Eckard et de Schmit et étudier la formation des germes internes.
Le nucléus chez le *Stentor cœruleus* se présente sous forme d'un
chapelet composé de corps fusiformes et unis par leurs parties atté-
nuées. Ce chapelet commence dans le voisinage de l'œsophage et
descend en ondulant jusqu'au deux tiers inférieurs de l'animal. Les
derniers grains, ceux qui se trouvent à l'extrémité inférieure du
chapelet semblent détachés des autres ou près de le faire (1), et il paraît à peu près certain que les grains qui se détachent ainsi des autres
sont le point de départ des germes internes que l'on remarque dans
l'intérieur du Stentor. Ces germes sont d'abord constitués par un corps
granuleux, opaque et entouré d'une auréole claire limitée par une
membrane très-mince. Cette membrane et ce corps opaque semblent
séparés par un liquide clair comme de l'eau ; peu à peu le corps
opaque s'éclaircit et commence à se mouvoir en tournant sur lui-
même. Ce mouvement est très-probablement dû à la présence de cils
développés à sa surface ; puis apparaît la vésicule contractile et une

_____

(1) Pl. I, fig. 1, 2, 3.

espèce de frange qui doit être le rudiment des organes de la digestion.

Là se sont arrêtées nos observations et nous n'avons pas été assez heureux pour voir l'éclosion réelle de ces œufs ni le germe mis en liberté. Le *Stentor cœruleus* que nous avons représenté contient trois germes, deux d'égale grosseur à la partie moyenne de l'animal et un autre situé dans le voisinage de l'œsophage. Nous avons encore constaté la présence d'un germe dans le *Stentor digitatus*. Cet embryon (1) relativement gros occupait une notable partie de l'animal et formait vers sa partie moyenne une saillie très-prononcée à sa surface. Ici encore, comme pour les autres Stentors où nous avons rencontré des embryons à différents états de développement, nous n'avons jamais eu l'occasion de voir ces germes quitter le corps de l'animal qui les renferme. Claparède et Lachmann n'ont pas été plus heureux que nous dans leurs recherches, cependant ils observèrent à plusieurs reprises de petits animaux ciliés qu'ils ont considérés comme de jeunes Stentors provenant des germes et qui se transformèrent peu à peu en Stentors vrais sans subir d'autres transformations. Mes propres observations et celles des auteurs que nous venons de citer confirment les recherches qui avaient été faites sur le *Stentor cœruleus* par Eckard et plus tard par Schmit. Pritchard, qui semble avoir été plus heureux que nous, rapporte qu'il vit les germes se développer et les jeunes embryons briser leur enveloppe. Mais là s'arrêtèrent ses premières observations. Plus tard, il vit encore un germe s'échapper et il observa que sa forme primitive arrondie se modifiait bientôt pour prendre cet aspect tout particulier qu'affectent les Stentors contractés. Il pense que l'apparition de la vésicule contractile dans l'embryon est le signe certain de sa maturité.

Focke, Cohn et Stein ont observé le développement des embryons chez les Paraméciens, sans enkystement préalable. Leurs observations

____

(1) Pl. II, fig. 3, 4.

ont eu pour objet principalement les Nassules et les Paramécies. Ils remarquent qu'une partie du nucléus se sépare pour former un corps vésiculaire arrondi où l'on voit bientôt apparaître une vésicule contractile et un nucléus. Focke pense que le nucléolus a trouvé dans le nucléus un gîte et une nourriture à l'instar des embryons qui se développent dans une matrice, mais Stein affirme que ce corps n'a rien de commun avec le germe et qu'on le trouve même souvent placé à quelques distances du nucléus. Cohn représente le nucléolus comme existant dans une cavité spéciale, qui, se prolongeant en oviducte, aboutirait à la surface et se terminerait par un orifice à deux lèvres par lequel l'embryon s'échapperait de l'animalcule mère. Suivant Stein, ce conduit et ses orifices n'existent pas et l'ouverture par laquelle s'échappe l'embryon est tout accidentelle. Au reste, c'est aussi l'avis de Cohn qui reconnaît que le point de sortie de l'embryon varie, bien qu'il admette que c'est principalement sur le côté gauche de l'animal qu'on le remarque. Il faut, au dire de cet auteur, environ 20 minutes pour que l'acte de la parturition s'accomplisse; quand l'embryon veut s'échapper de son enveloppe, il agite fortement les cils qui couvrent sa surface, met en mouvement le liquide qui le baigne et hâte ainsi sa sortie. Mais ce mouvement cesse ensuite et le jeune Infusoire s'attache au père; l'excavation produite dans le premier parent par la sortie de l'embryon se referme et on ne constate plus à la surface qu'une légère dépression. Après sa sortie l'embryon est contracté, granuleux et incolore; il ne contient pas de matière colorée verdâtre comme Focke le prétend; il renferme un nucléus et une ou deux vésicules contractiles. Cohn n'a pas observé d'ouverture buccale chez l'embryon, mais Stein le représente muni d'une fente oblique qui peut être le rudiment de la bouche du *Paramecium* adulte. Ce qu'il y a de remarquable dans l'embryon représenté par cet auteur, c'est la présence de prolongement acinétiforme développé aux deux extrémités et servant à fixer le jeune Infusoire au premier parent. Cependant ce fait ne semble pas être toujours constatable chez tous les individus et ces prolongements peuvent disparaître par suite d'une résorption.

Une fois détaché, l'embryon ressemblerait plus à une Cyclidine d'Ehrenberg ou à un Enchélien de Dujardin qu'à une Paramécie. Cohn remarque son affinité avec le *Cyclidium margaritatum* ou avec le *Pentotrichum Enchelys* d'Ehrenberg, et avec plusieurs espèces d'Enchelys de Dujardin. Il ajoute avoir vu plusieurs embryons se développer ensemble, mais successivement, de manière qu'il n'en reste souvent que deux, quand les autres sont déjà sortis. Il a vu six ou huit germes en voie de formation et à peu près aussi développés les uns que les autres quoique leur naissance ait été successive.

Pendant l'acte de la génération des germes, la circulation parenchymateuse semble s'arrêter jusqu'à la sortie des embryons et ceux-ci peuvent se développer même pendant que les Microzoaires subissent la division par fissiparité.

On connaît peu l'histoire du jeune embryon après sa sortie, mais tout porte à croire qu'il se transforme peu à peu en un Paramecium parfait sans subir de phases intermédiaires.

Cohn a remarqué encore que, dans le *Nassula elegans*, le nucléus elliptique contenait le nucléolus logé dans une dépression près d'une des extrémités et enveloppé d'une membrane vésiculaire comme chez le *Paramecium Bursaria*. Il a vu dans quelques espèces un espace elliptique et creux, limité par une membrane et affectant la forme d'une coupe en se rapprochant de la surface : de son centre partait un canal pénétrant à l'intérieur et contenant deux globules seulement, plus tard ces globules s'échappaient, paraissaient sans mouvement, et incolores, mais granuleux et munis d'une vésicule contractile et d'un nucléus. — Comme dans les embryons des *Paramecium*, ils n'étaient pas garnis de cils, mais étaient entourés de productions tentaculaires terminées par un bouton.

Les observations, que nous venons d'analyser sommairement, ont été en partie confirmées par Claparède et Lachmann, mais nous sommes obligé de convenir que le résultat de nos propres recherches est loin de donner raison à toutes les assertions un peu hasardées des auteurs que nous venons de citer et qui au reste se contredisent mutuellement. Il est à peu près certain que le nucléus joue un rôle important dans l'acte de l'embryogénie, nous sommes même très-porté à considérer cet organe comme le point de départ de l'embryon ; nous avons constaté sa présence dans différentes espèces (1), nous l'avons vu renfermé dans une vésicule transparente, muni de cils très-visibles et doué d'un mouvement de rotation très-marqué. Il ne nous a pas été donné d'assister à sa sortie, mais il nous semble singulier qu'un embryon cilié à l'intérieur d'un Infusoire en sorte à l'état de germe glabre et muni de tentacule acinétiforme que certains auteurs leur assignent. Il est beaucoup plus probable que ces micrographes ont été induits en erreur par la présence de jeunes Rhizopodes qui, comme on le sait, s'attachent fréquemment aux Infusoires pour arriver à leur entier développement. C'est probablement la présence fréquente de Rhizopodes sur des Infusoires vrais qui fut le point de départ de la théorie de Stein sur la reproduction des Infusoires par phase acinétiforme. Cette singulière théorie, que du reste son auteur paraît avoir à peu près abandonnée, a été trop victorieusement combattue par Claparède et Lachmann pour que nous ayons encore à y revenir.

La production d'embryon interne paraît avoir été assez bien constatée chez les espèces suivantes : *Stentor cœruleus* (*polymorphus*), *Stentor digitatus*. — *Epistylis plicatilis*, *Vorticella microstoma* et *V. nebulifera*. — *Chilodon cucullulus* et *Nassula viridis*. — *Paramecium aurelia*, *P. bursaria*, *P. putrinum*. — *Panophrys chrysalis*. — *Urostyla grandis*. — *Stylonychia mytilus*. — *Bursaria truncatella* et le *Nassula elegans*.

(1) Pl. I. fig. 1, 2, 3. — Pl. II, fig. 3, 4. — Pl. XVI, 5, etc.

Enkystement des Infusoires. — On donne le nom d'enkystement à
la propriété qu'ont certains Infusoires de sécréter une enveloppe plus
ou moins épaisse et résistante, fermée de toute part et dans laquelle
ils peuvent séjourner pendant un certain laps de temps. O. F. Muller
et plus tard Ehrenberg avaient déjà remarqué cet état particulier de
certains Infusoires, et ils attribuaient ce phénomène à une espèce de
mue subie par l'animal. Luigi Guanzati, dès 1796, dans un Mémoire
publié à Milan, décrivit d'une manière assez exacte l'enkystement d'un
Infusoire auquel il donne le nom de *Protée* et que Claparède soup-
çonne être l'*Amphileptus moniliger*. Depuis cet état particulier que
peuvent affecter certains Infusoires a été constaté par un grand nombre
de micrographes.

L'enkystement paraît se produire dans le but soit de protéger l'animal contre les agents extérieurs de destruction, soit de favoriser sa
multiplication. Dans cet état l'Infusoire peut supporter des températu-
res extrêmes et une dessiccation du milieu où il vit qui le feraient évidemment périr dans les conditions ordinaires de sa vie. Lorsque
l'Infusoire veut sécréter un kyste, il se contracte, replie en dedans les
organes de la digestion ; ferme ses orifices extérieurs, se pelotonne et
se met à tourner lentement sur lui-même. — Les cils de sa surface
disparaissent, et il se forme autour de l'animal une excrétion qui prend
la forme d'une membrane et qui l'enveloppe de toute part. Rarement
le kyste se produit pendant le repos de l'animal, c'est presque toujours
pendant son mouvement lent de rotation qu'il rejette autour de lui
cette matière albumineuse, transparente, qui constitue le kyste.

L'enveloppe est souvent double, la partie extérieure est granuleuse
et molle, tandis que la couche interne est persistante, élastique et
homogène. La couche extérieure semble disparaître à l'époque où
l'animal quitte son état quiescent pour renaître à une vie active. Ces
deux couches ont été mentionnées par Auerbach dans l'*Oxytricha
pollionella*, par Stein dans le kyste du *Chilodon cucullus*, du *Stylony-*

chia pustullata et du *Nassula elegans*, et par Cienkowsky dans celui du *Nassula viridis*; nous les avons nous-même reconnues dans les kystes d'*Epistylis plicatilis*, et Stein représente plusieurs membranes dans ceux du *Chilodon cucullus*, mais il reconnaît qu'elles n'acquièrent pas de solidité et qu'elles restent molles et gélatineuses. Certains kystes paraissent ridés à leurs surfaces, et les lignes que forment ces rides sont, les unes longitudinales, comme Stein l'a reconnu chez l'*Epistylis plicatilis*, l'*E. branchiophila*, ou transversales et annulaires comme on le remarque dans le kyste de l'*Opercularia berberiformis*. D'autres kystes sont ponctués à leur surface, comme celui du *Nassula ambigua*, ou présentent des espèces d'étoiles, comme on le remarque dans les kystes du *Stylonychia pustullata*.

L'animal renfermé dans un kyste peut continuer à se mouvoir et dans ce cas conserver les cils de sa surface, comme Stein l'a reconnu pour l'Infusoire que nous venons de citer; mais ces mouvements sont surtout très-distincts quand l'animal va quitter son enveloppe. L'Infusoire qui est à l'état de repos dans son kyste paraît perdre les appendices ciliaires de sa surface; mais il n'en est généralement rien, et l'état de repos où il se trouve fait que ces organes échappent à l'observation. Stein cite un *Chilodon cucullus* qui, après avoir produit plusieurs embryons, déploya de nouveau ses appendices ciliaires et commença à se mouvoir dans le kyste avec ses embryons. On sait du reste que l'Infusoire, après avoir fait éclater son kyste, se présente au dehors complétement formé et muni de tous ses appendices.

Pendant son séjour dans le kyste l'Infusoire subit fréquemment la fissiparité, on peut le voir se diviser en deux et même en quatre parties donnant plus tard deux ou quatre animaux parfaits, mais on doit considérer cette multiplication comme indépendante de l'enkystement. En effet, il est probable que la multiplication des Infusoires n'a lieu qu'après une fécondation encore bien obscure, il est vrai, et le plus souvent cette multiplication a lieu sur l'animal à l'état de liberté. Ce qui se passe dans le kyste aurait eu lieu en dehors de celui-ci, et n'est que la conséquence d'une force génératrice indépendante de l'enkystement. Celui-ci, au contraire, a sa raison d'être pour la conservation de l'espèce. Le kyste ne se produit réellement que pour protéger les animaux contre les agents destructeurs et peut-être pour propager l'espèce à de grandes distances. Les Infusoires qui vivent et se multiplient abondamment dans les lieux marécageux seraient tous détruits par la sécheresse, s'ils ne trouvaient dans l'enkystement un moyen de s'en garantir. Ils s'attachent ainsi à tous les corps étrangers, à tous les brins d'herbes, et, comme le dit très-bien Claparède, ils se trouvent ainsi emmagasinés dans nos granges avec le foin. C'est ce qui explique le nombre considérable de *Kolpoda cucullus* que l'on obtient avec une infusion de foin.

Ces kystes qui sont d'une ténuité extrême se détachent souvent des corps sur lesquels ils ont été déposés et sont enlevés par le vent à des distances parfois considérables. Stein prétend avoir trouvé des kystes de Rotateurs, de Tardigrades et de Kolpodes, au milieu de l'Erzgebirge, dans une localité sans eau, à une hauteur de 2,000 pieds au-dessus du niveau de la mer.

Le phénomène de l'enkystement pourrait encore, d'après Claparède et Lachmann, avoir pour but de favoriser la nutrition de certains Infusoires. En effet ces auteurs rapportent qu'ils ont vu un *Amphileptus* absorber un *Epistylis* entier, puis sécréter un kyste au sommet du pédicule de ce dernier, qui peu à peu résorbé par la digestion finissait par disparaître. L'*Amphileptus*, ainsi repu et après avoir sommeillé un certain temps dans son kyste, reprenait plus tard son activité, brisait son kyste et nageait librement dans le liquide ambiant jusqu'au moment où la faim l'excitait à recommencer son singulier repas.

Bien que Claparède et Lachmann soient de bons observateurs, bien que leur manière de voir au sujet du kyste d'*Amphileptus* soit partagée par d'autres micrographes, tels que Engelmann, Cienkowski, etc., nos propres observations n'ont en rien confirmé jusqu'à ce jour celles des auteurs précédents, et nous attendrons pour accepter ce fait étrange que de nouvelles expériences viennent en assurer l'exactitude.

Conjugaison et copulation. — Plusieurs micrographes célèbres, Kölliker, Cohn, Stein, Perty, Claparède, etc., ont signalé, chez certains Infusoires, un phénomène singulier qui consiste en la fusion de deux ou de plusieurs individus en un seul. Cette réunion de plusieurs animalcules a reçu le nom de conjugaison ou zygose et a surtout été observée chez les Rhizopodes, par les auteurs que nous venons de citer. Cependant Claparède et Lachmann ont constaté l'existence de la conjugaison chez les Vorticellides ; ils ont décrit et figuré des Vorticelles s'unissant entre elles, puis quittant leur pédicule pour aller nager librement dans le liquide ambiant. Mais ils sont obligés de reconnaître qu'ils ignorent la cause de cette union des Microzoaires et qu'il ne leur a jamais été donné de pouvoir suivre plus loin les transformations possibles de ces animalcules conjugués. Nous pensons, quant à ce qui concerne du moins les Infusoires vrais, que cette prétendue fusion des Vorticelles n'est que le résultat d'un accouplement, phénomène que nous avons eu souvent occasion d'étudier et qui a déjà été signalé avant nous dans le Mémoire de M. Balbiani (1). Cet auteur a observé la copulation chez les Paramécies, il les a vus accouplés latéralement et attachés ensemble par les extrémités similaires. Dans cet état les deux Microzoaires continuent à nager et à s'agiter dans le liquide en tournant sur leur axe, et, pendant cette copulation qui dure, suivant cet auteur, cinq ou six jours au plus, il signale la transformation qui s'opère dans le nucléus et le nucléolus (2). Ce dernier se développe, grossit et apparaît sous forme de capsule ovale et dont la surface est sillonnée de lignes parallèles. Il se divise ensuite en 2 ou 4 parties suivant son

(1) Mémoire à l'Acad. des sc., 1858.
(2) Voyez le chapitre suivant.

grand axe, et ces parties s'accroissent indépendamment l'une de l'autre. Plus tard ces capsules paraissent être formées d'une membrane renfermant des bâtonnets qui s'étendent d'une extrémité à l'autre du sac et donnent au nucléolus cet aspect strié que nous avons indiqué. M. Balbiani voit ensuite le nucléus changer de forme : il devient obscur, il s'étrangle çà et là et se scinde en plusieurs segments qui renferment des cellules transparentes avec un point opaque au centre. Dans d'autres cas le nucléus tout entier présente cet aspect et se remplit de petits corps arrondis dont on ne peut contester l'analogie avec les ovules des ovaires des animaux supérieurs.

Le nucléus et le nucléolus subissent la même transformation dans les deux individus accouplés, et M. Balbiani considère le premier comme un organe femelle et le second comme un organe séminal mâle. Il en résulte que ces Microzoaires possèdent les attributs des deux sexes, mais qu'ils ont besoin d'un rapprochement de deux individus pour se féconder mutuellement, à l'instar de plusieurs autres animaux, sans pouvoir arriver seuls à cette fécondation. L'échange des corps fécondants se ferait par l'intermédiaire des bouches étroitement appliquées et par lesquelles passeraient les vésicules séminales.

Les observations de M. Balbiani sont généralement exactes en ce qui concerne la position des Microzoaires accouplés. En effet, on remarque que cet accouplement se fait généralement par les parties similaires et correspondantes à celles où se montre la bouche.

Les Paramécies s'accouplent en se rapprochant du côté où se trouve la bouche (pl. XVII, fig. 10) ; les parties supérieures des animalcules s'accolent en se croisant, ainsi que la portion médiane et saillante qui se trouve placée au-dessus de l'œsophage et qui est garnie de la frange ciliaire. Les bouches bien que très-rapprochées ne sont jamais en contact immédiat, et jamais nous n'avons vu de cellules séminales ou autres les traverser.

Nous avons encore figuré la copulation du *Chilodon cucullus* (pl. XV, fig. 9) pour faire voir la manière dont ces animaux s'accouplent; ici ce sont encore les parties similaires qui se rapprochent, les deux bouches tournées en cornets présentent face à face leur orifice dentelé, les deux bords des animaux s'entre-croisent, et s'unissent intimiment, mais jamais nous n'avons vu le cornet dentaire de l'un venir s'appliquer sur celui de l'autre, ni aucun échange de globules internes se faire par leur intermédiaire.

Ce mode d'accouplement des Microzoaires n'est pas le seul que nous ayons constaté, nous avons vu aussi des Kéroniens (pl. XIV, fig. 11) s'unir bout à bout ; de telle façon que le tiers supérieur d'un des animalcules se trouvait appliqué sur le tiers inférieur de l'autre et intimement uni avec lui. Dans cette position la frange buccale de l'animal inférieur remonte jusqu'à l'ouverture de l'œsophage de l'animal supérieur, et les deux extrémités opposées, c'est-à-dire l'extrémité antérieure du Kéronien supérieur et l'extrémité postérieure du Kéronien inférieur restent libres pendant tout le temps que dure la copulation. Nous avons aussi remarqué une fois l'accouplement de deux Vorticelles : chez ces animaux l'union se fait par le rapprochement des deux sommets et le contact des deux disques vibratils ; il est possible cependant que ce que les micrographes appellent la conjugaison des Microzoaires n'est en réalité qu'un accouplement latéral. Enfin nous avons encore remarqué chez les Coleps (1) un mode de copulation à peu près analogue à celui des Vorticellides. Les Coleps accouplés sont intimement unis par leur extrémité buccale, et les cils qui garnissent ces extrémités sont exactement accolés ensemble. Ils peuvent rester dans cet état pendant un temps relativement assez long.

En résumé, on ne peut nier l'acte de la copulation chez les Microzoaires, mais on est bien obligé de convenir que l'on ignore encore

______

(1) Pl. XXII, fig. 25 a.

comment se fait la fécondation et quels sont les organes au moyen
desquels celle-ci s'exécute.

SECONDE PARTIE

Outre les organes internes que nous venons d'examiner et qui
président aux principaux actes de la vie chez les Infusoires, il existe
encore, renfermés dans la cuticule, d'autres organes, peut-être aussi
importants, mais sur la nature et les fonctions desquels on est loin
d'être encore parfaitement éclairé. C'est par l'examen de ces organes
que nous terminerons nos recherches anatomiques sur les Infusoires.

NUCLÉUS ET NUCLÉOLUS. — Dans les chapitres précédents nous avons,
à plusieurs reprises, parlé du nucléus et du nucléolus, quand il s'est
agi des différents modes de reproduction des Infusoires ; c'est qu'en
effet les corps auxquels on a donné ces noms sont considérés par
presque tous les Microzoologistes comme les organes qui président
aux fonctions de la génération. Ehrenberg avait donné à ces corps
le nom de testicules, bien qu'ils n'aient aucune analogie avec les
organes sexuels des animaux supérieurs et qu'ils se rapprochent davantage du nucléus des plantes cellulaires.

Le nucléus n'est pas toujours très-visible chez tous les Infusoires, la nature de la cuticule et les corps colorés que renferme le
parenchyme souvent en masquent la vue ; mais sous l'influence de l'a-
cide acétique, presque toujours on peut le reconnaître et en déterminer
la forme et la nature. Il se présente sous l'aspect d'un corps bien
limité, granuleux, opaque et plus dense que le reste de l'animal.
Souvent il paraît hyalin, homogène et transparent ; d'autres fois il est
coloré en jaune ou en brun.

Sa forme est très-variable suivant les genres et les espèces. Il se
présente souvent sous forme d'un corps arrondi, globuleux ou oblong.

Souvent aussi il prend un aspect réniforme et arqué, et se montre encore sous forme de rubans ou de chapelets (1). Ces bandes rubanées sont sinueuses et quelquefois contournées en spirale ; les chapelets aussi se montrent sinueux et souvent composés de deux parties, l'une contenant des grains assez volumineux (nucléus), et l'autre des grains très-fins (nucléolus ?).

La position qu'occupe le nucléus varie chez les animalcules et souvent même chez le même individu. Il occupe la base ou le sommet, ou la partie moyenne. Quelquefois, chez les Stentors par exemple, il s'étend sur toute la longueur de l'animal en suivant une direction sinueuse (pl. I, fig. 1, 2, 3, et pl. II, fig. 1, 2). — Chez les Amphileptes le chapelet descend d'abord du sommet à la base, puis remonte de la base vers la partie supérieure. Il en est de même pour les Spirostomes, le nucléus en chapelet à gros grains descend du sommet de l'animal vers sa partie inférieure (pl. XV, fig. 2), puis se transforme en chapelet à grains réduits, remonte vers le sommet, se contourne sur lui-même et redescend en suivant une ligne tortueuse vers la base de l'animal.

Quelques auteurs pensent que le nucléus peut varier de position suivant les circonstances dans le même individu. Pritchard donne pour cause de ce changement certains mouvements de l'animal, et surtout le retrait du disque vibratile chez les Épistiles et les Operculaires. Ce changement est plus apparent que réel, car au moment de la contraction et du retrait de la couronne ciliaire toute la masse sarcodique subit un mouvement de haut en bas, et le nucléus, comme les autres corps qui se trouvent à l'intérieur de l'animalcule, est entraîné et semble déplacé momentanément. Mais en réalité il conserve ses rapports avec les autres organes et reprend sa position normale aus-

(1) Pl. I, fig. 1, 2, 3. — Pl. II, fig. 1, 2, 15. — Pl. VIII, fig. 17, 18, 19. — Pl. XVIII, fig. 1, 5. — Pl. XIX, fig. 7. — Pl. XX, fig. 5. — Pl. XV, fig. 2. — Pl. XXII, fig. 1, 25.

sitôt que la contraction a cessé d'agir sur la masse parenchymateuse de l'Infusoire.

Le nucléus est d'une texture plus solide que le reste de l'animal et résiste souvent à la destruction de ce dernier. Il doit sa résistance à la membrane assez forte qui l'enveloppe. Cette enveloppe peut être immédiatement appliquée sur le nucléus ou en être séparée par une auréole claire; dans ce dernier cas elle est très-distincte du nucléus, résistante et souvent plissée, comme on le remarque chez le *Nassula elegans*. Le nucléus peut être simple, mais assez fréquemment il est double ou multiple, et subit facilement la division spontanée. Stein représente dans le *Chilodon cucullus* le nucléus entier, dont une portion plus claire contient le nucléolus solide.

Ce dernier organe qui affecte des formes différentes n'est pas encore parfaitement connu : pour quelques auteurs il se trouve placé dans l'enveloppe même du nucléus, et en contact avec ce dernier ; pour d'autres il en est séparé, logé dans une dépression de celui-ci et même placé quelquefois à une assez grande distance du nucléus.

On attribue à ces deux organes un rôle important dans la production des germes internes, et, comme nous l'avons dit plus haut, on considère le nucléus comme un ovaire et le nucléolus comme un organe mâle ; mais nous sommes obligé de reconnaître que les auteurs sont loin de s'entendre sur la nature, la position et les fonctions de ces organes ; que les théories qui ont été avancées ne sont pas établies sur des observations assez exactes et concordantes, et qu'en toute humilité, nous croyons devoir déclarer que ni nos patientes recherches, ni celles des auteurs qui nous ont précédé, n'ont encore éclairci le mystère de la fécondation des Infusoires, ni le rôle positif que jouent dans la reproduction le nucléus et le nucléolus.

PARENCHYME, VÉSICULES ET GRANULATIONS, CIRCULATION DU CONTENU, ETC. — Au-dessous de la cuticule revêtue des fibres myosiques il existe une substance blanche hyaline, éminemment élastique, qui enveloppe de toute part les organes internes que nous venons d'étudier. Cette substance, à laquelle on a donné le nom de sarcode (Dujardin), de mucus abdominal (Carter), de chyme (Lachmann), de protoplasma (Gegenbaur) et de parenchyme, remplace chez les Infusoires les tissus cellulaire et connectif des animaux supérieurs et se trouve immédiatement appliquée sur tous les organes. Ce parenchyme présente deux parties distinctes, l'une que l'on voit circuler autour de l'animal en dedans et sous la cuticule, et l'autre qui occupe le centre de l'Infusoire et qui semble être constamment au repos. La partie qui circule sous la cuticule renferme un nombre assez considérable de granulations et de vésicules, tandis que la partie centrale en contient peu ou point. Plusieurs auteurs pensent que la circulation de la substance parenchymateuse est le résultat de la nutrition, mais ils n'en ont jamais expliqué le mécanisme. Pour nous, qui regardons ce mouvement de pérégrination du parenchyme fluide sous la cuticule, comme le résultat de la contraction incessante des fibres myosiques, nous avons pu constater à plusieurs reprises que ce mouvement circulatoire s'arrêtait quand le mouvement ciliaire cessait, ou quand l'Infusoire voulant fuir un milieu qui ne lui convient pas est obligé momentanément de faire mouvoir les cils de la surface dans un sens inaccoutumé. La circulation du parenchyme ne se fait pas voir non plus à la place où se trouve la vésicule contractile, ni à l'endroit où le germe interne bien développé fait saillir la cuticule avant de s'échapper de l'Infusoire.

Le parenchyme est évidemment le résultat de la digestion ; au centre, comme nous l'avons dit, il est homogène et ne renferme que des granulations peu visibles, à cause surtout de leur taille infiniment petite ; mais, à mesure qu'on se rapproche de la surface, le parenchyme devient moins compacte, les granulations se montrent plus visibles, en même temps qu'on voit apparaître des vésicules de différente nature. Enfin, sous la cuticule et ses fibres musculaires, le parenchyme plus fluide et rempli d'un nombre considérable de granulations et de vésicules, est mis en mouvement, et, semblable à un chyme plus élaboré, va porter à tous les organes de la périphérie les éléments de nutrition nécessaires à leur développement et à leur entretien. Il est à remarquer que toutes les fois que l'on peut suivre les ramifications de vaisseaux partant de la vésicule contractile, c'est toujours sous la cuticule et par conséquent en contact avec le parenchyme fluide qu'on les voit disposées. Il est assez probable que c'est là que le liquide nourricier porte les éléments révivificateurs pour venir de nouveau les rechercher dans la vésicule pendant sa dilatation.

La circulation du parenchyme fluide est assez comparable au mouvement rotatoire que l'on observe dans certaines plantes. Elle se fait ordinairement de gauche à droite, ou du moins elle paraît s'exécuter dans ce sens. Car, en réalité, soumise comme elle est à l'activité des fibres myosiques, elle suit l'impulsion que celles-ci lui donnent, quelle que soit du reste la direction qui en est la conséquence. Cohn croit avoir vu des molécules faire le circuit en une minute et demie ou deux minutes chez le *Paramecium Bursaria* ; il reconnaît que le courant est plus faible chez les Vorticelles, et tombe dans une erreur grossière en prétendant que ce courant charrie les bols alimentaires, et les porte à l'anus.

Lachmann croit avec raison que le courant parenchymateux est constitué par la matière élaborée de la nourriture, qu'il sert à la nutrition des tissus et compense les pertes provenant des mouvements de l'animal ; mais il n'indique ni la cause du courant, ni les modifications successives que subit le parenchyme. Quelques auteurs, sans motifs sérieux, ont pensé que le nucléus était la cause excitante du courant ; d'autres croient à la présence de cils vibratiles, à la partie interne de la cuticule ; enfin il en est qui, pour expliquer ce mouvement circulatoire, font intervenir l'activité vitale, l'influence de la lumière, de la chaleur, des affinités chimiques, etc. En réalité, la circulation du parenchyme fluide est, comme nous l'avons dit, intimement liée aux mouvements ciliaires des appendices, et la même cause qui met en mouvement les cils fait à l'intérieur circuler cette couche mince et granuleuse qui sert à la nutrition des organes.

Carter distingue les granules des molécules, en ce que les dernières sont incolores, plus petites que les granules et paraissent les premières au centre du sarcode ; les granules sont, au contraire, placées sous la cuticule ; elles ressemblent aux bols alimentaires ; elles sont verdâtres ou grises, rondes ou oblongues, et entourées d'un cercle noirâtre occasionné par la réfraction de son contenu. Elles semblent croître avec l'Infusoire et, arrivées à leur entier développement, elles restent stationnaires jusqu'à leur disparition. Pritchard semble avoir confondu les bols alimentaires avec les vésicules parenchymateuses ; il prétend les avoir vues se réunir à la base d'une Plesconie et s'échapper ensuite avec leur enveloppe. Perty pense avec plus de raison que ces organes sont des corpuscules graisseux, mais il a le tort d'en faire aussi des ovules, comme le croyait d'abord Ehrenberg. Stein, qui reconnaît aussi la présence des corpuscules gras, rejette l'idée de Perty et d'Ehrenberg, et ne voit dans ces vésicules qu'un amas de matière nutritive élaborée et devant servir à la nutrition et au développement des organes externes.

Carter décrit sous le nom de vésicules sphériques des corps qui, selon lui, abondent dans l'*Otostoma* et plusieurs espèces d'*Allotreta* d'Ehrenberg. Il en voit qui, plus grosses que les autres, non-seulement contiennent des granules, mais qui renferment encore des cellules remplies d'un liquide jaunâtre ou brun. Il dit ignorer les fonctions de ces vésicules, mais il les compare à celles des Rotifères et pense qu'elles pourraient bien être des organes de sécrétion biliaire. Pritchard, qui rejette cette dernière supposition, les considère comme des bols alimentaires avec lesquels elles n'ont en réalité aucune analogie.

En résumé, le parenchyme fluide renferme des granulations élémentaires très-fines et incolores, des corpuscules plus volumineux et généralement aussi sans couleurs et des vésicules de taille et de nuances variables. Ces vésicules sont souvent très-abondantes et semblent remplir tous le Microzoaire (pl. XV, fig. 8 ; — pl. XVI, fig. 5 ; — pl. XX, fig. 10 ; — pl. XXI, fig. 11). Elles peuvent être claires et paraissent renfermer un liquide aqueux ; d'autres fois le liquide paraît épais et huileux, et dans ce cas elles sont cerclées d'un bord noir par suite de la lumière réfractée. Le plus souvent elles renferment de la matière colorante qui les rend brunes, jaunes, vertes, etc. — Une partie de ces vésicules peuvent suivre le courant parenchymateux, mais souvent elles sont immobiles et semblent adhérentes à la partie interne de la cuticule.

Quelques auteurs soupçonnent l'existence de spermatozoaires chez les Infusoires. Nous avons déjà vu que l'on regardait le nucléolus comme un organe mâle, et que les stries de la surface avaient été prises pour des espèces de Spermatozoïdes. Carter pense que le cordon qu'il voit entourant l'ovule est un organe spermatique qui imprègne le nucléus ; Claparède et Lachmann ont vu dans certains Infusoires des vésicules claires dans lesquelles s'agitaient des corps filiformes allongés et assez semblables à des vibrions. Ils se demandent si ces corps ne sont pas des animalcules spermatiques. J'ai eu moi-même occasion de voir une de ces vésicules habitées par des corps d'apparence vibrioniens chez un Amphileptus, mais je n'ai pas osé en tirer la même conclusion. En somme, on ne sait rien de positif à cet égard, et toutes les recherches sont encore à faire.

Il en est de même en ce qui concerne le système nerveux des Infusoires sur lequel on n'a aucune donnée, malgré les assertions d'Ehrenberg et la description qu'il donne d'un ganglion médullaire chez ces animaux ; mais on ne peut nier que les Microzoaires ne soient doués d'organes tactiles plus ou moins développés. Le sens du tact paraît surtout résider dans les longs cils qui se trouvent placés soit à la partie antérieure, soit à la partie postérieure de l'animal. Quand une Vorticelle a déployé son disque vibratile et que les cirrhes buccaux fonctionnent, si un corps étranger vient à toucher brusquement son sommet, elle se contracte de suite énergiquement et fuit ainsi l'animal ou l'objet qui l'a frappé. Il en est de même si on vient à imprimer une secousse brusque au liquide qui les baigne. Claparède considère les longues soies du Lambadium et les cils postérieurs des Paramécies comme des organes de tact, et pense qu'il en est de même pour cet organe solide, transparent en forme de verre de montre, qui se trouve sur le côté concave de la fosse buccale des Ophryoglènes. Mais il avoue qu'il ne peut savoir si cet organe préside à la fonction de la vue, du goût ou de l'odorat. — Certains Infusoires à tourbillon et oscillants sont munis de taches pigmentaires généralement rouges, et que Ehrenberg considère comme étant des yeux. On pense que ces taches ne sont que des gouttes huileuses colorées, et rien jusqu'à présent n'a pu faire reconnaître en elles des organes de la vue.

Les auteurs qui, comme Dujardin, ne voyaient dans les Infusoires qu'une masse sarcodique homogène, capable de se creuser spontanément en vacuoles aqueuses, considéraient la diffluence de ces animaux comme la preuve la plus certaine de la simplicité de leur organisation. Ils voyaient, sous certaines influences, les Infusoires se détruire en partie ou en totalité, et se résoudre en granulations fines, sans laisser trace d'organes vasculaires ou digestifs. Ils constataient même que certains Microzoaires, mutilés par la diffluence, continuaient à vivre et à se mouvoir, et ils pensaient qu'un Infusoire divisé en plusieurs fragments pouvait constituer autant d'Infusoires parfaits qu'il existait de sections (1). Ils concluaient de ces observations

(1) Dujardin, *Hist. nat. des Inf.*, p. 31, 1841.

à la simplicité organique des Microzoaires, et à l'absence complète de tous les systèmes fonctionnels des autres animaux.

Ces assertions, qui, pour la plupart, reposent sur des faits bien connus, mais mal interprétés, sont entachées d'erreurs évidentes en ce qui concerne les accidents qui peuvent survenir aux Microzoaires au moment de leur destruction.

Il arrive fréquemment que les Infusoires placés entre deux lames de verre et dans une quantité d'eau très-minime, ne peuvent plus, après un certain temps, trouver dans le liquide qui les baigne les éléments nécessaires à leur existence. C'est en vain que, pour entretenir leur vie, on renouvelle l'eau qui s'évapore incessamment ; les sels s'y accumulent de plus en plus, et le liquide qui en est surchargé ne peut plus fournir aux Microzoaires les principes vivifiants qui leur sont nécessaires. Dans ces conditions, les uns sécrètent un kyste qui les met à l'abri des influences extérieures, et les autres se détruisent en partie ou en totalité par diffluence. Mais il est parfaitement établi, et par les observations les plus récentes, que les Infusoires mutilés par une diffluence partielle ne peuvent se reconstituer à l'état d'animaux parfaits, et que si, pendant un certain temps, ils continuent à se mouvoir à l'aide de leurs cils, cela tient probablement à ce que chez eux, comme chez la plupart des êtres inférieurs, l'élément nerveux n'est pas concentré en un seul point, mais répandu sur toute la périphérie. On peut rencontrer sous le microscope des Infusoires incomplets ou déformés, mais jamais on ne les voit revenir à l'état parfait, et les fragments d'Infusoires, qui s'agitent pendant un certain temps dans le liquide, finissent invariablement par la destruction complète ou le repos de la mort.

La diffluence, cette décomposition rapide des Infusoires qui se résolvent dans l'eau en granulations fines et en vésicules de formes et de tailles diverses, n'est pas spéciale à la classe des Microzoaires, et ne prouve nullement que ces animalcules ne possèdent pas une organisation complexe. Des animaux, dont les systèmes digestifs, vasculaires, sont parfaitement constatés, se trouvent dans des conditions semblables, et subissent une diffluence complète, non-seulement de la masse protoplasmique, mais de tous les organes respiratoires, digestifs, circulatoires, etc., dont on ne peut nier l'existence chez des êtres aussi développés. Nous avons eu, à plusieurs reprises, l'occasion d'étudier la diffluence sur un certain nombre d'Acalèphes, et en particulier sur les Rhizostomes qui se trouvent en abondance aux Martigues : nul ne viendra nier l'organisation très-complexe de ces animaux, chez lesquels on peut étudier facilement tous les organes fonctionnels ; et cependant nous les avons toujours vus, après être retirés de l'eau, se résoudre en un liquide clair, transparent, légèrement visqueux et renfermant des granulations élémentaires en abondance, mais ne présentant plus, après un certain temps, aucune trace des organes qui entretenaient la vie chez ces animaux. Il est donc peu rationnel de se servir de la diffluence, phénomène qui est dû au peu de cohésion des parties constitutives de certains animaux, comme preuve du défaut complet d'organisation et de la simplicité organique des Infusoires.

Corbeil. — Typ. et stér. de Crété fils.

DEUXIÈME PARTIE

DÉLIMITATION ET CLASSIFICATION DES MICROZOAIRES.

Les recherches anatomiques auxquelles nous nous sommes livré, dans la première partie de cet ouvrage, sur l'organisation des microzoaires, doivent non-seulement nous servir à séparer ces animalcules des êtres microscopiques avec lesquels les auteurs qui nous ont précédé les ont confondu, mais encore à tracer les limites de la classe à laquelle ils appartiennent, et la séparer des classes voisines ou éloignées avec lesquelles la plupart des micrographes ont cru devoir les réunir.

Ce résultat ne sera pas le seul auquel notre étude anatomique devra nous conduire : l'examen des organes qui président aux fonctions de nutrition, de circulation et de mouvement nous fournira les bases naturelles sur lesquelles nous établirons la classification des microzoaires.

Nous commencerons donc par étudier les affinités et les différences qui existent entre ces animalcules et les autres êtres avec lesquels ils ont pu être confondus, nous délimiterons ainsi la classe à laquelle ils appartiennent, puis, après avoir examiné les classifications qui ont été proposées jusqu'à ce jour, nous terminerons la deuxième partie de cet ouvrage par l'étude des ordres, sous-ordres et familles que renferme la nouvelle classification que nous croyons devoir proposer.

I.

DÉLIMITATION DE LA CLASSE DES MICROZOAIRES.

Les naturalistes qui, avant nous, se sont occupé des microzoaires, non-seulement n'ont pas délimité d'une manière sérieuse la classe à laquelle ils appartiennent, mais tous, sans exception, les ont plus ou moins confondus avec des êtres qui leur sont étrangers et qui doivent être répartis les uns dans des classes voisines ou éloignées, les autres dans le règne végétal.

Les premiers micrographes, mal servis par des instruments imparfaits, ont décrit et figuré tous les êtres qu'ils trouvaient sous le champ du microscope sans trop chercher à se rendre compte de leurs affinités et de leurs différences. Ils les décrivaient comme ils les voyaient en leur donnant un nom plus ou moins en rapport avec leurs formes extérieures et dont quelques-uns sont restés dans la science.

Il faut arriver jusqu'à l'ouvrage de Otho-Frédéric Müller pour trouver quelque chose de systématique dans l'étude des Microzoaires et par conséquent une tendance à la séparation de ces animalcules d'avec les autres êtres que l'on rencontre dans le même milieu et qui sont le plus souvent confondus avec eux. Ce fut le premier essai sérieux de classification et Müller déclara lui-même qu'il faisait rentrer dans sa classe des Infusoires tous les animaux aquatiques qui ne pouvaient trouver place dans les classes établies par Linné. Aussi ne faut-il pas s'étonner de trouver parmi les Microzoaires de Müller des Diatomées, des Helminthes, des Rotifères, etc.

Presque tous les auteurs qui ont immédiatement suivi Müller n'ont fait que copier plus ou moins servilement sa nomenclature. C'est ainsi que Gmelin, Lamarck et G. Cuvier lui-même se sont servi du travail de Müller sans y ajouter aucune nouvelle découverte, et ont conservé dans la classe des Microzoaires tous les êtres étrangers que cet auteur y avait introduits. — Nitzsch, Scweigger, Goldfuss et plus tard Bory Saint-Vincent, Baer et Leukart suivirent les mêmes errements. Ehrenberg lui-même, qui le premier étudia d'une manière plus approfondie l'organisation interne des Infusoires, et basa sa classification sur les organes de la digestion de ces animaux, ne fut pas plus heureux que ses devanciers et il garda parmi les Microzoaires des Algues, des Rotifères, des Rhizopodes, etc.

Depuis l'apparition de l'ouvrage du savant professeur de Berlin, les études microzoologiques firent de grands progrès en Angleterre, en Allemagne et en France ; les instruments d'optique furent portés à un point de perfection remarquable qui permit aux naturalistes d'arriver enfin à se rendre compte de l'organisation des microzoaires, organisation beaucoup plus compliquée que ne le supposaient la plupart des premiers micrographes. Cependant, malgré les recherches minutieuses des zoologistes modernes, malgré les distinctions que chacun a cru devoir établir entre les Infusoires proprement dits et les autres êtres microscopiques, toutes les classifications qui depuis ces derniers temps ont été proposées, par Perty, Siebold, Claparède, Prichard, etc., renferment mêlés aux Infusoires vrais des êtres qui appartiennent à des classes plus ou moins éloignées. On y trouve presque partout les Microzoaires unis aux Rhizopodes, aux Systolides et même à quelques végétaux inférieurs. Quelques classifications comme celle de Claparède et Lachman pèchent en même temps par la séparation qu'on a voulu établir entre les Infusoires ciliés et les Infusoires flagellés, et plusieurs auteurs ont rejeté de cette classe, comme appartenant au règne végétal, les Monades, les Volvox et les Euglènes, etc.

Lorsqu'en 1861, je publiai la première livraison des Coralliaires fossiles, dans la Paléontologie française, je crus devoir séparer en deux groupes distincts les êtres qui étaient jusqu'alors compris dans le quatrième et dernier embranchement du règne animal. Je laissai dans cet embranchement les animaux rayonnés proprement dits : Echinodermes et Zoophytes qui ont, en effet, une réelle affinité entre eux, et je formai un cinquième embranchement pour les Infusoires, les Foraminifères et les Eponges auxquels je laissai le nom d'*animaux sarcodaires* qui leur avait déjà été donné par MM. Milne-Edwards et J. Haime.

J'étais loin, à cette époque, d'avoir sur ces animaux les connaissances approfondies que m'ont fournies depuis les travaux des micrographes modernes et mes propres recherches, mais tout ce qui a été découvert depuis sur la constitution intime des Microzoaires et des Foraminifères, et les derniers travaux publiés sur l'anatomie microscopique des Éponges ne font que confirmer la valeur de la séparation que j'avais établie, en faisant ressortir d'une manière positive l'affinité qui existe entre ces trois dernières classes du règne animal.

Les Microzoaires et les Rhizopodes ou Foraminifères, se distinguent des autres classes des animaux par la présence d'un organe qui leur est spécial et qui est le centre de l'appareil circulatoire. Cet organe que nous avons décrit sous le nom de *vésicule contractile*, n'a pas encore été démontré chez les Éponges ; mais depuis que l'on sait que la masse sarcodique des éponges est constituée par la réunion de molécules monadiformes munies d'un flagellum ; que cette masse ainsi constituée rappelle l'organisation des Volvociniens, il est probable qu'on arrivera un jour à trouver que l'Éponge est le résultat de l'agrégation de cellules vivantes ayant une organisation analogue à celle des Monades et possédant probablement, comme ces dernières, une vésicule contractile.

C'est la présence de ce dernier organe spécial aux Microzoaires et aux Rhizopodes qui les a fait réunir dans la même classe par presque tous les auteurs qui nous ont précédé et dernièrement encore par Claparède et Lachman, malgré les différences organiques considérables qui les séparent.

Nous avons vu, en effet, que tous les Microzoaires ou Infusoires proprement dits, autant du moins que leur taille permet de le constater, ont un orifice buccal auquel est adapté un appareil (cirrhes buccaux ou flagellum) qui attire de loin les aliments et les fait pénétrer dans la bouche.

Les Rhizopodes, au dire des auteurs qui paraissent les avoir consciencieusement étudiés (Claparède et Lachman), possèdent, au lieu de bouche, des prolongements qu'ils émettent et retirent à volonté. Ces prolongements, quelquefois très-tenus et terminés par un renflement arrondi, sortent des nombreuses ouvertures des téguments et font office de suçoir. C'est, d'après les auteurs que nous venons de citer, au moyen de ces suçoirs que les Rhizopodes arrêtent leur proie et s'en assimilent la substance. L'appareil digestif des Rhizopodes doit donc considérablement différer de celui des Microzoaires, car chez ces derniers le canal intestinal n'a que deux ouvertures, la bouche et l'anus, tandis que d'après ce que nous venons de voir, la cavité digestive des Rhizopodes doit avoir autant d'ouvertures qu'il y a de suçoirs.

Bien d'autres caractères, il est vrai moins importants, séparent encore les Microzoaires des Rhizopodes : ces derniers sont généralement fixés au sol, ou, quand ils sont libres, rampent lentement et ne sont pas organisés pour la natation, qui est la manifestation vitale la plus générale des Microzoaires. Ces derniers sont couverts en tout ou en partie de cils ou de flagellum vibratils qui servent à la fois à la nutrition et à la natation : ces organes manquent complétement chez les Rhizopodes.

Il faut reconnaître cependant qu'il existe une famille qui semble établir un lien, une parenté entre les Microzoaires et les Rhizopodes :

cette famille que nous décrirons à la fin de cet ouvrage sous le titre de *Groupe de transition*, renferme les genres Protée et Amibe.

Ces animaux sont munis de vésicules contractiles, rampent à la surface des corps étrangers (Amibe) (1) ou peuvent nager en contractant leur corps (Protée) (2); ils ont même des cils plus ou moins allongés et épais (3), mais qui ne vibrent pas, et ne possèdent ni appareil buccal ni suçoirs. Comme les Rhizopodes, ils peuvent émettre de longs prolongements analogues à ceux des Gromies, des Arcelles, mais ces prolongements ne semblent pas avoir de rapport avec les suçoirs des Rhizopodes. Cependant leur manière d'être, les changements qui s'opèrent dans leur forme et leurs habitudes extérieures, les rapprochent plus de ces derniers animaux que des Microzoaires.

La plupart des auteurs ont placé parmi les Infusoires des êtres qui leur ressemblent beaucoup et par le nucléus qu'ils possèdent et par leur tégument complétement cilié. Ces animalcules connus sous le nom d'*Opalines* habitent en parasites le corps de certains animaux et meurent assez rapidement lorsqu'on les a retirés du milieu où ils se trouvent habituellement. Les cils dont ils sont garnis forment dans l'eau un tourbillon énergique, mais jamais on n'est arrivé à leur faire absorber, comme aux Infusoires vrais, une matière colorante quelconque : aussi pense-t-on généralement que les Opalines sont privés de bouche.

Nous ne les avons pas compris dans notre classe des Microzoaires, parce que tout nous porte à croire que ces animalcules ne sont que des larves d'autres animaux, dont on n'a pas encore pu suivre les métamorphoses.

(1) Pl. XXVIII et XXIX.
(2) Pl. XXVII, fig. 1.
(3) Pl. XXVIII.

La couronne ciliaire dont est muni le sommet de certains Infusoires et le mouvement rotatoire dont elle est douée chez les Vorticelles, par exemple, a fait supposer à un grand nombre de Microzoologistes qu'il existait une certaine parenté entre ces Microzoaires et d'autres animaux tels que les Systolides et certains Turbellariés : aussi voit-on les auteurs qui ont suivi Lamarck associer, comme ce dernier, ces animaux aux Infusoires vrais. Mais aujourd'hui que l'organisation des Systolides, des Hydrozoaires et des Turbellariés est assez étudiée, chacun de ces groupes se sépare facilement des Microzoaires ainsi que les Tardigrades et les Ichtydium que l'on voyait autrefois figurer avec les Microzoaires dans les ouvrages des anciens auteurs.

Il est plus difficile de distinguer les Infusoires à tourbillon de certains embryons de Planaires et de Spongilles; Pritchard pense même que certains Infusoires, classés comme Infusoires vrais, ne sont que des larves d'autres animaux; mais il ajoute qu'il n'y a rien de positif à cet égard et que jusqu'à plus ample constatation il faut leur conserver la place qu'ils occupent.

L'expérience qui fait voir que les Microzoaires vrais sont munis d'une bouche et d'un appareil intestinal, les substances colorées qu'il est généralement très-facile de leur faire absorber, ne laissent aucun doute sur la nature vraie ou fausse du Microzoaire, et les séparent facilement des embryons ou larves ciliés, qui en tant qu'ils restent en cet état, ne présentent jamais d'orifice buccal et n'absorbent pas de matières colorantes.

Pritchard, dont l'ouvrage sur les Infusoires est un recueil de presque tout ce qui a été publié sur cette matière, ne voulant pas ou ne pouvant pas séparer les Microzoaires des êtres qui lui paraissent très-voisins, a commencé son travail par l'étude de ceux que presque tous les naturalistes regardent comme appartenant au règne végétal : les Desmidiées, les Pédiastrées et les Diatomées. — Puis sous le nom de Phytozoa il a décrit les Microzoaires oscillants ou flagellés, qu'il a séparé des Microzoaires à tourbillon ou ciliés, par une série de Rhizopodes qui dans l'ordre naturel doivent venir à la suite des Microzoaires oscillants et dans une classe à part. Enfin il a terminé son travail par l'étude des Rotifères et des Tardigrades qui n'ont aucun rapport avec les classes précédentes.

Cette manière de présenter une longue série hétérogène d'êtres microscopiques tourne la difficulté sans la résoudre et n'a même pas l'avantage de la nouveauté. Déjà bien avant Pritchard quelques naturalistes pensaient qu'il était très-difficile de séparer les végétaux des animaux, et ne pouvaient établir les limites où commence le règne végétal et où finit la vie animale. Longtemps les Desmidiées et les Diatomées ont été ballottées entre les deux règnes, admises par les uns comme des végétaux, réclamées par les autres comme appartenant à la série animale. Dans ces dernières années encore deux micrographes distingués (1) ont déclaré ne pouvoir trancher la question, bien que la présence de la vésicule contractile constatée par eux chez les Euglènes, les Monades et les Volvox fut un indice de la nature animale de ces derniers êtres.

La place des Desmidiées et des Diatomées est pour beaucoup de naturalistes loin d'être encore décidée. Ehrenberg les range toujours dans ses *Polygastrica anentera*; mais une partie des auteurs qui l'ont suivi, reconnaissant que les Desmidiées doivent rester dans le règne végétal, admettent l'animalité des Diatomées et les placent à la limite extrême du règne animal : telle fut l'opinion de Müller, de Nitzsch, de Bory Saint-Vincent et plus tard celle de Focke, de Schleiden et dans ces derniers temps de Claparède et Lachmann qui penchaient d'abord à accorder à ces organismes une nature végétale, mais qui plus loin semblent, au contraire, les admettre comme de vrais animaux.

Lorsque l'on examine en effet la manière d'être de certaines Dia-

(1) Claparède et Lachmann, *loc. cit.*

tomées, les Navicules et les Nitzschies, par exemple, on est frappé des mouvements dont ces êtres sont doués et au premier abord on est tenté d'y voir un acte vital, un acte réfléchi. Non-seulement ces organismes se meuvent suivant une certaine direction, soit en avant, soit en arrière, mais ils semblent pouvoir éviter les obstacles qui s'opposent à leur marche, et souvent on les voit tourner sur eux-mêmes et même opérer une culbute complète qui change entièrement leur position première. Ehrenberg attribuait ces mouvements à une espèce de pied ou à des prolongements comparables à ceux des Arcelles, mais Valentin, de Genève, prétendit avoir observé de chaque côté du teste des navicules une rangée de cils vibratils susceptibles de se mouvoir dans un sens ou dans l'autre. Focke a annoncé avoir découvert des cils vibratiles chez le *Closterium lunula*; Osborne les a décrits depuis avec une grande minutie et dit avoir en outre constaté un courant qui selon cet auteur pénètre dans l'intérieur du *Closterium* par une ouverture placée à chaque extrémité de celui-ci. Claparède et Lachmann confirment les assertions de Focke et d'Osborne ; mais, tout en reconnaissant que les Closteries peuvent posséder deux ouvertures terminales, ils n'ont pas aperçu le courant dont parle Osborne. Ils ont observé le mouvement des cils chez plusieures Clausteries, mais l'ont cherché en vain chez le *Cosmarium magaritiferum* où Herbert-Thomas croit l'avoir aperçu.

Nous avons nous-mêmes, et à plusieurs reprises, constaté d'une manière certaine la présence de cils vibratiles, placés en rangées, sur les bords d'un *Nitzschia* que nous croyons être le *N. Sigmoïdea* et nous avons pu en étudier les mouvements alternants.—Ce qui démontre au reste la présence de cils sur les bords des Navicules, là où le microscope ne peut les déceler, c'est le mouvement de va et vient qu'exécutent des corps étrangers, le long des bords de ces êtres lorsqu'ils sont arrêtés par un obstacle quelconque. On voit dans ce cas des débris de végétaux, ou même des grains minéraux aller d'un bout à l'autre de la Navicule puis après un moment de repos revenir en arrière et parcourir en sens inverse le même chemin.

Nous qui n'attachons aux mouvements des êtres que nous étudions qu'une importance secondaire, alors même que nous croyons fermement que tous les corps qui jouissent de mouvements sous le champ du microscope sont plus ou moins munis d'organes locomoteurs, nous ne pensons pas que ces organes soient suffisants pour déterminer la nature végétale ou animale des êtres qui les possèdent et nous considérons la vésicule contractile comme le caractère sérieux de l'animalité des Microscopiques et le seul qui jusqu'à ce jour peut nous permettre de poser une délimitation certaine entre les êtres animés et les végétaux.

Quelques auteurs, Claparède et Lachmann entre autres, pensent que les Microzoaires ont une très-grande affinité avec les Cœlentérés et que les Microzoaires ciliés surtout constituent l'anneau de la chaîne qui relie ces animalcules aux Polypes. Ce rapprochement est certainement le résultat de l'idée que ces savants se sont faite de l'appareil digestif des Infusoires ; en effet, nous avons vu dans la première partie de cet ouvrage qu'ils considéraient l'intérieur des Microzoaires comme une cavité remplie d'un chyme épais dans lequel nageaient au hasard les bols alimentaires. Or, cette idée d'une cavité générale occupant le corps de Microzoaires, devait les conduire à rapprocher ces êtres des Coralliaires, des Acalephes et des Hydraires, qui composent le groupe des Cœlentérés.

Les Cœlentérés possèdent en effet une cavité centrale spacieuse, qui fait fonction d'estomac et d'intestin et qui communique avec l'extérieur par une ouverture unique, qui sert à la fois de bouche et d'anus.

La paroi interne de cette cavité intestinale, la paroi muqueuse, si l'on peut lui donner ce nom, est constituée par le prolongement de

la tunique externe qui se replie et se refléchit au dedans pour tapisser
cette ouverture centrale.

Quelle analogie peut-il y avoir entre cette constitution des Cœlentérés et l'organisation plus compliquée des Microzoaires, qui possèdent
une bouche et un anus distincts, et un canal intestinal dont ils sont la
terminaison ? Cette présence d'une bouche et d'un anus séparés chez
les Microzoaires n'a pas longtemps arrêté Claparède et Lachmann dans
le rapprochement qu'ils veulent faire de ces animaux avec les Cœlentérés, ils ne considèrent pas cet état organique comme une différence
essentielle, car on leur a montré un polype de la Méditerranée (ils ne
disent pas lequel) pourvu d'un anus et d'une bouche distincte. Il est
très-probable que cet anus était le résultat d'un commencement de
fissiparité, c'est-à-dire l'apparition de la bouche d'un nouvel individu
qui allait se séparer, fait très-commun chez les Coralliaires et qui ne
leur enlève en rien leur vrai caractère de Cœlentérés.

Enfin les auteurs que nous venons de citer, voient encore un rapprochement à faire entre les Microzoaires et les Cœlentérés dans la manière dont ces êtres se reproduisent. Les Cœlentérés possèdent la
propriété de se reproduire par bourgeonnement et par fissiparité, et
les êtres ainsi produits peuvent, les uns se séparer du premier parent
et mener une vie indépendante ; les autres au contraire rester constamment unis à l'organisme qui les a produits et constituer ainsi des colonies
massives ou ramifiées. Cette reproduction se montre, en effet, à peu
près de la même manière chez les Microzoaires, les Rizopodes et même
les Éponges, mais, outre que ce caractère n'a rien de bien essentiel, il
faut encore remarquer que chez les Cœlentérés les organes sexuels sont
bien développés, qu'ils existent dans l'épaisseur qui sépare la tunique
externe de la paroi intestinale et que leur organisation est parfaitement
établie, tandis que rien ne prouve encore que les Microzoaires soient
doués d'organes sexuels auxquels seraient dus les produits de leur
multiplication.

Un naturaliste dont le nom fait autorité dans la science, Agassiz trouve une grande affinité entre les Microzoaires, les Turbellariés et les Planaires. Il prétend même que les Infusoires ne sont que des embryons des animaux que nous venons de citer et qu'il en a vu sortir des œufs de Planaires. Aussi est-il d'avis que l'on doit rayer les Infusoires de la série animale et les répartir parmi les Bryozoaires, les Arthropodes, les Rayonnés et les végétaux.

Il est probable qu'à l'époque où Agassiz émettait une opinion aussi monstrueuse, il était loin de connaître l'organisation assez compliquée des Microzoaires, car aujourd'hui que les recherches microscopiques ont fait un progrès immense, il ne peut venir à l'esprit d'aucun naturaliste de confondre un Infusoire vrai avec un Rayonné, un Bryozoaire ou un Helminthe.

En résumé, les Infusoires proprement dits, les Rhizopodes ou Foraminifères, et les Spongiaires forment un embranchement naturel qui doit venir immédiatement après celui des Rayonnés. Les Microzoaires trouvent leur place en tête de ce cinquième embranchement et viennent dans la série animale à la suite de la classe des Polypes.

Ils se distinguent de tous les animaux qui les précèdent par l'existence d'un organe spécial aux êtres qui composent le cinquième embranchement. Cet organe que l'on nomme vésicule contractile est le centre de la circulation chez les Infusoires et préside probablement aussi aux fonctions respiratoires.

C'est encore cette vésicule contractile, dont la présence ou l'absence bien constatée, autant que le permettent les instruments d'optique que nous possédons, devient un criterium certain, qui doit différencier les Microzoaires des végétaux inférieurs avec lesquels ils ont été et sont encore confondus par la plupart des microzoologistes.

II.

CLASSIFICATION DES MICROZOAIRES.

« L'histoire des Infusoires, dit M. Dujardin (1), est étroitement
« liée à l'histoire du microscope, sans lequel les yeux de l'homme
« n'eussent jamais pu en avoir une notion suffisante. »

C'est une vérité, banale aujourd'hui, mais que l'on ne doit cependant pas perdre de vue quand on suit les progrès que la microzoologie a faits depuis Leeuwenhoek jusqu'à nos jours, et qui rend bien compte, non-seulement des erreurs qui ont été commises par les premiers micrographes, mais qui explique aussi la marche ascendante qu'a suivie l'étude des Infusoires et les modifications qui ont été successivement apportées dans les classifications proposées depuis Müller par les différents auteurs qui l'ont suivi.

Le microscope, malgré les perfectionnements qu'il a reçus dans ces derniers temps, est loin encore de satisfaire aux désirs des savants : Si nous avons pu déjà sonder les mystères de quelques-uns de ces organismes qui fourmillent dans nos eaux dormantes, si dans quelques grandes espèces, nous avons pu découvrir les organes étranges et compliqués dont se composent ces petites merveilles animées, combien n'en restent-ils pas encore qui, par leur taille exiguë, échappent à notre investigation et nous laissent dans un doute pénible au sujet de leur nature et de leur composition organique ?

La science microzoologique est donc bien certainement encore subordonnée aux progrès de l'optique et nous sommes obligés de convenir que c'est par analogie, par des rapprochements plus ou moins fondés que nous assimilons aux Infusoires bien étudiés, ceux qui par

(1) *Dict. univ. d'Hist. nat.*, t. VII, 1ʳᵉ partie, p. 43.

l'exiguité de leur taille, échappent encore aux recherches les plus attentives. Heureux ceux qui viendront après nous, si les progrès de la physique les mettent en possession d'instruments plus parfaits et qui leur permettront ou de relever les erreurs que nous pourrons commettre ou de donner une sanction définitive à ce que nous croyons aujourd'hui être une vérité dans la science.

Otto-Freder Müller est bien certainement le premier micrographe qui ait essayé de poser les bases d'une classification des Infusoires. Mais il ne possédait pas les instruments que les progrès récents de la science ont perfectionnés et ne put observer tous les organes externes ou internes des animalcules qu'il a étudiés. C'est ainsi qu'il a décrit comme complétement nus, comme des animaux arrondis ou déprimés, des êtres qui sont en réalité pourvus de cils vibratiles ou d'appendices flagelliformes.

Müller divise ses Infusoires en deux grouppes : Le premier renferme des Microzoaires qu'il croit dépourvus d'organes externes ; et le second comprend tous ceux chez lesquels il reconnaît des appendices quelconques.

Voici le tableau de sa division méthodique, telle qu'il la présenta (1) dans son ouvrage sur les infusoires.

I. POINT D'ORGANES EXTERNES.

Animaux épaissis.

1. *Monas*, punctiforme.
2. *Proteus*, changeant.
3. *Volvox*, sphérique.
4. *Enchelys*, cylindrique.
5. *Vibrio*, allongés.

(1) Animalcula Infusoria, fluv. et mart., etc. Müller, 1786.

Animaux membraneux.

6. *Cyclidium*, ovale.
7. *Paramecium*, oblong.
8. *Kolpoda*, sinueux.
9. *Gonium*, anguleux.
10. *Bursaria*, creux.

II. DES ORGANES EXTERNES.

Sans carapace.

1. *Cercaria*, animalcule avec une queue.
2. *Trichoda*,   —   couvert de franges ciliaires.
3. *Kerona*,   —   muni de cornicules.
4. *Himanthopus*, —   portant des cirrhes.
5. *Leucophra*,   —   couvert entièrement de cils.
6. *Vorticella*,   —   des cils au sommet seulement.

Une carapace.

7. *Brachionus*, des cils au sommet.

Les différents genres décrits par Müller, sont caractérisés par des phrases très-courtes, comme c'était la mode à cette époque, et complétement insuffisantes pour bien déterminer les caractères certains des êtres qu'ils renferment. Aussi ne doit-on pas s'étonner de voir réunis dans ces genres, des animaux qui, non-seulement appartiennent à d'autres familles d'Infusoires, mais qui doivent même être rangés dans d'autres classes.

Son premier genre *Monas*, renferme non-seulement des *Monas* proprement dits, mais on y trouve aussi des Bacteries et probablement des sporules de Cryptogames.

Le genre *Proteus* est mieux défini ; il ne renferme que deux espèces, le *Proteus diffluens*, dont on a fait depuis le type des Amibis, et le *Proteus tenax*, que nous avons eu souvent occasion d'examiner. Ces deux espèces appartiennent bien au même genre, et, dans notre classification, nous les plaçons à la fin des Infusoires oscillants ou flagellés, sous le nom de Groupe de transition, parce que, en effet, ils semblent établir le passage entre les Infusoires et les Rhizopodes.

Le troisième genre, *Volvox*, outre les Volvociens vrais qu'il renferme, contient des Monadiens, des Thécamonadiens, des Uvelles et des Antophyses. Les figures, 3, 4, 5, pl. III, qui représentent pour Müller les *Volvox granulens*, *globulus* et *pilula*, semblent se rapporter à des Infusoires ciliés, et le *Volvox grandinella*, fig. 6, paraît être un Foraminifère. Les figures 17, 18, 19 représentent des Uvelles et les figures 22, 23 et 24 des Antophyses.

Le quatrième genre est formé d'une foule d'espèces différentes : On y retrouve encore des Monadiens, des Thécamonadiens, avec des Euglènes ; puis des Infusoires de plus grande taille, des Encheliens, des Leucophres, des Paramecies, etc., et d'autres formes qu'il est difficile de rattacher à des espèces connues.

Le genre *Vibrio*, qui se trouve le cinquième et dernier des Infusoires nus, épaissis, renferme toutes espèces d'animaux ayant le corps allongé. La planche VI montre avec de vrais *Vibrions* (fig. 2, 3), des Spirilles (fig. 6, 8) et des êtres (fig. 10, 15) que nous ne savons à quelles espèces rapporter. La planche VII renferme des Bacillaires, des Navicules et des Closteries, et les planches VIII, IX et X des Amphileptes, des Lacrymaires et des Anguillules. La planche X surtout renferme des Lacrymaires et des Amphileptes parfaitement reconnaissables, mais dont Müller n'a pu apercevoir les appendices ciliaires.

La seconde section, comprenant les Infusoires nus et membraneux, renferme pour premier genre, le genre Cyclidium dont il est difficile d'apprécier les espèces. On croit y reconnaître des Monadiens, peut-être des Acomies de Dujardin et probablement des Hétéromites.

Le second genre *Paramecium* renferme le *P. aurelia* si fréquent dans les Infusoires et d'autres animalcules, que l'on peut rapporter avec doute aux genres *Panophrys*, *Nassula* et *Glaucoma*. Dujardin croit aussi y reconnaître des Pleuronemes et des Bursaires.

Le genre *Kolpoda* qui vient ensuite, ne contient pas l'espèce type des Kolpodes, mais il se trouve composé d'êtres très-différents, appartenant aux Amphileptes, Trachelies, Trichodes, etc.

Le quatrième genre *Gonium*, renferme les genres *G. pectorale* et *pulvinatum* dont les affinités avec les Infusoires ne sont pas parfaitement établies et les autres figures de la pl. XVI peuvent être rapportées les unes à des Uvelles, les autres à des débris organiques.

Le dernier genre de cette section, *Bursaria*, contient un vrai Bursaire (*B. truncatella*), fig. 1, 4, mais les autres figures appartiennent à des Péridiniens (10, 11, 12) et à d'autres espèces qu'il est difficile de rapporter à des genres connus.

Il est à remarquer que dans cette section des Infusoires nus, Müller a représenté, pl. XII, fig. 20, un Infusoire complétement cilié auquel il a donné le dom de *Paramecium Chrysalis* et qui est le seul de ce groupe qu'il figure avec des cils à la surface du corps.

Le second ordre de la classification de Müller est formé par des animaux ayant des appendices. La première section renferme des animalcules qui n'ont pas de carapace, et présente dans son premier genre *Cercaria*, les êtres les plus disparates. On y reconnaît des Helminthes, des Systolides, des Ichtydies, un Coleps, des Euglènes, des Monadiens, des Péridiniens, etc.

Le second genre *Trichoda* est certainement le plus curieux de tout le système et par le nombre des espèces qu'il renferme et surtout par la confusion qui règne dans ce ramassis d'animalcules appartenant à des genres, des familles et des classes les plus éloignés. On y reconnaît d'abord (pl. XIII) des Halteries, des Actinophrys, des Stentors et des Foraminifères: puis apparaissent des Kéroniens, des Leucophryens, des Plesconiens, etc. Reviennent ensuite des Lacrymariens que nous avons déjà vus dans le premier ordre avec des Stylonychies, des Trachelius, etc. Puis apparaissent des Systolides accompagnés de quelques Vaginicoles, et le genre se termine par une série de Paramécides marcheurs.

Le genre *Kérona* qui fait suite aux *Trichodés* de Müller, renferme le restant des Infusoires marcheurs, ceux surtout qui sont munis de cornicules et qui auraient dû rester associés à une grande partie de ceux que Müller avait déjà placés dans le genre précédent. Le genre *Kérona* de cet auteur est certainement le mieux caractérisé et le seul qui renferme des animalcules ayant entre eux de véritables affinités.

Le genre *Himanthopus* (1) qui vient ensuite, aurait dû être réuni au précédent, car il ne renferme aussi que des Stylonychies, des Plœsconies, des Oxytriches, etc.

Le cinquième genre, **Leucophra** renferme des êtres complétement ciliés, dont la plupart peuvent être rapportés aux Parameciens, aux Bursariens, etc., mais on y rencontre aussi un grand nombre d'espèces qu'il est difficile de caractériser. Enfin le sixième et dernier genre de cette section, le genre *Vorticella* contient avec de vraies Vorticelles, des Péridiniens, des Haltériens, des Stentors, des Trichodines, des Vaginicoles et un nombre considérable de Systolides.

Le genre *Brachionus* ne renferme que des Systolides.

Si nous avons insisté sur la classification de Müller, si nous avons donné des détails sur la manière dont il a cru devoir grouper les Infusoires, c'est que cette première classification a eu pendant longtemps une influence considérable sur les travaux des auteurs qui l'ont suivi. C'est ainsi que Gmelin, Lamarck, Cuvier et plus tard Girod-Chantrans, Bosc et Schrank se servirent du travail de Müller, y ajoutèrent quelques espèces nouvelles, mais ne modifièrent en rien la classification première.

Schweigger (1819-1820), en établissant sa classification des Zoophytes qui correspondent aux Polypes et aux Infusoires de Lamarck, les divisa en deux ordres : le premier contient des animaux formés d'une

---

(1) Ce genre n'est pas de Müller, il a été fondé par Fabricius, qui a continué l'œuvre de Müller, interrompue par la mort de ce savant.

seule substance, et le second ceux formés au moins de deux comme les Polypes à polypier. Le premier ordre est divisé en six sections dont quatre renferment les Infusoires de Müller et les deux autres les petits polypes mous ou hydraires. La première de ces sections comprend les Infusoires de Müller sans organes externes; la seconde, l'anguillule du vinaigre et les cercaires. La troisième embrasse les Infusoires ciliés et la quatrième les Rotifères et les Brachions.

On voit que Schweigger suivit complétement les errements de Müller et n'avança en rien l'histoire des Infusoires qu'il regardait comme privés d'organes digestifs et se nourrissant seulement par l'absorption qui s'opère à leur surface.

Latreille, dans ses *Familles naturelles du règne animal*, considère aussi les Infusoires comme des corps très-simples et privés de tube digestif; il leur donne le nom d'*Agastriques*.

Bory Saint-Vincent, qui essaya aussi une classification méthodique de ses *Microscopiques*, ne semble pas avoir mieux vu que ses prédécesseurs et suit une marche aussi peu rationnelle. Il divise les Infusoires en cinq ordres : 1° les *Gymnodés* qui correspondent à peu près au premier ordre de Müller et ne renferment que des Infusoire nus; — 2° Les *Trichodés* qui contiennent des Infusoires complétement ciliés mais sans ouverture buccale ni organisation interne; — 3° les *Stomoblépharés* qui sont constitués par des Microscopiques ayant une bouche munie de cils ou de cirrhes vibratiles; — enfin 4° et 5° les *Rotifères* et les *Crustodés* qui ne contiennent que des Systolides, excepté toutefois le dernier ordre, où se trouvent, on ne sait trop pourquoi, les deux genres Plœsconie et Coccudine de Dujardin.

Le premier ordre, les *Gymnodés*, est divisé en huit familles : 1° les *Monadaires:* 2° les *Pandorinées;* 3° les *Volvociens.* Ces trois familles renferment à peu près les espèces contenues dans les genres Monas et Volvox de Müller; — 4° les *Volpodinées* qui contiennent les genres *Colpoda*, *Proteus* et une partie du genre *Vibrio* de l'auteur précédent;

— 5° les *Bursariées* qui correspondent aux Cyclidium, Bursaria, Enchelis et Paramecium (Müller); — 6° les *Vibrioniens*, renfermant les Vibrions, les Spirilles, des Euglènes, des Lacrymaires, etc. ; — 7° les *Cercariées* qui comprennent en sus des Cercaires de Müller, des Euglènes, Protées, Urocentres, etc.; et enfin 8° les *Urodiées* qui sont composés de Systolides confondus avec des Vorticelles et qu'il fait suivre d'une 9ᵐᵉ famille instituée pour un seul genre Tribuline (*Kéronarostellum*, Müller).

Son second ordre, les *Trichodés* se compose de trois familles : 1° Les *Polytriques* qui sont des animaux qui ont des poils très-fins, non distinctement vibratiles, répandus en villosités sur toute la surface du corps, ou en cils sur l'intégrité de sa circonférence (*sic*). Cette section comprend des Leucophres, des Systolides, des Actinophrys, des Trichodines et des Lacrymaires.

2° Les *Mystacinées* caractérisés par des cils en faisceaux ou en série renferment des Trichodes de Müller, des Lacrymaires, des Oxytriques des Trachelius, des Ophrydies et des Vorticelliens. On y trouve aussi les Kérones et les Himantopus de Müller, des Kondylostomes et des Systolides.

3° Les *Urodées* sont constitués par un certain nombre de Trichodiens, de Kéroniens et de Systolides.

Les *Stomoblépharés* renferment deux familles : 1° les *Urcéolariées* qui correspondent au genre Urcéolaire de Lamarck et aux Urcéolariens de Dujardin, et 2° les *Thikidées* qui contiennent avec le genre *Vaginicola* quatre genres de Systolides.

On voit par ce résumé rapide du système de Bory Saint-Vincent que, malgré tous les efforts qu'il a faits pour modifier la classification de Müller, et établir des coupes nouvelles, il n'a pu, de même que Lamark, sortir du cercle que le premier naturaliste avait tracé, et loin d'enrichir la science de faits nouveaux, loin de débarrasser la microzoologie de tous les êtres qui y étaient malheureusement associés, il n'a fait que jeter un peu plus de confusion dans cette science qui était encore,

il est vrai. à l'état d'ébauche. Baer de Kœnigsberg, puis Leukart et
Rehenbach n'ont plus voulu regarder les Infusoires comme des êtres
particuliers et formant une classe à part : pour ces auteurs les Microzoaires ne sont plus que des prototypes incomplets d'autres classes
d'animaux supérieurs et par conséquent doivent être rangés avec
eux. Ils en arrivèrent à supprimer complétement la classe des Infusoires.

Tel était à peu près l'état de la science en microzoologie, quand parut, en 1830, les travaux d'Ehrenberg, de Berlin, sur l'organisation des
Infusoires. Mieux servi que ses prédécesseurs par des instruments
perfectionnés et profitant des expériences qui avaient été faites par
Trembley et Gleichen, Ehrenberg découvrit chez les Infusoires des organes compliqués qui rapprochent ces animalcules des animaux supérieurs. Il annonça que les Microzoaires avaient un tube intestinal ramifié et muni d'estomacs nombreux, avec une bouche et un anus distincts
et situés dans des positions variées. Il décrivit les organes de la génération et donna à la vésicule contractile les propriétés d'un organe sexuel
mâle. Il reconnut les muscles et leur attribua tous les mouvements des
appendices qui sont à la surface de l'Infusoire et qui occasionnent ses
mouvements rapides de marche ou de natation. Enfin il admit des
organes des sens et regarda comme des yeux les taches pigmentaires
qu'on remarque chez certains Microzoaires. Mais il avoua ne pas
avoir reconnu de vaisseaux ni de circulation chez ces animaux.

C'est sur ces données et sur la découverte de l'appareil nutritif que
Ehrenberg posa les bases de sa nouvelle classification.

Il divise ses *Infusoires* en deux classes : la première renferme les
Infusoires qu'il nomme *Polygastriques* et la seconde comprend les
Rotatoires ou Systolides.

Les *Polygastriques* correspondent à peu près aux Infusoires pro-
prementdits, augmentés d'un certain nombre d'êtres appartenant les
uns aux Rhizopodes, les autres au règne végétal. Ils renferment 22 fa-

milles et sont divisés en Anentera ou Infusoires sans tube intestinal et en Enterodela ou Infusoires munis d'un intestin.

Les Anentera sont subdivisés en Gymnica ou Infusoires sans pied, qui comprennent les familles *Monadina, Cryptomonadida, Volvocina, Closterina, Astasiæa* et *Dinobryina.* — Les Pseudopoda ont des pieds changeants et renferment les familles *Amœba, Arcellina, Bacillaria, Cyclidina* et *Peridinæa.*

Les Infusoires qui ont un tube intestinal et que pour cette raison il nomme Enterodela, sont subdivisés suivant la place qu'occupent la bouche de l'anus.

1° Les Anopisthia ont un intestin recourbé sur lui-même et la bouche et l'anus se trouvent placés au sommet de l'animal et dans la même cavité (*vestibule*, Lachmann). Ils se composent de deux familles : les *Vorticellina* et les *Ophrydina.*

2° Les Enantiotreta ont la bouche et l'anus directement opposés et situés à l'extrémité du corps. Les uns sont sans carapace : *Enchelia,* et les autres sont cuirassés : *Colepina.*

3° Les Allotreta ont la bouche et l'anus placés obliquement par rapport l'un à l'autre : Les uns sans carapace sont les *Trachelina* et *Ophryocercina* et les autres avec carapace : *Aspidiscina.*

4° Enfin les Catotreta renferment des familles qui ont la bouche et l'anus situés sur la partie ventrale, ce sont, sans carapace, les *Colpodea,* les *Oxytrichina,* et, avec carapace, les *Euplota.*

La seconde classe, comme nous l'avons déjà dit, ne renferme que des Systolides qui n'ont aucun rapport avec les Infusoires.

La première famille des Monadina se compose des genres *Monas, Uvella, Polytoma, Microglena, Phacelomonas, Glenomorum, Doxococcus, Chilomonas* et *Bodo.* Il faut en retrancher ce dernier genre qui n'appartient pas aux Infusoires et peut-être aussi les Doxococcus qui nous paraissent devoir être rangés dans le règne végétal.

La deuxième famille, les Crytomonadina, sont des Monadines cuirassées. Elle est formée des genres *Cryptomonas*, *Ophidomonas*, *Prorocentrum*, *Lagenella*, *Criptoglena* et *Trachelomonas*.

La troisième famille, les Volvocina, se compose du genre *Gyges*, *Pandorina*, *Gonium*, *Syncrypta*, *Synura*, *Uroglena*, *Eudorina*, *Clamidomonas*, *Spærosira* et *Volvox*. Une partie de ces genres appartient à des végétaux ou au moins à des êtres bien douteux.

La quatrième famille, Vibrionia est mieux constituée et comprend les genres *Bacterium*, *Vibrio*, *Spirochæta*, *Spirillum* et *Spirodiscus*, dont le dernier seul n'est pas bien certain.

La cinquième famille, Closterina, qui ne renferme que le genre *Closterium* appartient tout entière au règne végétal.

La sixième famille, Astasia, est presque entièrement composée d'animaux à forme euglenique, ce sont les *Astasia*, les *Amblyophis*, les *Euglena*, les *Chlorogonium*, les *Colacium* et les *Distigma*, ce dernier paraît formé par le *Proteus tenax*, de Müller et appartient à la famille de transition des *Amœba*.

Les Dinobryina qui forment la septième famille, ne comprennent que les genres *Dinobryon* et *Epipyxis*, et terminent la série des Gymnica, c'est-à-dire animalcules sans pieds.

La seconde section des Anenterna, comprend les familles qui ont des pieds changeants ou *Speudopodes*.

La huitième famille, Amœbæa, renferme le genre *Amœba* dont nous avons déjà parlé, et les genres *Diffugia*. *Arcella* et *Cyphidium* constituent la neuvième famille des Arcellina et appartenant tous à la classe des Rhizopodes.

La dixième famille Bacillaria renferme 36 genres qui appartiennent presque tous aux Desmidiacées et aux Diatomées à l'exception des Acinetes qui sont de vrais Rhizopodes.

La troisième section des Epitricha ou Anenterea ciliés, ne renferme que deux familles, les Cyclidina et les Peridinœa.

Les Cyclidina constituent la onzième famille, qui comprend les

genres *Cyclidium*, *Pantotrichum* et *Chœtomonas*, renferment des êtres
sur la valeur desquels il est difficile de se prononcer.

La douzième et dernière famille des Anentera, les PERIDINŒA
comprend les genres *Chœtotyphla*, *Chœtoglena*, *Perdinium* et *Glenodinium*. De ces quatre genres deux appartiennent évidemment
aux Peridiniens, ce sont les *Perdinium* et *Glenodinium*, mais le
genre *Chœtoglena* doit être rapporté au genre *Thécamonas* et le
Chœtotypha probablement doit rentrer dans les Infusoires ciliés ou à
tourbillon.

Si l'on retranche des familles que renferme la section des Anentérés celles qui se composent de végétaux ou de Rhizopodes, il reste
un ensemble qui présente déjà des caractères communs et dont les
genres vont plus tard se retrouver dans les classifications qui viendront ensuite et constitueront à peu près les mêmes familles. On voit
que si le savant professeur de Berlin n'a pas su distraire des Infusoires la foule de végétaux qui les encombre, il a déjà cependant éliminé de ces genres un grand nombre d'autres êtres appartenant la
plupart à la classe des Helminthes et que Müller avait assimilés aux
Microzoaires.

La section des ENTERODELA est subdivisée suivant la place qu'occupent la bouche et l'anus.

Les *Anopisthia* ont un intestin recourbé et la bouche et l'anus se
trouvent placés au sommet, très-rapprochés et souvent dans une dépression commune.

Les *Enantiotreta* ont la bouche située au sommet du corps et l'anus dans une direction diamétralement opposée.

Les *Allotreta* ont les deux orifices buccal et anal placés obliquement par rapport l'un à l'autre, et les *Catotreta* les ont situés du
même côté sur la partie ventrale.

Les *Anopisthia* renferment deux familles : les VORTICELLINA et les
OPHRYDINA.

Les Vorticellines comprennent les *Stentor*, les *Trichodina*, et les *Urocentrum* ou Vorticellines libres. Les autres genres embrassent les Vorticellines fixées, ce sont les *Vorticella*, *Carchesium*, *Epistylis*, *Opercularia* et *Zoothamnium*.

Les Ophrydines sont des Vorticellides contenues dans une coque : ce sont les genres *Ophrydium*, *Tintinnus*, *Vaginicola* et *Cothurnia*.

Ces deux familles sont réellement très-naturelles, et on s'étonne que les auteurs récents aient eu l'idée de les démembrer comme nous le verrons plus loin.

Les Exantiotreta renferment aussi deux familles : les *Enchelia* et les *Colepina*. La famille des Enchelia comprend les genres *Enchelis*, *Disoma*, *Actinophrys*, *Trichodiscus*, *Podophrya*, *Trichoda*, *Lacrymaria*, *Leuchophrys*, *Holophrya* et *Prorodon*.

Les Colepina ne possèdent que le genre *Coleps*.

La famille des Enchelia n'est pas heureusement constituée ; outre des Infusoires disparates et qui appartiennent à d'autres familles, elle renferme les *Actinophrys* et les *Trichodiscus* qui sont de vrais Rhizopodes et doivent rentrer dans cette classe.

Les Allotreta comprennent les trois familles des *Trachelina*, *Ophryocercina* et *Aspidiscina*.

Les Trachelina renferment les genres *Trachelius*, *Loxodes*, *Bursaria*, *Spirostomum*, *Phialina*, *Glaucoma*, *Chilodon* et *Nassula*.

Les Ophryocercina sont représentés par le genre unique *Trachelocerca* qui est un vrai lacrymaire, et semble étonné de se trouver seul dans une famille qui ne porte pas son nom.

Les *Aspidiscina* ne comprennent aussi que le seul genre *Aspidiscus* qui devrait plutôt être rangé dans la famille des Infusoires marcheurs.

La dernière section des Catotreta renferme les trois familles *Colpodea*, *Oxytrichina* et *Euplota*.

Les Colpodea se composent des genres *Colpoda*, *Paramecium*, *Amphileptus*, *Uroleptus* et *Ophryoglena*.

Les Oxitrichina sont constitués par les *Oxytricha*, *Ceratidium*, *Kerona*, *Urostyla* et *Stylonychia*.

Les Euplota qui sont des *Oxytrichina* cuirassés comprennent les genres *Discocephalus*, *Himantophorus*, *Clamidodon* et *Euplotes*.

On voit par l'examen de cette classification qu'Ehrenberg a été guidé par deux idées prédominantes. La présence ou l'absence d'une cuirasse ou d'un tube solide est pour lui un caractère de famille constant, en même temps qu'il élève au rang de caractère de sous-classe la position occupée par la bouche et l'anus.

La présence d'une cuirasse ou d'une enveloppe durcie chez les Infusoires comme chez les êtres supérieurs n'a qu'une valeur tout à fait secondaire, et peut au plus être regardée comme un caractère géné-rique. Que l'on groupe dans la même famille tous les genres qui pré-sentent ce caractère pour en former une sous-famille, rien ne s'y oppose, à la condition cependant que la présence de ce caractère ne rompt pas les affinités qui existent entre les êtres qui en sont pourvus et ceux chez qui il fait défaut.

La place occupée par les deux ouvertures du canal nutritif serait un caractère beaucoup plus sérieux et naturel, si ces organes avaient une situation toujours constante dans les êtres d'une même série. Malheureusement il n'en est pas ainsi et, si la bouche se montre à peu près invariablement située dans la même position pour les êtres d'un même genre, il n'en est pas de même pour l'anus. Celui-ci n'a pas une situation aussi fixe ; il semble changer de place suivant les modi-fications apportées à la forme du corps ou ses annexes et enfin ne se montre pas constamment à la même place dans les êtres qui consti-tuent le même genre. Outre cette absence de fixité dans la situation de l'anus, il faut aussi reconnaître que la place de cet organe est encore très-douteuse pour un grand nombre d'espèces et que, par

conséquent, il serait très-dangereux de se servir de ce caractère, non-
seulement pour établir des familles, mais même pour grouper des
espèces dans le même genre.

A peu près à la même époque Dujardin publiait dans les suites
à Buffon une *Histoire naturelle des Infusoires*. Le savant professeur
de Rennes, qui ne reconnaissait aucune organisation aux Infusoires,
devint l'adversaire le plus passionné d'Ehrenberg et ne voulut admettre
aucun des organes compliqués que ce dernier venait de découvrir
chez les Microzoaires; aussi basa-t-il sa nouvelle classification entièrement sur la forme extérieure de ces animalcules et les appendices
qui s'y trouvent.

Il divise d'abord les Infusoires en deux sections : les *Infusoires
symétriques* qui sont constitués par les genres *Coleps, Chœtonotus,
Planariola,* etc., et les *Infusoires asymétriques* qui renferment tous
les autres Microzoaires.

La première section ne comprend en réalité que le seul genre
Coleps, car les genres *Chœtonotus, Planariola* et *Ichthydium* doivent
être rapportés à la classe des Rotateurs ou Systolides.

La seconde section des *Infusoires asymétriques* est divisée par
Dujardin en cinq ordres suivant qu'ils possèdent des organes externes,
ou qu'ils en sont privés.

La première famille des *Vibrioniens* renferme des animaux sans
organes locomoteurs visibles : ce sont les Bactéries, les Vibrions et les
Spirilles. — La deuxième famille, les *Amibiens,* comprend des êtres
que nous décrirons à la suite des Infusoires, comme groupe de transition. Les troisième et quatrième familles, *Rhizopodes* et *Actino-
phryens,* ne contiennent aucun Infusoire, et se trouvent constituées par
des Rhizopodes ou Foraminifères. Ces trois dernières familles forment
le deuxième ordre et les Vibrioniens le premier.

Le troisième ordre qui renferme des êtres pourvus d'un ou de plusieurs filaments flagelliformes servant d'organes locomoteurs, comprend les familles : première, des *Monadiens*, animaux nageurs ou fixés, sans tégument ; deuxième, des *Volvociens*, Infusoires ayant un tégument, flottants ou fixés ; troisième, des *Dinobriens*, animaux fixés sur une tige rameuse. — Les trois familles suivantes ont aussi un tégument, mais les Infusoires ne sont plus groupés, ils sont isolés et nageurs : ce sont : 1° les *Thécamonadiens* avec un tégument non contractile ; 2° les *Eugleniens* avec un tégument contractile, et 3° les *Péridiniens* qui, avec un tégument non contractile, ont un sillon garni de cils vibratiles.

Le quatrième ordre est formé par des êtres nageurs, ciliés et sans tégument contractile ; il renferme les familles suivantes : première, les *Enchéliens*, nus, sans bouche, avec des cils épars ; deuxième, les *Trichodiens*, avec une bouche et des cils en écharpes ; troisième, les *Kéroniens*, qui ont des cils, des styles et des cornicules. Ces trois familles n'ont pas de cuirasse, les deux suivantes en sont munies ; ce sont les *Plœsconiens*, avec une cuirasse diffluente comme le reste du corps et les *Erviliens*, qui ont une cuirasse persistante et un pédicule court. Ces trois dernières familles sont bien composées et se retrouvent dans presque toutes les autres classifications.

Enfin le cinquième ordre est fourni par des Infusoires « pourvus « d'un tégument lâche, réticulé, contractile, ou chez lesquels la dis- « position sériale régulière des cils dénote la présence d'un tégu- « ment. » Il renferme cinq familles : les trois premières sont formées d'êtres toujours libres, ce sont les *Leucophryens* qui n'ont pas de bouche ; les *Paraméciens* avec une bouche, mais sans rangée de cils en moustache ; et les *Bursariens* avec une bouche et une rangée de cils en moustache. Les deux dernières familles renferment des êtres fixés temporairement ou par leurs organes : les premiers sont les *Urcéolariens* et les seconds les *Vorticelliens*.

On voit par l'examen de la classification de Dujardin que non-seulement ce savant n'a pas su séparer les Rhizopodes des Infusoires, mais que, dans l'ignorance où il était des organes internes de la plupart d'entre eux, il a réuni dans la même famille les êtres les plus éloignés. C'est ainsi qu'il réunit les Halléries aux Oxytriques et aux Kérones ; les Opalines aux Leucophryens ; les Lacrymaires aux Pleuronèmes, etc., et que les Nassuliens sont éparpillés dans toutes les familles des Infusoires ciliés.

Malgré les progrès que la Microzoologie faisait chaque jour nous allons constater que les classifications qui ont suivi celle de Dujardin et d'Ehrenberg n'ont pas donné de résultats beaucoup plus satisfaisants. Cependant le professeur Siebold, qui, comme Dujardin, rejette la théorie des Polygastriques d'Ehrenberg, a su éliminer tous les Rhizopodes et en débarrasser la classe des Infusoires, à l'exception pourtant du genre *Actinophrys*, qu'il a malheureusement conservé. Siebold, comme Dujardin, ne reconnaissait pas une organisation compliquée aux Infusoires et il pensait même qu'une grande partie de ces êtres était dépourvue de bouche. Il divisa en conséquence ces Infusoires en *Astoma* ou Infusoires privés de bouche et en *Stomatoda* ceux qui en sont pourvus.

Les *Astoma* comprennent trois familles :

1. Astaslea : *Ambliophis, Euglena, Chlorogonium.*

2. Peridinea : *Peridinium, Glenodinium.*

3. Opalinea : *Opalina.*

Les *Stomatoda* renferment sept familles :

1. Vorticellina : *Stentor, Trichodina, Vorticella, Epistylis* et *Carchesium.*

2. Ophrydina : *Vaginicola, Cothurnia.*

3. Enchelia : *Actinophys, Leucophys, Prorodon.*

4. Trachelina : *Glaucona, Spirostomum, Trachelius, Loxodes, Chilodon, Phialina, Bursaria* et *Nassula.*

5. Kolpodea : *Kolpoda, Paramecium, Amphileptus.*

6. Oxytrichina : *Oxytricha, Stylonychia.*

7. Euplota : *Euplotes, Himantophorus, Clamidodon.*

Siebold, ainsi que nous l'annoncions, n'a fait faire aucun progrès à la classification. Une grande partie de ses familles sont composées de genres hétérogènes ; c'est ainsi qu'il mêle les Glaucomes avec les Spirostomes, qu'il rapproche les Phialines des Bursaires et des Nassules et qu'il réunit les Amphileptes aux Paraméciens et aux Kolpodes. Cependant il faut reconnaître qu'il a déjà assez bien compris les familles *Oxytricha* et *Euplota* qui renferment des êtres ayant entre eux une grande affinité, excepté le genre Clamidodon qu'il faut en retirer, pour le placer dans la grande famille des Nassuliens.

En 1852, Perty, professeur à Berne, proposa une nouvelle classification des Infusoires, qui présente des aperçus intéressants, mais dont les applications n'ont pas été aussi heureuses qu'on aurait pu le supposer. Il retrancha d'abord des Infusoires la plus grande partie des Rhizopodes, mais y laissa encore subsister avec ses *Ciliata*, les Acinètes, les Actinophrys, etc., qui appartiennent à cette classe étrangère aux Infusoires.

Il divise ces derniers en deux sous-classes : première, les Phytozoidia, et deuxième, les Ciliata. — La première sous-classe correspond à peu près aux *Anentera* d'Ehrenberg et au premier et troisième ordre de Dujardin. Malheureusement Perty a prodigieusement étendu les caractères de l'animalité, il les trouve jusque chez des êtres reconnus pour de vrais végétaux et il place à côté des Monades, des Eugènes, etc., les spores des algues Zoosporées, des Vaucheries, des Œdogonium, etc.

Sa seconde sous-classe des Ciliata est divisée en trois groupes : les *Spastica*, les *Monima* et les *Metabolica*.

Le premier renferme des animalcules qui peuvent contracter leur corps et leur pédicule, quand il existe, et donner à leur corps allongé une forme globulaire, et à la tige un aspect spiral, ce qui, d'après Perty, les rapproche des Bryozoaires et des Rotifères.

Ce premier groupe comprend quatre familles : les *Vaginifera*, les *Vorticellina*, les *Ophrydina* et les *Urceolaria* de Dujardin, dont il retire le genre *Ophrydium* pour y ajouter les Spirostomes.

Le second groupe des *Monima* est constitué par des animaux qui, bien qu'ayant un corps contractile, ne peuvent changer de forme ni exécuter de mouvements brusques. Ce deuxième groupe renferme douze familles : les *Bursaria*, les *Paramecia*, les *Holophrina*, les *Aphthonia*, les *Decteria*, les *Chinetochilina*, les *Apionidina*, les *Tapinia*, les *Trachelina*, les *Oxytrichina*, les *Cobalina*, les *Euplotina* et les *Colepina*.

Le troisième groupe des *Metabolica* est constitué par des êtres contractiles et dont les mouvements font changer la forme du corps. Ce groupe ne renferme que la famille des *Ophryocercina*.

Cette manière de diviser les Infusoires a de prime abord quelque chose qui semble séduisant, bien que les caractères sur lesquels Perty s'appuie soient tout à fait artificiels, mais cette méthode ne supporte pas un examen rigoureux, et de plus a l'inconvénient de rompre les affinités qui existent entre différents genres. Claparède et Lachmann qui en font la critique ont, avec raison, remarqué que le premier groupe, qui est le plus naturel, ne devrait pas contenir les Spirostomes qui n'ont aucune affinité avec les Vorticellides et doivent en être complétement éloignés, mais non pas être réunis aux Stentors, ainsi que le font les auteurs que nous venons de citer.

Le groupe des Monima, outre qu'il renferme certaines familles constituées par des genres douteux et qu'on ne peut que très-diffici-

lement rapporter à des espèces connues, a encore l'inconvénient de
posséder des Infusoires éminemment contractiles, qui peuvent
changer de forme par suite de leur mouvement et qui par conséquent ne devraient pas se rencontrer dans cette catégorie. La famille
des *Trachelina* en est un exemple, et devrait plutôt être rapportée au
dernier groupe des *Metabolica*, qui correspond aux *Ophryscercina*
d'Ehrenberg et dont le caractère principal est l'excessive contractilité
du corps qui a pour résultat de pouvoir le plier en tous sens et même
d'en modifier la forme générale.

Cette modification apportée à la forme générale du corps est un
caractère qui ne peut être négligé, mais qui ne doit pas, dans une classification, occuper la place importante que Perty lui donne.

Quelques années après l'apparition de l'ouvrage de Perty, Claparède et Lachmann publièrent à Genève (1858-1859) un travail important sur les Infusoires et les Rhizopodes, dans lequel ils proposent
une nouvelle classification que nous allons examiner. Ils rejettent
d'abord, avec raison, de la classe des Infusoires, les Diatomées et les
Desmidiées qui appartiennent au règne végétal; mais ils poussent trop
loin l'analogie en associant à cette proscription les êtres classés dans
le genre *Vibrio*, *Spirillum*, *Monas*, *Volvox*, *Thécamonas*, etc., etc.,
dont les affinités avec les Infusoires flagellés ne sont pas douteuses.
Puis ils annoncent qu'ils séparent aussi des Infusoires tous les Rhizopodes dont ils veulent avec raison faire une classe à part. Mais au
moment même où ils émettent cette affirmation, ils divisent les
Microzoaires en quatre tribus : les *Ciliata*, les *Suctoria*, les *Cilio-
flagellata*, et les *Flagellata*. Or, par une contradiction difficile à
expliquer, la seconde tribu, les *Suctoria*, est complétement et exclu-
sivement composée de Rhizopodes appartenant en grande partie à la
famille des Acinétiniens. On ne peut réellement se rendre compte
de l'idée qui a présidé à cette réunion des Infusoires et des Rhizopo-

des dans une même classe, à moins que les auteurs n'aient ainsi voulu justifier le titre de leur ouvrage (1). Il eût été, dans ce cas, plus conforme aux règles de l'histoire naturelle de faire successivement l'histoire des deux classes si distinctes de ces animacules, que d'intercaler, parmi les Microzoaires proprement dits, une infime section de la grande division des Rhizopodes ou Foraminifères.

Les Ciliata de Claparède et Lachmann, qui correspondent à peu près aux quatrième et cinquième ordres de Dujardin, sont divisés en dix familles : première, *Vorticellina*; deuxième, *Urocentrina*; troisième, *Oxytrichina*; quatrième, *Tintinnodea*; cinquième, *Bursaria*; sixième, *Colpodea*; septième, *Dysterina*; huitième, *Trachelina*; neuvième, *Colepina*; dixième, *Halterina*.

Les Vorticellina sont divisées en onze genres, renfermés dans trois sous-familles. La première sous-famille, très-naturelle, renferme les Vorticellines qui sont supportées par un pédoncule ou adhérentes par la base, sans être renfermées dans un étui quelconque ; ce sont les genres *Vorticella, Carchesium, Zoothamnium, Epistylis, Scyphidia* et *Gerda*.

La deuxième sous-famille, aussi bien comprise que la première, est composée de Vorticellines renfermées dans une coque ou étui membraneux ; elle renferme les genres *Ophrydium, Cothurnia, Vaginicola* et *Lagenophrys*.

La troisième sous-famille est constituée par un seul genre, *Trichodina*, qui renferme des Vorticellines libres.

Si les sous-familles que nous venons de citer sont constituées sur des bases naturelles, on est étonné que Claparède et Lachmann aient retiré de la deuxième sous-famille le genre *Tintinnus* pour en faire le type de la famille *Tintinnodea*, sous prétexte que les *Tintinnus*

______

(1) Études sur les Infusoires et les Rhizopodes.

sont entièrement ciliés, tandis que les Ophrydines ont le corps glabre. Or, nous ne voyons pas pourquoi ces auteurs attachent tant d'importance à la présence ou à l'absence des cils qui couvrent la surface
des Infusoires, alors surtout que ces cils ne jouent ici qu'un rôle tout à
fait secondaire, les *Tintinnus* comme les Ophrydines étant des animalcules souvent adhérents et fixés. Il est une partie de l'organisation
des Vorticellines qui est certainement beaucoup plus importante, et
qui est commune à tous les êtres que nous réunirons dans les Vorticelliens, nous voulons parler du disque vibratile, qui se trouve placé
au sommet de l'animal, organe qui porte à la fois la bouche et l'anus
et qui, sous l'influence d'une contraction énergique, peut entièrement rentrer dans l'intérieur de l'animal, dont le sommet se referme
sur lui comme les bords d'une bourse. — Nous ferons la même
réflexion pour le genre *Freia* qui doit aussi rentrer dans la famille
du *Vaginicoliens* (*Ophrydina*, Clap. et Lachm.), et pour le genre, moins
bien établi, *Spirochona*, qui doit trouver sa place dans la famille des
Vorticelliens.

Nous venons de voir que la troisième sous-famille ne renferme
que le genre *Trichodina*; les auteurs que nous venons de citer ont
en effet retiré de cette famille les *Stentor* qui sont bien des Vorticelliens libres, pouvant comme les Trichodines se fixer par la base,
et, comme elles, essentiellement nageurs. Négligeant le caractère
important des Vorticellides, c'est-à-dire la présence du disque vibratile que nous venons d'indiquer comme caractéristique de ce premier sous-ordre des Infusoires, Claparède et Lachmann ont cru
devoir rejeter le Stentor jusque dans la cinquième famille des Bursariens et les réunir à des genres qui n'ont avec eux aucune affinité : les Leucophrys, les Chœtospires, les Plagiostomes, les Bursaires, etc., etc. Ils se fondent, pour opérer cette réunion, sur ce que
la spire buccale se montre chez les Stentors dirigée dans un autre
sens que chez les Vorticelliens; ils négligent donc, comme nous

l'avons dit, le caractère le plus important pour s'attacher à un accident insignifiant, car cette spire buccale très-développée chez les Stentors, les Leucophrys et les Spirostomes, devient à peu près nulle chez les *Lambadium*, les *Metopus*, les *Frontonia*, les *Ophryoglena*, etc., qui se trouvent on ne sait pourquoi accolés aux Stentors dans la même famille.

Ils ont aussi éloigné de la troisième famille des *Trichodina* le genre *Urocentrum* pour en former la famille *Urocentrina*. Or, le genre *Urocentrum* est encore assez mal connu, mais ce que l'on en sait suffit pour le rapprocher des Vorticellides libres, car, comme celles-ci, il possède un disque vibratile susceptible de se retirer par contraction dans l'intérieur du corps de l'animal. — Comme appendice aux Vorticellines, Claparède et Lachemann indiquent un genre nouveau, *Trichodinopsis*, constitué par un seul animal, qui a assez d'affinités avec les Trichodines, et qui vit en parasite dans l'intestin du *Cyclostoma elegans*; nous aurons à revenir plus tard sur les caractères que peuvent réunir les différents genres dont nous composerons notre famille des Stentoriens.

Nous voyons donc, par les remarques que nous venons de faire, que les *Vorticellina*, *Urocentrina*, *Tintinnodea*, et quelques autres genres disséminés dans d'autres familles doivent constituer un seul sous-ordre auquel nous donnerons le nom de Vorticellides.

La famille des Oxytrichina est bien constituée et très-naturelle; elle renferme tous les *Ciliata*, qui sont organisés à la fois pour la marche et la natation. Les sept genres *Oxytricha, Stichochæta Stylonychia, Euplota, Schizopus, Campylopus* et *Aspidisca* renferment des Infusoires qui sont munis de cirrhes, de cornicules ou de styles, organes spéciaux à ces animacules et qui servent plus à la marche qu'à la natation. Le premier genre, *Oxytricha*, devra seul être scindé en deux genres, car il renferme à la fois des espèces qui ont pour organes de locomotion des pieds-cirrhes seulement, et d'autres qui outre ces appendices possèdent encore des cornicules (1). Ces derniers composeront le genre *Kerona* qui a été rejeté du système par Claparède et Lachmann.

La cinquième famille, Bursarina, et la sixième, Colpodina, sont bien moins heureusement constituées. Les caractères sur lesquels elles ont été établies ne sont pas assez nets, ni suffisamment distincts pour autoriser les séparations des êtres qu'elles renferment en deux familles. Au reste les auteurs qui les ont créés sont obligés eux-mêmes de reconnaître qu'il existe un lien, une grande affinité entre tous ces Infusoires.

Les Bursarina renferment treize genres : premier, *Chœtospira*, qui appartient aux Paramécides contractiles; deuxième, *Freia*; troisième, *Stentor*; ces deux genres doivent, comme nous l'avons vu, être rapportés à la famille des Vorticellides; quatrième, *Leucophrys*; cinquième, *Spirostomum*; sixième, *Plagiostoma*; septième, *Kondylostoma*; huitième, *Balantidium*; neuvième, *Lambadium*; dixième, *Metopus*; onzième, *Frontonia*; douzième, *Bursaria*; et treizième, *Ophryoglena*.

Tous les genres que nous venons de citer devraient avoir, d'après les auteurs qui les ont réunis, pour caractères communs une bouche très-large à œsophage béant, garnie d'une spire buccale *lœotrope* que ne possèdent pas les Kolpodiens. Malheureusement, ce caractère manque dans une grande partie des êtres qui composent les genres des Bursariens et se retrouve au contraire chez d'autres qui appartiennent à la famille des Colpodiens. Il y a donc ici une sélection à opérer, non pas pour former deux familles, mais seulement des sous-familles d'un même groupe.

Les Colpodina renferment les genres *Paramecium*, *Colpoda*, *Cyclidium*, *Pleuronema* et *Glaucoma*. Ce dernier genre n'a aucun

_____

(1) Voyez, 1re partie, pages 18 et suivantes.

rapport avec les genres qui précèdent, comme nous le verrons en étudiant les espèces qu'il renferme, et le genre *Pleuronema* a plus d'affinité avec les Bursariens qu'avec les Colpodiens.

La septième famille, Dysterina, est très-naturelle et parfaitement établie ; elle renferme les genres *Iduna*, *Dysteria*, *Œgyra* et *Huxleya* qui ont pour caractère commun de posséder un œsophage cylindrique, généralement coudé, formé d'une substance résistante et présentant au sommet un bord rentrant. Toutes ces espèces possèdent en outre un pied de forme particulière, avec lequel ces Infusoires peuvent adhérer aux corps étrangers et sur lequel ils peuvent pivoter dans une certaine étendue. — Nous regrettons seulement que Claparède et Lachmann aient remplacé le nom d'*Ervilia*, créé par Dujardin, par celui de *Dysteria* proposé par Huxley (1), et qui est d'une origine postérieure ; les lois de la priorité ne permettent pas de semblables substitutions.

La huitième famille, Trachelina, eût été parfaitement naturelle, si Claparède et Lachmann, s'inspirant de l'idée qu'avait eue Perty, mais qu'il a si mal rendue, de réunir tous les Infusoires à corps contractile, avaient éloigné de ceux-ci des êtres qui leur sont complétement étrangers. En effet, les genres *Lacrymaria*, *Phialina*, *Trachelophyllum*, *Amphileptus*, etc., renfermant des êtres qui ont la propriété, en se contractant ou en repliant leur corps, de lui faire changer momentanément sa forme, sont les seuls Infusoires parmi les Paramécides qui possèdent cette singulière faculté ; il faut encore ajouter à ces Trachéliens de Claparède et Lachmann les Spirostomes que nous avons vu figurer dans une autre famille, ainsi que les Kondylostomes et les Chœtospires. Ainsi constituée, la famille des Trachéliens renfermerait des genres très-voisins par cette propriété commune de se contracter, mais les auteurs que nous étudions

(1) On dysteria : a new genus of Infusoria. 1857.

ont cru devoir y joindre d'autres Infusoires tels que les *Enchelys*, et les *Holophrya* qui ont beaucoup plus d'affinité avec les Paraméciens proprement dits. Outre ces genres, les Trachéliens de Claparède et Lachmann renferment encore des animalcules très-éloignés des vrais Trachéliens contractiles et qui de plus ont un caractère commun qui n'a frappé aucun auteur, et qui depuis longtemps aurait dû les faire réunir en une seule famille : nous voulons parler de cet organe spécial aux Nassuliens, qui est formé d'un tube œsophagien constitué par une série de baguettes en forme de nasse, et qui a la propriété de se dilater pour admettre des proies relativement très-considérables. En étudiant la famille que nous composerons avec les genres dont nous parlons, nous ferons ressortir la valeur du caractère tiré de la bouche et de l'œsophage en nasse qui se rencontrent dans les genres *Prorodon*, *Chilodon*, *Clamidodon*, *Encheliodon*, *Nassula* et *Tricopus* qui composeront la famille des Nassuliens, et que Claparède et Lachmann ont à tort confondus avec les Trachéliens.

La neuvième famille, Colepina, est formée avec le genre de *Coleps*, et la dixième, Halterina, avec les deux genres *Halteria* et *Strombodium*. Nous aurons plus tard occasion, dans notre nouvelle classification, de revenir sur la valeur de ces deux familles qui terminent le premier ordre des *Ciliata*.

Le second ordre des Suctoria ou Infusoires suçeurs appartient, comme nous l'avons déjà dit, tout entier à la classe des Rhizopodes et ne doit en aucune façon trouver place dans l'histoire des Microzoaires ou Infusoires proprement dits.

Le troisième ordre, celui des Cilio-Flagellata renferme des Infusoires qui, outre le flagellum, possèdent des cils dont le mouvement sert à la progression, mais qui jamais ne déterminent dans le liquide un tourbillon ayant pour résultat d'attirer à la bouche les particules qui sont en suspension dans l'eau. Le flagellum seul est appelé à remplir ce but.

Les Cilio-Flagellata ne renferment qu'une seule famille, les Péridiniens, qui se subdivisent en cinq genres, suivant la place qu'occupe le sillon transversal cilié, ou suivant que les cils existent sans ce sillon. Ces sont les suivants : *Ceratium*, *Peridinium*, *Dinophysis*, *Amphidinium* et *Prorocentrum*. Cette division est assez bien établie pour pouvoir être conservée intégralement.

Le quatrième ordre, les Flagellés, est indiqué par Claparède et Lachmann ; mais à la fin du premier volume, ainsi que dans le second mémoire, il n'en est plus question que dans des considérations générales, et leur classification manque complétement.

Deux ou trois ans après la publication de l'ouvrage de Claparède et Lachmann, parut en Angleterre un volume assez considérable sur les êtres microscopiques, par Andrew Pritchard, Esq. — Cet ouvrage, qui est un recueil de presque tout ce qui a été publié, avant 1861, sur ce sujet, renferme l'histoire de tous les microscopiques depuis les Algues jusqu'aux Rotifères et aux Tardigrades inclusivement. La première partie est consacrée à l'étude générale et anatomique de ces êtres et la seconde renferme leur classification et leur description.

Il divise les microscopiques en cinq groupes : le premier renferme les êtres qu'il nomme Phytozoa; le deuxième, les Protozoa ; le troisième, les Rotatoria; le quatrième, les Tardigrada, et le cinquième, les Bacillaria. Ce dernier groupe qui se trouve placé dans la première partie, plus naturellement en première ligne, ne renferme que des végétaux : les Desmidiées, les Pédiastrées et les Diatomées.

Le groupe des Phytozoa comprend sept familles : première, *Monadina*; deuxième, *Hydromorina*; troisième, *Cryptomonadina*; quatrième, *Volvocina* ; cinquième, *Vibriona*; sixième, *Astasiæa* ou *Euglenæa*, et septième *Dinobryina;* — Pritchard suit pour ce groupe presque exactement la classification proposée par Dujardin.

Le second groupe, les Protozoa, est divisé en deux sous-groupes :
le premier sous-groupe, Rhizopoda, renferme les familles des *Amœbœa*,
Arcellina, *Actinophryina* et *Acinetina*, qui sont presques exclusive-
ment formées aux dépens des Rihzopodes et n'ont rien à avoir avec
les Infusoires proprement dits.

Le second sous-groupe, les Ciliata, est subdivisé en deux tribus :
les Astoma qui contiennent les *Opalinœa*, les *Cyclidina* et les *Peridinœa*, et les Stomatoda qui renferment tout le reste des Infusoires.

Les troisième et quatrième groupe, des *Rotatoria* et des *Tardigrada* sont constitués par des animaux qui n'ont aucun rapport avec
les Microzoaires et ne doivent par conséquent pas nous occuper ici.

Dans le cours de son ouvrage, Pritchard revient sur la classification
qui se trouve en tête de son volume, et la tribu des Astoma ne renferme plus que la famille des Opalinæa, pendant qu'il place dans les
Stomatoda les *Peridinœa* et les *Cyclidina* avec le reste des Infusoires.

Nous avons déjà dit plus haut ce que nous pensions des êtres parasites qui sont connus sous le nom d'Opalines, et nous avons donné les
raisons qui nous ont amené à les rejeter de la classe des Infusoires.
Il ne reste donc plus en réalité dans le second groupe des *Ciliata* que
la tribu des *Stomatoda*, qui, outre les Cyclidines et les Péridiniens,
comprend les familles des *Vorticellina, Ophrydina, Vaginifera, Enchelia, Colepina, Trachelina, Oprhyocercina, Aspidiscina, Colpodea,
Oxytrichina* et *Euplotina*.

Pritchard se sert principalement de la classification d'Ehrenberg pour établir ses genres, cependant il emploie aussi le système
de Dujardin, comme il l'a déjà fait pour ses *Phytozoa*.

Il divise ses Péridiniens suivant qu'ils présentent une enveloppe
lisse ou garnie de pointes et d'après la présence ou l'absence de
tache oculaire. Il admet pour cette famille les genres *Chœtotyphla,
Chœtoglena, Peridinium* et *Glen odinium*. — Ses Cyclidines qui com-

prennent les genres *Cyclidium*, *Pantotrichum* et *Chætomonas* nous paraissent devoir rentrer dans la famille des *Enchéliens*.

La famille des Vorticellines est divisée en deux groupes : le premier renferme les Vorticellines libres et sans pédicule; ce sont les *Stentor*, *Trichodina* et *Urocentrum*. — Le second groupe est formé par des Vorticellines adhérentes et pédicellées et contient les genres *Vorticella*, *Carchesium*, *Epistylis*, *Opercularia* et *Zoothamnium*.

On voit que cette famille est assez naturelle, mais il est à regretter que Pritchard n'ait pas mis dans un groupe à part les Stentoriens et qu'il ait éloigné des Vorticellines la famille suivante.

Les *Ophrydina* ou *Vaginifera* renferment des Infusoires contenus dans une coque. On y trouve les genres *Ophrydium*, *Tintinnus*, *Vaginicola* et *Cothurnia*. — C'est avec raison que Pritchard n'a pas tenu compte des cils qui couvrent le tégument des *Stentor* et des *Tintinnus*, et que, se basant sur des caractères plus essentiels, il les laisse dans les familles que nous venons de citer et d'où Claparède et Lachmann les avaient enlevés. Pritchard ajoute à cette dernière famille le genre *Lagenophrys* de Stein et le genre *Lagotia* de Wright, dont nous aurons plus tard à discuter la valeur.

La famille *Enchelia* est des plus mal composées ; on y reconnaît des Rhizopodes, *Actinophrys*, *Padophrya*, etc., des Infusoires dentés *Prorodon*, et contractiles *Lacrymaria*. Les seuls genres qu'on peut y laisser sont les *Enchelys*, *Leucophrys* et *Holophrya*.

À la suite de cette famille Pritchard cite un grand nombre de genres tirés de différents auteurs : *Spatidium*, *Aconia*, *Gastrochæta*, *Alycum Uronema*, de Dujardin ; *Holrodon*, *Acropisthium*, *Bæonidium*, *Opisthiotricha*, *Siagontherium*, *Megatricha*, *Ptyxidium*, *Colobidium* et *Apionidium* de Perty, qui sont formés pour des espèces très-douteuses et surtout très-mal figurées.

La famille *Colepina* ne renferme, à l'instar de tous les auteurs, que le genre *Coleps*.

Les *Trachelina* comprennent comme les *Enchelina* des Infusoires qui n'ont entre eux que peu ou point d'affinité. On y remarque avec les *Trachelius*, les *Loxodes*, les *Spirostomum* et les *Phialina*, les Bursaires, les Glaucomes, les Chilodons et les Nassules, qui appartiennent à des familles différentes. Ce groupement d'êtres aussi éloignés entre eux provient de la méthode empruntée à Ehrenberg, et d'après laquelle on classe les Microzoaires suivant la position de la bouche et de l'anus, alors que la situation de ce dernier est encore dans bien des cas très-problématique.

Cette famille est, comme celle des Enchéliens, suivie d'une liste assez longue de genres tirés de divers auteurs : les *Liosiphon* (Ehr.), *Plagiostoma* (Duj.), *Kondylostoma* (Duj.), *Panophrys* (Duj.), *Blepharisma* (Perty), *Acineria* (Duj.), *Pelicida* (Duj.), *Lembadion* (Perty), *Harmodirus* (Perty), *Cinetochylum* (Perty) et *Cyclogramma* (Perty).

La famille *Ophryocercina* est fondée, on ne sait trop pourquoi, pour le seul genre *Trachelocerca*, qui est lui-même établi d'après les espèces *Lacrymaria olor* et *Viridis* (Dujardin), *Vibrio sagitta* (Muller) et un Infusoire très-douteux, *Trachelocerca biceps*.

Les Colpodiens sont formés de genres aussi malheureusement réunis : ce sont les Colpodes et les Paramécies, en contact avec les Amphileptes, les Uroleptes et les Ophryoglènes. Pritchard y ajoute ensuite les *Dileptus*, *Loxophyllum* et *Pleuroneria* de Dujardin et les *Glostoma* de Carter.

La famille des OXYTRICHINA est bien composée et très-naturelle : elle comprend tous les Infusoires marcheurs : les *Oxytricha*, *Kerona*, *Urostyla*, *Stylonychia* et *Ceratidium*. Cette famille eût été plus complète si Pritchard y eût ajouté les genres qui composent la famille des *Euplotina*. Cette dernière renferme le genre *Clamidodon* qui appartient aux Paramécides dentés, et Pritchard ajoute à ses Oxytrichiens les *Halteria* qui en sont très-éloignés et les genres *Stichotricha* et *Mitophora* de Perty, qui sont extrêmement douteux.

La famille des EUPLOTINA de Pritchard, renferme les genres *Discoce-phalus*, *Himanthophorus*, *Clamidodon* et *Euplotes*. Les deux premiers genres et le quatrième nous semblent devoir faire double emploi avec les genres *Plœsconia*, *Diophrys* et *Coccudina*, de Dujardin, que Pritchard cite à la suite de cette dernière famille des *Ciliata*. — Quant au genre *Clamidodon*, il appartient, comme nous le verrons bientôt, à une tout autre famille.

A la suite des *Ciliata*, Pritchard commence la description des *Rotatoria*, des *Brachionœa* et des *Tardigrada*, qui n'ont aucun rapport avec les Infusoires vrais et termine son ouvrage par l'étude des *Bacillaria* qui ne renferment que des végétaux.

Pritchard, comme on vient de le voir, a suivi exactement le système d'Ehrenberg, qu'il a en outre surchargé de toutes les familles, les genres et les espèces des auteurs qui l'ont suivi, et a composé ainsi un assemblage informe, résultat d'une vaste compilation, qui n'a rien de méthodique et ne peut être considéré comme un travail sérieux de classification.

L'ouvrage de Claparède et Lachmann que nous avons analysé avant celui de Pritchard, malgré toutes les imperfections qu'il renferme, est évidemment le progrès le plus grand qui ait été fait en microzoologie dans ces dernières années. Claparède et Lachmann commencent par éliminer de la classe des Infusoires tout ce qui a rapport aux Systolides ou Rotateurs, aux Icththydies, aux Brachions et aux Tardigrades. Ils rejettent également les êtres qui doivent rentrer dans le règne végétal, les Desmidiées, les Pédiastrées et les Diatomées ; mais ils vont trop loin en assimilant aux Algues microscopiques une grande partie des Infusoires flagellés et toute la famille des Vibrioniens. Le reproche le plus sérieux qu'on peut adresser au travail de ces auteurs, est de n'avoir pas séparé complétement les Rhizopodes des Infusoires et d'avoir placé, entre les Infusoires ciliés ou à tourbillon, et les Infusoires flagellés ou oscillants, toute une section de la

classe des Rhizopodes à laquelle ils ont donné le nom d'*Infusoires
suceurs*. Nous avons indiqué plus haut les différences qui existent
entre les Rhizopodes et les Infusoires vrais, nous aurons encore probablement à revenir sur ce sujet, et, quant aux imperfections que nous
avons à signaler dans la classification de ces auteurs et dans la manière dont ils ont voulu grouper les genres, nous les relèverons en
donnant les raisons que nous dirigerons dans l'établissement de notre
nouvelle classification.

III

Toutes les classifications qui, depuis Müller jusqu'en ces derniers
temps, ont été proposées pour la classe des Infusoires proprement dits
sont loin, comme nous venons de le voir, de répondre aux exigences
d'une méthode naturelle et des progrès de la science en microzoologie. Tous les auteurs, sans exception, qui nous ont précédé, n'ont
pas su éliminer complétement de la classe des Microzoaires, les êtres
qui appartiennent à des classes voisines ou éloignées, et souvent ont
rejeté dans le règne végétal des animaux dont les affinités avec les
Infusoires ne sauraient plus être contestées.

Nous croyons devoir proposer une classification nouvelle des
Microzoaires ou Infusoires proprement dits, basée sur l'étude anatomo-
physiologique des organes les plus importants, et qui, tout en s'ap-
puyant sur les caractères les plus naturels tirés de la suprématie des
fonctions, aura encore l'avantage de faciliter les recherches et le clas-
sement de ces petits êtres dont la distribution en familles et en genres
est restée jusqu'à ce jour une des grandes difficultés de cette étude.

Lorsqu'on examine la manière d'être des Infusoires, on est tout
d'abord frappé de la différence qui existe entre eux, au point de vue
des mouvements qu'ils exécutent. Les uns nagent avec une grande

rapidité quand ils sont libres, et. s'ils sont fixés. occasionnent dans l'eau un mouvement de tourbillon énergique. qui met au loin en mouvement les particules en suspension dans le liquide ; les autres nagent plus lentement. ont un mouvement de rotation sur eux-mêmes quand ils sont agrégés. ou de dandinement s'ils sont isolés. mais ils n'occasionnent jamais dans le liquide ce tourbillon remarquable que nous avons constaté chez les premiers. Cette différence dans la manière de se comporter des Infusoires ne correspond pas seulement à leur mode de progression. mais elle est intimement liée à l'exécution d'une des plus importantes fonctions. nous voulons parler de la Nutrition.

Nous avons dit. plus haut. en décrivant les différents organes des Infusoires que certains appendices qui sont des organes locomoteurs. servent en même temps à la nutrition en attirant à la bouche des Microzoaires les particules contenues dans le liquide ambiant. Chez les Infusoires les plus développés, les appendices sont généralement représentés par des cirrhes (1) qui possèdent une grande puissance de vibrations et que nous avons appelés cirrhes buccaux. Ces cirrhes placés en séries droite, oblique, ou courbe, occasionnent dans le liquide. par leur vibration, un mouvement tourbillonnant qui rappelle celui provoqué par les cils vibratiles des Systolides. et amènent à la bouche des Infusoires les particules nutritives en suspension dans l'eau. Chez quelques Microzoaires, les cirrhes buccaux semblent manquer et le tourbillonnement du liquide est alors occasionné. soit par la vibration d'une lèvre placée à l'origine de la bouche, comme on le voit chez les Glaucomes. soit par les cils plus développés qui se trouvent dans le voisinage de la bouche. comme on le remarque chez les Infusoires dentés. Cette propriété de déterminer dans le liquide un tourbillon énergique, ayant pour but d'attirer les particules nutritives et étant le premier acte de la nutrition, est com-

(1) Voyez premier fascicule, p. 17.

mune à un très-grand nombre de Microzoaires que nous avons réunis dans notre premier ordre sous le nom de *Microzoa vorticosa*, ou Microzoaires à tourbillon.

Les auteurs qui nous ont précédé, sans s'appuyer sur la manière dont s'exécute le premier acte de l'importante fonction de la nutrition, ont aussi séparé ces mêmes Infusoires des autres, parce qu'ils étaient plus ou moins couverts de cils vibratiles, et les ont groupés sous le nom d'Infusoires ciliés, *Infusoria ciliata*, appellation fausse dans bien des cas, puisque certains Infusoires de cet ordre n'ont, comme les Vorticelles par exemple, aucun cil sur leurs téguments et possèdent seulement des cirrhes buccaux. La présence seule des cils n'offrirait pas un caractère sérieux, si elle n'était pas liée le plus ordinairement au premier acte de la nutrition ; elle deviendrait même dans certains cas, chez les Péridiniens, par exemple, un caractère dangereux, car chez ces animaux on constate la présence de cils qui servent à la locomotion et qui n'ont aucun rapport avec la fonction de nutrition.

Le reste des Infusoires que nous plaçons dans notre second ordre, *Microzoa natantia* ou Infusoires oscillants, est entièrement privé de cirrhes buccaux ou de cils vibratiles pouvant les remplacer. Ils peuvent bien aussi, dans le plus grand nombre de cas, attirer à leur bouche les particules étrangères en suspension dans l'eau, mais cette fonction s'exécute au moyen d'une longue soie que nous avons décrite sous le nom de *flagellum* (1) et dont les mouvements lents ou rapides déterminent dans le liquide une espèce de remous, qui suffit pour rapprocher de l'orifice buccal, ordinairement très-peu développé, les particules nutritives ou le liquide qui doit servir à la nutrition, mais jamais ils ne peuvent occasionner dans l'eau qui les baigne ces mouvements tourbillonnants énergiques qui distinguent les Infusoires de notre premier ordre.

(1) Premier fascicule, p. 21.

Nous divisons donc la classe des Infusoires proprement dits en deux ordres :

1°. Les Infusoires a tourbillon (*Microzoa verticosa*).

2°. Les Infusoires oscillants (*Microzoa nutantia*).

Le premier ordre correspond à peu près complétement aux *Infusoires ciliés*, et le second aux *Infusoires cilio-flagellés* et *flagellés* des autres auteurs.

ORDRE PREMIER

MICROZOAIRES A TOURBELLON (*MICROZOA VORTICOSA*).

Les Infusoires qui composent notre premier ordre sont, comme nous l'avons dit plus haut, munis d'appareil vibratile déterminant dans le liquide ambiant un tourbillon plus ou moins énergique, et ayant pour résultat de faire pénétrer dans la bouche des Microzoaires, les particules en suspension dans l'eau et qui doivent servir à leur nutrition. Cette propriété d'agiter ainsi le liquide n'est pas portée au même degré d'énergie chez tous les Microzoaires de notre premier ordre ; si, chez certains Infusoires, elle est douée d'une grande puissance et étend au loin la sphère de son action, chez d'autres, et surtout chez ceux ou les cirrhes buccaux sont remplacés par des cils vibratiles plus développés que ceux du reste de la surface, son action est moins étendue et en rapport avec la nature de l'orifice buccal. Claparède et Lachmann ont divisé les Infusoires ciliés en deux groupes, suivant qu'ils possèdent un œsophage cilié et non dilatable, ou un œsophage non cilié et très-dilatable. Ils pensent que ces derniers saisissent leur proie à l'aide de lèvres et d'un appareil dégluteur particulier, et que par conséquent le tourbillon qui, chez les premiers est nécessaire à l'acte de sa nutrition, est à peu près inutile chez les seconds. Nos propres observations, concordant avec celles de Lieberkuhn, nous ont constamment démontré le contraire, et nous avons toujours vu, chez

les Infusoires à œsophage cilié, comme chez ceux qui ont un œsophage nu, le mouvement des cils ou des cirrhes amener à la bouche
les corps étrangers, même volumineux qui devaient être absorbés par
les Microzoaires.

Notre premier ordre se divise en deux sous-ordres qui présentent
des caractères bien tranchés. Une partie de nos Infusoires à tourbillon
possèdent au sommet du corps un organe plane, bombé ou concave,
entouré de cirrhes bien développés et auquel on a donné le nom de
disque vibratile. La forme la plus ordinaire de ces Microzoaires est allongée et campanulée : le corps est atténué à l'extrémité inférieure et
évasé au sommet. Lorsque l'animal est entièrement dilaté et qu'il
veut attirer à lui les particules nutritives, il présente à son sommet
un évasement recouvert par une membrane sur les bords de laquelle
se trouvent placées les rangées de cirrhes qui occasionnent le tourbillon
dans le liquide. Ces rangées de cirrhes aboutissent, en se contournant,
à l'orifice buccal qui est suivi d'un œsophage plus ou moins garni de
cils. L'orifice anal peut se trouver placé comme la bouche sur le
disque vibratile, mais, dans quelques cas, il s'ouvre non loin sur une
des parois externes de l'animal.

Mais ce qui caractérise plus particulièrement les Infusoires de
notre premier sous-ordre, c'est le pouvoir qu'ils ont de contracter
leur sommet évasé, comme le ferait un sphincter, et de faire rentrer
dans l'intérieur du corps le disque vibratile dont nous avons parlé.
Cette particularité a fait rapprocher ces Infusoires des Systolides qui
ont aussi le pouvoir de contracter leur sommet vibratile et de le faire
rentrer dans l'intérieur de l'animal, mais là s'arrête la ressemblance,
et, comme nous l'avons déjà dit, il n'existe aucun rapport anatomique
entre les Infusoires vrais et les Rotateurs.

Le sommet cilié, le disque vibratile dont nous venons de parler, est
loin d'être identique chez tous les Infusoires de notre premier sous-
ordre, il diffère même d'une manière assez notable dans les différents

genres, et nous aurons à signaler ces différences quand nous donnerons la caractéristique des familles et des genres qui composent notre premier groupe.

Les Microzoaires à tourbillon sont donc divisés en deux sous-ordres :

Microzoaires à disque vibratile rétractile.. . . . . VORTICELLID.E.
Microzoaires sans disque vibratile rétractile. . . . . PARAMECID.E.

PREMIER SOUS-ORDRE

VORTICELLIDES (*Vorticellidæ*).

Les Vorticellides qui composent notre premier sous-ordre, se présentent sous trois états distincts : Les Vorticelliens sont fixés par la base ou portés sur un pédoncule rigide ou contractile. Les Vaginicoliens sont des Vorticellides qui habitent une coque qu'ils se sont sécrétée, et les Stentoriens sont libres et nageurs sans coque ni pédoncules.

Les Vorticellides se trouvent donc ainsi divisés en trois familles :

1. Vorticellides pédonculées ou fixées. . . . . I.   VORTICELLINA.
2. Vorticellides invaginées. . . . . II. VAGINICOLINA.
3. Vorticellides libres. . . . . III. STENTORINA.

1re *FAMILLE :* VORTICELLIENS (*Vorticellina*).

Les Infusoires que renferme la famille des Vorticelliens, ont tous une forme et une structure à peu près semblables. Le corps ressemble à une urne dont le sommet évasé a reçu le nom de Péristome. Ce péristome est éminemment contractile et peut, en se resserrant, fermer complétement le sommet de l'animal. Lorsque le péristome est dilaté, la partie supérieure de l'urne est fermée par un organe particulier qui a la forme d'un cône renversé. La base de ce cône ferme la partie supérieure de l'urne et son sommet descend dans l'intérieur du corps. On donne à la base de ce cône le nom de *disque* vibratile, et il se trouve séparé du péristome par un sillon assez profond où se trouve l'ouverture qui conduit à la bouche, et de là dans l'œsophage. Les cirrhes, qui déterminent le tourbillon intense que l'on remarque pendant leur vibration, sont placés sur le disque vibratile : ils commencent sur le côté droit, tournent autour et derrière le disque, et viennent se terminer en faisant plusieurs tours de spires dans l'ouverture buccale. On peut même considérer les cils qui se trouvent dans l'œsophage comme les derniers cirrhes de la spire supérieure. Cette rangée spirale de cirrhes, qui est implantée sur le disque vibratile, n'est pas la seule que l'on remarque chez les Vorticelliens ; les bords du péristome en sont aussi munis et ont des mouvements plus rares et plus saccadés que ceux qui sont sur le disque vibratile. Claparède et Lachman ne veulent pas qu'il existe de cirrhes implantés sur le péristome, ils pensent que les cils qu'on y aperçoit sont dus à des cirrhes du second tour de la spire buccale qui ont quitté le bord du disque pour descendre sur le flanc du pédoncule (*sic*). Nos observations nous ont toujours prouvé qu'outre les cirrhes buccaux il s'en trouvait sur les bords du péristome où ils se montrent surtout visibles sur les côtés, quand on examine un Vorticellien de profil.

Par suite de la contraction des fibres myosiques qui se trouvent placées verticalement entre le péristome et le disque vibratile, celui-ci peut rentrer complétement dans le corps de l'animal avec les cirrhes qui le surmontent, pendant que la contraction des fibres circulaires resserre le péristome en le fronçant, et ferme entièrement le sommet de l'Infusoire.

L'anus, chez les Vorticelliens, se trouve placé non loin de l'ouverture buccale, sur le disque lui-même, et dans le vestibule qui s'étend jusqu'à la bouche, on remarque une soie longue et presque toujours immobile, et qui paraît ne s'agiter qu'au moment de la sortie des fèces.

La vésicule contractile se montre sur la paroi du Vorticellien au-dessous du péristome et semble placée dans la région qui correspond à la courbure de l'œsophage. En réalité, elle se trouve immédiatement sous la cuticule qui est très-amincie en cette place.

Le nucléus est généralement bien développé et de forme rubanée, mais il varie suivant les genres et même suivant les espèces.

Tous les Vorticelliens sont fixés : les uns comme les *Vorticella*, les *Epistylis*, les *Carchesium*, sont portés sur des pédoncules rigides ou contractiles, simples ou rameux et dont nous avons étudié la structure dans la première partie de cet ouvrage (1). Les autres, comme les *Gerda* et les *Scyphydia* sont adhérents par leur base, soit immédiatement, soit au moyen d'une attache très-courte.

Nous ne reviendrons pas ici sur le mode de multiplication des Vorticelliens, ni sur leur vie errante quand ils sont momentanément à l'état libre, cette question ayant déjà été traitée dans le premier fascicule auquel nous renvoyons (2).

La famille des *Vorticelliens*, telle que nous la restreignons, comprend toutes les Vorticelles de Müller, une partie de la famille des Vorticelliens de Dujardin, de Claparède et Lachmann, et d'Ehrenberg, et correspond plus exactement aux Vorticelliens de Siebold et de Perty.

Voici les caractères principaux qui distinguent les genres de cette famille :

(1) Premier fascicule, p. 6 et 11.
(2)   *Id.*   *Id.*   p. 56 et suivantes.

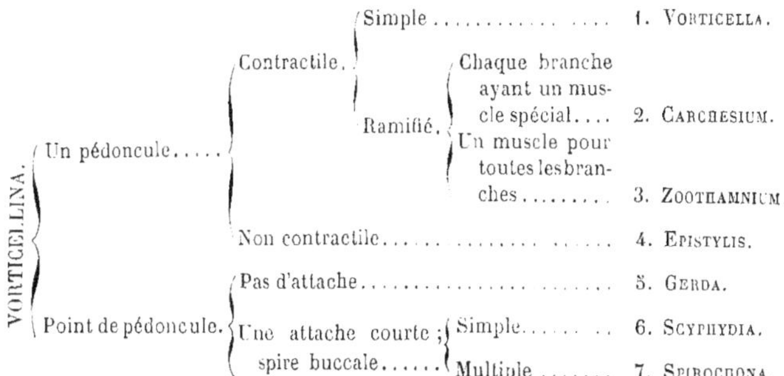

Les sept genres qui appartiennent aux Vorticelliens, composent une famille des plus naturelles et qui est acceptée par presque tous les Microzoologistes. Nous expliquerons plus loin les raisons qui nous ont amené à en retrancher les Vaginicoliens et les Stentoriens.

1ᵉʳ *GENRE :* VORTICELLA

(Pl. IV, fig. 5, 8, 9, 10, 11, 12, 13, 14, 23, 24. — Pl. V, fig. 1, 12. — Pl. VI, fig. 8, 12. — Pl. VII, fig. 1-17, 18-22. — Pl. IX, fig. 7 et 9.)

Le genre *Vorticella* est caractérisé par un pédoncule simple et éminemment contractile. La contraction du pédoncule se fait ordinairement en spirale ; mais dans quelques cas il se contracte en zig zag. Nous ne pensons pas que cette différence dans la contraction des pédoncules soit suffisante pour l'établissement d'un genre nouveau, quand surtout les autres caractères plus importants, tirés de la structure du corps lui-même, restent les mêmes. Toutes les espèces rameuses qui ont été placées par les auteurs dans le genre *Vorticella*, doivent être rapportées soit aux *Carchesium*, soit aux *Zoothamnium*.

2° *GENRE :* CARCHESIUM

(Pl. VI, fig. 1.)

Le genre *Carchesium* est formé de toutes les Vorticellines qui ont un pédoncule ramifié, mais dont chaque branche est munie d'un muscle particulier, qui permet à chaque individu de se contracter sans que les autres participent forcément à ce mouvement. Souvent un individu en se contractant, amène la contraction de ses voisins, mais ce mouvement est le résultat de la frayeur occasionnée par l'agitation du liquide. Cependant les premiers individus, ceux dont le muscle provient du rameau principal, peuvent en se contractant amener le retrait de la colonie tout entière, mais ce retrait ne s'effectue qu'à la base, et ne communique pas son action aux différentes branches de la colonie. L'espèce type du genre *Carchesium* est le C. *polypinum,* Ehrenberg.

3° *GENRE :* ZOOTHAMNIUM

Le genre *Zoothamnium* se distingue du précédent par la nature du pédoncule rameux dont le muscle se distribue dans tous les rameaux sans discontinuité, de telle façon que la contraction d'une partie de la colonie amène la contraction de tout l'ensemble. Les individus qui composent une même famille sont donc, au point de vue du mouvement, solidaires les uns des autres et participent tous plus ou moins à la contraction provoquée par l'un d'eux. — Ehrenberg, et plus tard Dujardin, font remarquer qu'il n'est pas rare de trouver chez les zoothamnium des individus plus développés que les autres, et conservant une forme arrondie. Ces auteurs expliquent ce fait par le résultat de la fissiparité et pensent que ces individus plus gros que les autres sont seuls appelés à se détacher et à aller fonder une autre colonie. Les recherches, qui plus tard seront dirigées dans ce sens, viendront décider cette question encore très-douteuse. Les principaux *Zoothamnium*

sont le *Z. arbuscula*, Ehr. — *Z. parasita*, Stein. — *Z. alternans*,
Clap. et Lach. etc.

4ᵉ *GENRE* : ÉPISTYLIS

(Pl. VI, fig. 4, 5, 6, 7. — Pl. VIII, fig. 5-16 et 17-19. — Pl. IX, fig. 3-6. — Pl. XI, fig. 1-5.)

Le genre *Epistylis* se distingue des genres précédents par un
pédoncule non contractile. Le genre *Opercularia*, créé par Goldfuss
puis remis en honneur par Ehrenberg, a été formé aux dépens des
Épistylis pour des espèces de grande taille chez lesquelles Ehrenberg
croyait reconnaître, comme chez les *Zoothamnium*, deux sortes d'individus. Les auteurs qui ont suivi Ehrenberg, n'ont pu, comme
nous, découvrir les gros individus dont parle le savant de Berlin, à
moins qu'il n'ait pris pour tels des acinètes que l'on rencontre fréquemment sur les tiges d'*Épistylis*. Quant à la saillie du sommet en
forme d'opercule, elle est commune à toutes les espèces et ne peut
être un caractère générique.

La multiplication chez les *Épistylis* se fait, comme chez les autres
Vorticelliens, par fissiparité, et chaque nouvel individu sécrète son
pédoncule. Celui-ci est composé d'une enveloppe corticale et d'une
cavité qui est probablement remplie d'une matière animale hyaline. Le pied du premier pédoncule est toujours étalé à son point
d'attache avec les corps étrangers et les rameaux paraissent séparés
du tronc par des diaphragmes qui interrompent la communication de
la cavité entre tous les rameaux.

Lorsqu'un *Épistylis* se contracte, son disque rentre dans l'intérieur, son péristome se resserre, et la base de l'individu se plisse
en descendant un peu le long du pédoncule inflexible, de manière à
recouvrir celui-ci sur une petite étendue, en l'invaginant. — Il n'est
pas rare de voir sur une colonie quelques individus, dont la base est
munie d'une couronne de cils vibratiles (1) : ceux-ci vont bientôt se

____

(1) Pl. VIII, fig. 7, 8, 9, 10, 11, 12, 13, 14, 15, 16.

détacher de leur pédoncule, s'élancer en liberté dans le liquide et plus tard se fixer sur un objet quelconque où ils deviendront la souche d'une nouvelle colonie.

L'espèce type de ce genre est l'*Epistylis plicatilis*, Ehren. Infus., p. 281, pl. XXVIII, fig. 1.

5ᵉ *GENRE* : GERDA

(Clap. et Lach. pl. II, fig. 5-8, p. 117.)

Le genre *Gerda* a été créé par Claparède et Lachmann pour une espèce cylindrique, allongée, ayant du reste les caractères des Vorticellides, mais ne présentant aucun point d'attache à sa base, bien qu'elle ait la propriété de se fixer aux corps étrangers. La seule espèce qu'ils rapportent à ce genre est la *G. glans*, et ils mettent indûment dans le genre *Scyphydia* des individus qui ont pour se fixer un bourrelet ou sphincter à la base, faisant fonction de ventouse. Nous pensons que les *Scyphydia limacina*, et *physarum*, Lachmann, présentent plutôt les caractères de la *Gerda*, et devront être retirés du genre *Scyphydia*, Duj., qui a été mal compris par Claparède et Lachmann.

6ᵉ *GENRE* : SCYPHYDIA

(Pl. IV, fig. 1 et pl. VIII, fig. 1-4.)

Dujardin en créant le genre *Scyphydia*, avait en vue des Vorticellides à corps allongé et fortement striés, dont la base est fixée aux corps étrangers par une attache arrondie et très-courtes et ne présentant pas la structure du pédoncule des Vorticelles ou des Epistylis. C'est à tort que Claparède et Lachmann ont rejeté les espèces décrites par Dujardin, comme étant de jeunes Vorticelles ou Épistylis, car les espèces de Scyphydies que nous connaissons n'ont aucun rapport avec les espèces des genres précédents et appartiennent bien à un genre spécial. — On se demande aussi pourquoi Lachmann, n'admettant pas le genre de Dujardin tel que ce dernier le décrit, s'en empare pour y placer d'autres animaux et en change complétement la caractéristique? Nous avons vu que les Scyphydies de Lachmann devaient plutôt rentrer dans le genre Gerda, à moins qu'on ne veuille pour ces deux espèces créer un genre nouveau.

Les espèces que nous décrirons plus loin sous le nom de Scyphydies, et qui ont été parfaitement observées, ne sont pas de jeunes Vorticelles ou autres, dont elles diffèrent par le tégument et le point d'attache, et correspondent probablement aux figures dessinées par Müller. pl. XLIV, figures 10 et 11. et décrites sous les noms de *Vorticella ringens* et *V. inclinans*.

7ᵉ *GENRE :* SPIROCHONA

Nous ne connaissons le genre *Spirochona*. créé par Stein. que par la description et la figure que cet auteur en donne. Le corps est fusiforme. et attaché par un pied arrondi et très-court. Le disque vibratile est plié en spire faisant au moins trois tours et garni de cils vibratiles.

C'est avec doute que nous avons placé le genre *Spirochona* dans les Vorticellides, les recherches futures feront connaître s'il est bien réellement à sa place. Pritchard cite les deux espèces suivantes : *S. gemmipara* (pl. XXX, fig. 17, 20) et *S. Scheutenii* (pl. XXX, fig. 27, 28).

IIᵉ *FAMILLE :* VAGINICOLIENS (*Vaginicolina*)

La famille des Vaginicoliens est formée par les Vorticellides contenus dans une coque résistante. et qui est probablement le résultat de leur sécrétion. Cette enveloppe qu'Ehrenberg appelle une cuirasse, est généralement mince, transparente, et protége l'animal dont le corps est ordinairement fixé par sa base au fond de cette loge. L'ouverture de la coque, par où le vorticellide peut faire sortir l'extrémité antérieure de son corps, est plus étroite que le reste et se prolonge souvent sous forme de goulot. Les Ophrydies n'ont pas de vraie coque, mais l'extrémité inférieure de leur corps se perd dans une masse gélatiniforme commune à toute la colonie.

Les Vaginicoliens ont le corps nu ou cilié : les premiers ont l'organisation des Vorticelliens, et le disque vibratile est à peu près identique à celui de ces derniers. Les Vaginicoliens ciliés ont au contraire le disque vibratile infundibuliforme, et le bord interne du péristome semble seul garni de cirrhes, ou du moins on ne peut pas bien apercevoir ceux qui conduisent à la bouche ni la position exacte de celle-ci. En traitant des genres, nous verrons quelles sont les raisons qui ont amené certains auteurs à rejeter les vaginicoles ciliés de la section des Vorticellides.

Notre famille des Vaginicoliens renferme les Ophrydiens d'Ehrenberg, une partie des Vorticelliens de Dujardin et de Claparède, et les Ophrydines de Pritchard augmentées du genre *Freia* (Clap. et Lach.).

Le tableau suivant donne les caractères principaux des genres que renferme la famille des Vaginicoliens.

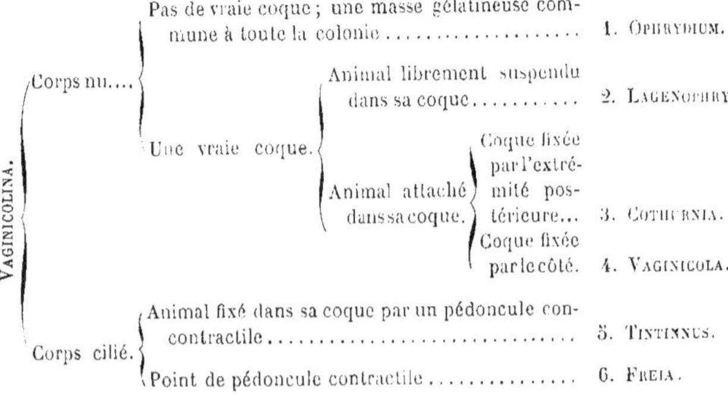

Ier *GENRE :* OPHRYDIUM

Le genre *Ophrydium*, que tous les auteurs ont placé dans la section des vorticellines cuirassées, est le seul de la famille des Vaginicoliens qui n'ait réellement pas de cuirasse, c'est-à-dire de gaîne protectrice. Les individus sont libres dans une grande étendue et ne peuvent, en se contractant, rentrer et se cacher dans la masse commune; seule, leur partie inférieure s'enfonce dans cette substance gélatineuse, et semble pénétrer jusqu'au centre. Cette partie inférieure paraît être un pédoncule non contractile qui finit par se confondre avec la masse commune sécrétée par la colonie.

Le seul représentant de ce genre est l'*Ophrydium versatile*, dont l'ensemble atteint quelquefois une grosseur considérable et qui a été bien étudié par Ehrenberg, Frantzius et Stein. (voy. les figures données par ces auteurs) (1).

2e *GENRE :* LAGENOPHRYS

Créé par Stein, le genre *Lagenophrys* a été établi pour des Vaginicoliens, qui ne sont point fixés au fond de la coque, mais qui sont librement suspendus au bord de l'ouverture de celle-ci. Ce caractère les distingue des autres genres de cette famille, qui tous présentent des animalcules adhérents à la partie profonde de la coque.

L'espèce type. *L. Vaginicola*, a été, d'après Stein, décrite et figurée par Pritchard (pl. XXX, fig. 29-36.

3e *GENRE :* COTHURNIA

(Pl. IX, fig. 1 et 2. — Pl. X, fig. 12-17 et 20-26. — Pl. XI, fig. 7).
(Pl. X. fig. 1-11 et 27.)

Le genre *Cothurnia* a été établi par Ehrenberg pour des Vaginico-

(1) Stein, pl. IV, fig. 2. — Pritchard, pl. XXIII, fig. 5-6, etc.

liens dont la coque est adhérente aux corps étrangers par un pédicule plus ou moins développé, ce qui, pour cet auteur, le distingue
du genre *Vaginicola*, dont la coque est sessile. Les auteurs qui l'ont
suivi, Dujardin, Stein, Eichwald, Claparède, etc., n'admettent pas
cette caractéristique, parce que, prétendent-ils, ils ont trouvé des
Vaginicola à coque pédiculée. Or, comme il n'existe aucune différence entre les animaux qui habitent ces coques, et que c'est la
nature de celle-ci qui est prise pour caractère générique, nous ne
pouvons admettre une Vaginicole avec une coque pédicellée, de même
que nous ne pouvons comprendre une Cothurnie avec une coque
sessile.

En admettant la diagnose de Claparède et Lachmann, nous donnerons le nom de *Vaginicola* à toutes les espèces dont la coque est
adhérente par une des faces latérales, et les autres espèces formeront
le genre *Cothurnia*. Mais le genre *Cothurnia*, ainsi constitué, renfermera encore des êtres différents entre eux. En effet, nous voyons
(pl. IX, fig. 1 et pl. X, fig. 12, 13, 17, 23, 24) des espèces qui sont
renfermées dans des coques adhérentes par un pédicule bien développé; d'autres (pl. IX, fig. 2 et pl. X, fig. 20, 21), dont la coque est
fixée directement aux corps étrangers et sans pédicule intermédiaire ;
et enfin, une autre espèce dont la coque est sessile (pl. X, fig. 15,
16), mais où l'on voit l'animalcule adhérent au fond de la loge au
moyen d'un pédicule court et strié. Il résulte de cet examen, que l'on
pourrait avec ces différentes espèces former trois genres: les Vaginicoliens avec coque pédiculée constitueront le genre *Cothurnia*;
ceux avec coque sessile, le genre *Planicola* et les derniers avec pédoncule interne, le genre *Stylocola*. — En décrivant, dans la troisième partie de cet ouvrage, les espèces qui appartiennent à ces
genres, nous reviendrons plus au long sur ces considérations.

4e *GENRE :* VAGINICOLA

(Pl. X, fig. 1, 11 et 27.)

Le genre *Vaginicola*, d'après la caractéristique que nous venons
de donner du genre précédent, se trouve réduit aux espèces dont la
coque est fixée aux corps étrangers par un des côtés. La coque est
alors plate du côté adhérent et bombée à la paroi opposée ; elle se
prolonge en un col plus ou moins allongé et qui se redresse en s'é-
loignant du point d'attache. La forme, la longueur et la direction du
col varie chez les différentes espèces. Il n'est pas rare de voir la
coque des Vaginicoles entourée des débris d'une première tunique
qui forme des lambeaux autour de la coque définitive, et qui souvent
ont une couleur jaune assez vive.

5e *GENRE :* TINTINNUS

Le genre *Tintinnus* a été consciencieusement étudié par Claparède et Lachmann, qui ont cru devoir le retirer de la famille des
Vaginicoliens, où les autres auteurs l'avaient placé, pour l'ériger en
famille des *Tintinnodea*. Les raisons, sur lesquelles ces savants
s'appuient, ne nous semblent pas suffisantes pour expliquer ce changement qu'ils opèrent dans les familles établies. En effet, ils consta-
tent que les Vorticelliens ont le corps glabre, tandis que les *Tintinnus* ont le corps cilié. La présence de cils à la surface des
téguments n'est pas un caractère tellement essentiel et important,
qu'il doive primer cet état si remarquable des Vorticellides, d'avoir
une surface antérieure ciliée et rétractile, ce qui suppose une organisation déjà très-compliquée et un mécanisme musculaire qu'on ne
rencontre que chez les Vorticelliens. Or, les *Tintinnus* ont aussi un
disque vibratile rétractile, seulement il diffère de ceux des autres
Vorticellides, en ce que, au lieu d'être plat ou bombé, il est concave

et se rapproche en cela de celui du genre suivant. Claparède et Lachmann attachent aussi trop d'importance à la direction droite ou gauche de la spire buccale; cette direction n'a pas la valeur qu'ils veulent lui attribuer, et l'on sait que, chez des êtres plus élevés dans le règne animal, on trouve chez la même espèce des anomalies encore plus sensibles.

Les *Tintinnus* sont donc bien des Vorticellides qui doivent trouver leur place dans la famille des Vaginicoliens. Ils sont fixés à la partie inférieure de la coque par un pédoncule assez développé et contractile comme celui des Vorticelles. La coque n'est pas toujours adhérente et l'animal l'emporte dans sa course rapide, ce qui explique la présence des cils dont le corps du *Tintinnus* est couvert.

L'espèce type est le *Tintinnus inquilinus,* Clap. et Lach., pl. VIII, fig. 2.

6ᵉ *GENRE :* FREIA

Claparède et Lachmann ont établi le genre *Freia* pour deux Infusoires, habitant une coque fixée par le côté comme celle des Vaginicoles. Le corps des *Freia* est entièrement cilié comme celui des *Tintinnus,* mais il est directement adhérent au fond de la coque sans intermédiaire de pédoncule. La partie antérieure de l'animal, quand il s'épanouit, présente un évasement infundibuliforme compris entre deux lobes arrondis. Le calice représente à peu près un cornet échancré en rond d'un côté. Les cirrhes forment une spire qui fait tout le tour du cornet et qui se trouve placée, non sur le péristome, mais en dedans de celui-ci. Le disque vibratile est, comme celui des *Tintinnus,* infundibuliforme, mais peut-être un peu plus profond. Quand l'animal se contracte, il retire en dedans son disque, son péristome se resserre et rentre aussi à l'intérieur avec le disque, et la *Freia* affecte ainsi une forme sphérique bien différente de la forme élégante qu'elle prend en s'épanouissant.

Malgré les caractères essentiels qui font de la *Freia* une vraie Vorticellide, Claparède et Lachmann l'ont reléguée dans la famille des Bursariens, où elle n'a, pour toute voisine de caractères, que le Stentor aussi dépaysé qu'elle en pareille compagnie. En étudiant le genre Stentor, nous aurons occasion de revenir sur les motifs erronés qui ont conduit les savants de Genève à commettre une semblable monstruosité.

Müller avait déjà figuré une *Freia* sous le nom de *Vorticella ampulla* (pl. XV, fig. 4, 7). Claparède et Lachmann en décrivent une autre, la *F. aculeata*, qui est parfaitement représentée, pl. X, fig. 5-8.

M. Milne-Edwards a décrit sous le nom de *Vorticellida*, une espèce contenue dans un fourreau, au fond duquel elle est attachée par un pédoncule contractile. Ce pédoncule se divise en plusieurs rameaux qui portent des animalcules en forme de cornet et qui, en se contractant, peuvent se retirer dans la coque. — Le genre *Vorticellida*, ainsi caractérisé, doit évidemment rentrer dans la famille des Vaginicoliens.

IIIe *FAMILLE :* STENTORIENS (*Stentorina*)

La troisième famille des Vorticellides renferme des êtres qui présentent les caractères de ces dernières, c'est-à-dire qui possèdent un disque vibratile rétractile, mais qui ne sont plus fixés comme dans les deux familles précédentes et mènent une vie libre et errante. Müller, comme nous l'avons vu, a placé les Stentoriens dans sa famille des Vorticelles, à l'exception pourtant de l'Urocentre, dont il a fait un Cercaire. Ehrenberg réunit les Stentors, les Trichodines et l'Urocentre dans sa famille des *Vorticellina*, affirmant ainsi les rapports qui existent entre tous les genres de cette famille. Dujardin, acceptant le nom d'*Urceolaria*, créé par Lamarck, pour les *Trichodina* d'Ehrenberg, constitue la famille des Urcéolariens, dans laquelle il place les *Stentor*, les *Trichodina* (*Urceolaria*) et l'*Urocentrum*, mais il a le tort d'y ajouter le genre *Ophrydia*, que nous avons décrit sous le nom d'*Ophrydium* et qui a beaucoup plus d'affinité avec les Vagicoliens. — Pritchard suit exactement la classification d'Ehrenberg, et place les Stentoriens en tête des Vorticelles, parmi lesquelles il laisse subsister le genre *Opercularia*. Claparède et Lachmann, malgré l'opinion presque générale des Microzoologistes qui ont tous reconnu les rapports intimes qui unissent les Stentors aux Vorticelliens, n'admettent plus dans la famille *Vorticellina* que le genre *Trichodina* d'Ehrenberg. Il a fait grâce à ce dernier genre, parce que le corps des Trichodines est glabre, bien qu'elles portent à leur base une couronne ciliaire abondante, et qui leur permet de marcher avec rapidité sur les objets étrangers. Claparède et Lachmann attachent à la présence des cils qui existent ou n'existent pas à la surface de la cuticule, une valeur qu'en réalité ils n'ont pas ; l'habit ciliaire est un accident plus ou moins fréquent chez les Infusoires, et ils ont le tort de lui sacrifier les caractères, bien autrement importants, des organes qui président aux fonctions de nutrition.

C'est sous l'influence de ces considérations erronées, que les auteurs que nous venons de citer ont retranché les *Tintinnus* de la famille des Vaginicoliens, et qu'ils ont placé les Stentors dans leur famille hybride des Bursariens.

Voici les principaux caractères qui distinguent les genres de la famille des Stentoriens.

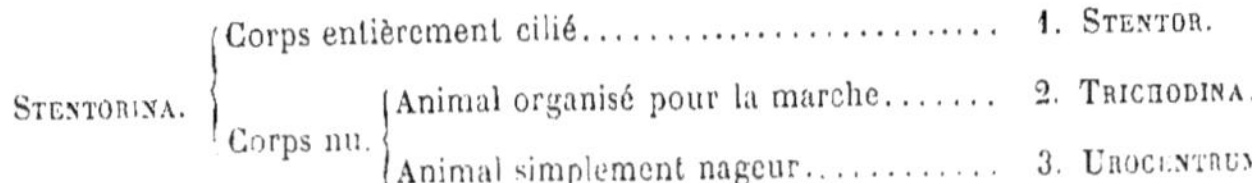

1er *GENRE :* STENTOR

(Pl. I, fig. 1-10. — Pl. II, fig. 1-19. — Pl. III, fig. 1-7.)

Le genre *Stentor* renferme des animaux ciliés sur tout le corps, éminemment contractiles et susceptibles de se fixer temporairement par leur partie inférieure. Leur forme, lorsqu'ils sont étendus, est celle d'un cône très-allongé, terminé inférieurement par une partie amincie et présentant au sommet une surface tronquée, légèrement bombée, et où l'on retrouve tous les organes qui distinguent les Vorticellides : le péristome, le disque vibratile et la spire buccale. Comme chez toutes les Vorticellides, le disque vibratile porte l'ouverture buccale et l'anus, et, par suite d'une contraction des fibres myosiques longitudinales, il peut se retirer en dedans pendant que le péristome se referme sur lui. Dans cet état la forme générale se trouve modifiée, et le Stentor affecte une forme sub-globuleuse.

Claparède et Lachmann ont attaché trop d'importance à la présence des cils qui couvrent le tégument de certaines Vorticellides ; nous avons déjà vu que, retirant les *Tintinnus* de cette section, ils ont érigé ce genre en famille, se basant spécialement sur la présence des cils qui couvrent la surface. Ils ont fait plus pour les Stentors; non-seulement ils les ont éloigné des Vorticellides, mais, sous prétexte que la spire tourne à droite plutôt qu'à gauche, et que le corps est entièrement cilié, oubliant les caractères les plus essentiels de ces animalcules, ils les ont placés dans la famille des Bursariens, une de leurs familles la plus mal établie.

Il est une loi qui n'est pas encore assez reconnue et appréciée par les naturalistes, et qui chaque jour s'impose de plus en plus dans la science, c'est que la fonction prime l'organe. Un organe qui n'a plus de fonction à remplir s'atrophie bientôt et finit par disparaître, tandis que là où une fonction est devenue nécessaire, l'organe se constitue pour y subvenir. Nous avons vu l'application de cette loi chez les Vorticelles, dont le corps est glabre tant qu'elles restent attachées à leur pédoncule, mais qui s'entourent d'une couronne de cirrhes aussitôt qu'elles doivent se détacher et devenir errantes. Cette même couronne ciliaire, qui avait pris naissance pour subvenir à cette fonction accidentelle de natation, s'annihile et disparaît bientôt, aussitôt que la vorticelle s'est fixée d'une manière définitive. Qu'y a-t-il donc d'étonnant que les Vorticellides, qui doivent habituellement mener une vie errante, soient munies d'organes de natation? Les *Tintinnus* et plus encore les Stentors, possèdent à un haut degré les caractères essentiels des Vorticellides, mais, en même temps, ils sont organisés pour vivre en liberté et sont spécialement nageurs. C'est cette dernière condition d'existence qui explique la présence des cils dont est revêtu leur tégument. Non-seulement le Stentor nage librement quand il est épanoui et que tous ses organes externes, cils tégumentaires et cirrhes buccaux, sont en action, mais s'il vient à rencontrer un milieu qui lui déplaît, et qu'il soit contraint de replier ses organes de digestion, il peut encore nager et se mouvoir librement dans le liquide au moyen des cils tégumentaires, soit pour se diriger en avant, soit pour nager à reculons, *diastrophiquement*, selon l'expression peu euphonique de Perty.

Quelques auteurs pensent que les Stentors peuvent sécréter une gaîne, une coque semblable à celle des Vaginicoliens; rien dans nos observations ne nous a mis à même de constater ce fait, et nous sommes porté à supposer que l'on a pris certains Vaginicoliens pour des Stentors. Ces animalcules sont assez abondants dans l'eau des ruisseaux, et le plus commun et le mieux étudié est le *Stentor polymorphus*.

2ᵉ *GENRE :* TRICHODINA.

(Pl. XII, fig. 10, 10ᵃ, 10ᵇ, 10ᶜ, 10ᵈ.)

Le genre *Trichodina* a été créé, par Ehrenberg, pour des Infusoires qui nagent au moyen d'une couronne ciliaire postérieure persistante, et leur permet aussi de marcher avec rapidité sur les corps étrangers. Ehrenberg a malheureusement réuni aux Trichodines les Haltéries, qui en sont assez éloignées.

Dujardin, rejetant le nom de *Trichodina*, parce que le genre est mal constitué, accepte celui d'*Urceolaria* inventé par Lamarck et en fait un genre encore moins heureusement composé.

Les Trichodines ont été bien étudiées et bien décrites par Stein et Busch, et elles présentent à leur partie antérieure tous les caractères des Vorticellides.

L'espèce type est le *Trichodina pediculus*. — T. *pediculus* et *stellina*, Ehrenberg. — *Urceolaria stellina*, Dujardin. — *Vorticella stellina* et *Cyclidium pedicula*, Müller.

Claparède et Lachmann décrivent sous le nom de *Trichodinopsis* un Infusoire qui a assez d'analogie avec le genre précédent, mais qui en diffère par son sommet conique et couvert de cils abondants. Cet animalcule vit en parasite et en grand nombre dans l'intestin du *Cyclostoma elegans*, sur la membrane interne duquel il court avec rapidité au moyen de la couronne ciliaire qui est disposée à sa base autour de l'organe fixateur analogue à celui des *Trichodina*.

Cet Infusoire, décrit et figuré par Claparède et Lachmann (p. 132-138, pl. IV, fig. 1-5) sous le nom de *Trichodinopsis paradoxa*, mérite d'être encore mieux étudié pour fixer d'une manière sérieuse la place qu'il doit occuper.

3ᵉ *GENRE :* UROCENTRUM

(Pl. XXIV, fig. 5.)

Le genre *Urocentrum* ne renferme encore qu'une seule espèce qui possède probablement les caractères des Vorticellides, car presque tous les auteurs ont été d'accord pour placer l'Urocentre dans la famille des Vorticelles ou des Urcéolariens. L'espèce unique, *U. turbo*, est doué d'un mouvement si rapide de natation, qu'il est extrêmement difficile de se rendre bien compte de sa constitution. On voit cependant qu'il se contracte énergiquement comme les Vorticelliens, et il est probable que la couronne ciliaire ou la spire buccale qui se voit au sommet de cet Infusoire, se trouve aussi sur un disque vibratile rétractile, près duquel se trouve probablement l'ouverture buccale.

SECOND SOUS-ORDRE

PARAMÉCIDES (*Paramecidæ*)

Le second sous-ordre des Microzoaires à tourbillon renferme tous les Infusoires qui ne possèdent pas au sommet évasé de leur corps un disque vibratile et pouvant rentrer entièrement dans l'intérieur de l'animal. Les Paramécides occasionnent aussi dans le liquide ambiant un tourbillon énergique, déterminé par des cirrhes ou des cils buccaux plus ou moins développés ; mais, quelle que soit la forme ou la disposition de la frange buccale, jamais elle ne peut rentrer dans le corps de l'animal, comme cela se montre chez les Vorticellides.

Il ne faut pas croire cependant que les Paramécides ne puissent jouir d'une certaine contractilité. Si, dans le plus grand nombre de cas, le corps de ces Infusoires est rigide ou, tout en restant élastique, n'est doué d'aucune contractilité, dans d'autres, au contraire, on voit les fibres myosiques très-développées dans le tégument, et leur contraction peut être assez énergique pour modifier momentanément la forme ordinaire du corps. Les Spirostomes, les Lacrymaires, etc., ont cette puissance de contractilité portée à un haut degré ; mais, quelle que soit du reste la forme que cette contractilité imprime au corps de l'animal, l'orifice buccal reste toujours à l'extérieur ainsi que les organes vibratiles qui peuvent l'entourer.

La famille, parmi les Paramécides, qui se rapproche le plus des Vorticellides, est celle des *Halterina*. Les espèces qui composent cette famille portent toutes au sommet d'un corps arrondi et glabre une couronne de cirrhes qui entourent l'orifice buccal. Mais le disque vibratile n'existe pas, et, si dans certains cas les cirrhes peuvent se grouper en faisceau au sommet, jamais on ne les voit disparaître dans l'intérieur de l'animal. Les caractères des autres familles que comprend le sous-ordre des Paramécides sont établis sur les organes de locomotion pour les Kéroniens, l'appareil dentaire dégluteur pour les Nassuliens, la présence d'un pied spécial chez les Erviliens, la contractilité très-développée ou nulle des téguments chez les Lacrymariens et les Paraméciens, et enfin la présence d'une carapace persistante et tout à fait spéciale à la famille des Colipiniens.

Tableau des familles des Paramécides.

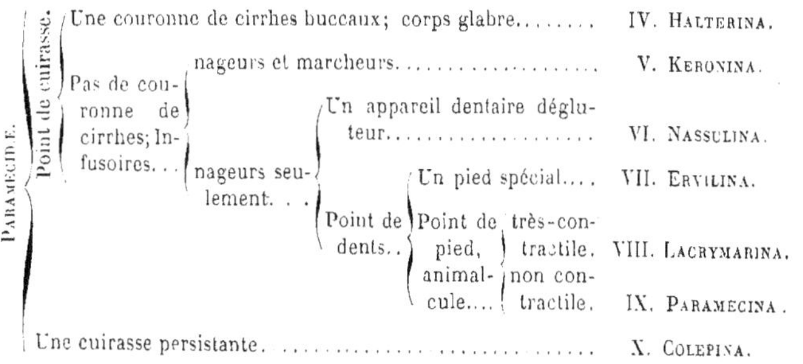

IV⁰ *FAMILLE :* HALTÉRIENS (*Halterina*).

La famille des Haltériens a été fondée par Claparède et Lachmann, qui ont parfaitement compris que les deux genres qui les composent ne peuvent trouver place dans les autres familles des Paramécides. Le type de cette famille, *H. grandinella*, a été placé par Ehrenberg dans les Trichodines, et par Dujardin, et plus tard par Pritchard, dans la famille des Kéroniens, avec lesquels il n'a aucune affinité.

Les Haltériens ont le corps globuleux, avec une couronne de cirrhes buccaux, entourant la bouche au sommet, mais sans disque vibratile. Ils ont le corps glabre, mais, dans un des deux genres de cette famille, ils possèdent une série de soies, longues et rigides qui, en fouettant énergiquement le liquide, leur font exécuter des bonds prodigieux d'étendue et de rapidité.

Les deux genres qui composent cette famille se reconnaissent aux caractères suivants :

HALTERINA.
- Des soies servant au saut...................... 1. HALTERIA.
- Point de soies saltatrices........................ 2. STROMBIDION.

1ᵉʳ *GENRE :* HALTERIA

(Pl. XII, fig. 3. — Pl. XII, fig. 19, 20, 22, 24. — Pl. XXIV, fig. 1, 2, 3 et 4.)

Le genre *Halteria* a été créé par Dujardin pour des Infusoires globuleux ou turbinés, munis, outre les cirrhes du sommet, d'une couronne de longs cils placés à l'équateur de l'animal, et qui par leur brusque mouvement lui permettent de se déplacer au loin en faisant un bond rapide. Nous avons observé une espèce qui, en repliant ses longs cils en arrière, pouvait se fixer et marcher sur les corps étrangers.

L'espèce type de ce genre est l'*Halteria grandinella*, Dujardin.

2ᵉ *GENRE :* STROMBIDION

(Pl. XXII, fig. 23. — Pl. XXIV, fig. 7-8).

Le genre *Strombidion* ne diffère du genre précédent que par l'absence des soies saltatrices. Les *Strombidion* ont le corps entièrement glabre, et portent seulement une couronne de cirrhes qui entoure la bouche placée au sommet. La diffluence du corps est souvent instantanée chez les *Strombidion* et sans causes appréciables.

L'espèce type de ce genre, créé par Claparède et Lachmann, est le *S. sulcatum.* Clap. et Lach., *loc. cit.*, p. 371, pl. VIII, fig. 6.

Le *S. Turbo* des mêmes auteurs, nous semble très-douteux, et pourrait bien être le corps d'une Vorticelle détachée.

Vᵉ *FAMILLE :* KÉRONIENS (*Keronina*)

La famille des Kéroniens est entièrement formée de Paramécides spécialement organisés pour la marche et la natation. Les espèces qui composent cette famille possèdent des organes externes que nous avons étudiés plus haut sous les noms de cirrhes, cornicules et styles (1), et qui agissent à peu près comme les pieds des animaux supérieurs. Nous gardons à cette famille le nom de Kéroniens que lui a donné Dujardin, en souvenir du genre *Kerona* de Müller, que cet auteur a bien caractérisé par ses appendices corniculés.

Claparède et Lachmann ont remplacé le nom de Kéroniens par celui, assez peu euphonique, d'Oxytrichiens, parce qu'ils ont mal compris et rejeté le genre *Kerona*. Ils divisent leurs Oxytrichiens en deux sections: la première renferme les Kéroniens qui sont munis de cirrhes marginaux, et la seconde ceux qui en sont dépourvus. Ces divi-

(1) Premier fascicule, p. 16 et suivantes.

sions correspondent à celles établies par Dujardin pour les Kéroniens sans cuirasse et ceux qui en sont munis. Nous croyons aussi que ce que l'on appelle cuirasse chez les Kéroniens, n'est qu'une apparence due aux téguments durcis, puisque ces cuirasses peuvent diffluer ainsi que le reste de l'animal, mais cet état donne à l'Infusoire un aspect tout particulier de raideur dont on doit évidemment tenir compte. Notre famille des Kéroniens comprendra les Kéroniens et les Plœsconiens de Dujardin, les Oxytrichiens et les Euplotiniens de Pritchard.

Voici les principaux caractères qui distinguent les différents genres que renferme la famille des Kéroniens.

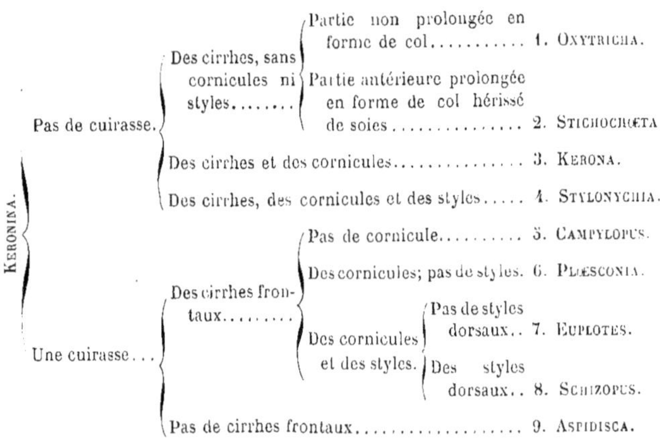

KÉRONIENS SANS CUIRASSE

1er *GENRE :* OXYTRICHA

(Pl. XII, fig. 1, 2, 7. — Pl. XIII, fig. 1, 4, 5, 7, 12, 13.)

Le genre *Oxytricha* (Bory), tel que nous le restreignons, ne renferme que des Paramécides marcheurs, qui ont pour organe de locomotion des cirrhes seulement. Ces cirrhes qui, suivant la position qu'ils occupent, sont destinés, soit à la natation, soit à la nutrition, soit enfin à la marche, ne peuvent être confondus avec les cornicules. En effet, ces derniers sont toujours recourbés en forme de cornes, et ont pour point d'attache un tubercule arrondi et d'un éclat remarquable. Rien de semblable n'existe pour les cirrhes qui sont implantés comme les cils tégumentaires, alors même qu'ils font fonction de pieds. Les cirrhes, dans ce genre, sont généralement placés en séries droites ou obliques, et ceux qui servent à la marche, et qui sont situés sous la partie ventrale, sont généralement les plus développés.

Claparède et Lachmann n'ont pas su reconnaître la différence qui existe entre les Oxytriques et les Kérones, et ils les ont réunis dans le même genre.

L'espèce la mieux caractérisée qu'ils représentent, pl. VI, fig. 7, est l'*Oxytricha crassa*.

2ᵉ *GENRE :* STICHOCHOETA

Ce genre, créé par Claparède et Lachmann, ne nous est connu que par la description de la figure que ces auteurs en ont donnée. C'est un *Oxytricha*, dont la partie antérieure est prolongée en forme de long col hérissé de soies, et le sommet armé d'un cirrhe long et pointu.

L'espèce type est le *S. Cornuta* (Clap. et Lach., *loc. cit.*, p. 152, pl. VI, fig. 6).

On serait tenté de faire rentrer dans ce genre, s'il doit subsister, l'*Oxytricha retractilis*, des mêmes auteurs, qui présente les caractères des *Stichochœta*.

3ᵉ *GENRE :* KERONA

(Pl. XII, fig. 5, 11. — Pl. XIII, fig. 3, 15, 19, 21. — Pl. XIV, fig. 1, 7, 11.)

Ce genre de Müller avait été primitivement formé pour tous les Paramécides marcheurs qui possèdent des cornicules et des styles. Ehrenberg a dégagé ces derniers sous le nom de *Stylonychia*, de telle sorte qu'il n'est plus resté dans le genre Kérone que l'espèce *K. polyporum*. Depuis, nous avons pu séparer des Oxytriques plusieurs espèces qui, outre les cirrhes, possèdent des cornicules et qui ne doivent pas être confondus avec eux, comme l'ont fait Claparède et Lachmann.

Les Kérones sont des Oxytriques qui, outre les cils et les rangées de cirrhes qui se montrent sur le tégument, ont encore des cornicules facilement reconnaissables par leur forme courbée et le globule brillant qui se trouve à leur base.

4ᵉ *GENRE :* STYLONYCHIA

(Pl. XIV, fig. 2, 3, 5, 6, 9, 10, 12).

Sous le nom de *Stylonychia*, Ehrenberg a séparé des Kéroniens un genre dont les espèces, outre les cirrhes et les cornicules, possèdent encore des styles. Ces derniers organes, que nous avons décrits en parlant des appendices tégumentaires des Infusoires, se présentent sous trois formes distinctes. Les plus communs, ceux qui se rencontrent le plus ordinairement et que Claparède nomme des pieds rames, sont épais, rigides, droits et terminés par une surface oblique et souvent poilue. Claparède et Lachmann pensent que ces organes sont formés de la réunion de plusieurs filaments accolés, et qu'ils peuvent se subdiviser. Nos recherches à cet égard nous ont constamment prouvé le contraire, et jamais nous n'avons vu les styles se décomposer en un pinceau de filaments. Les styles peuvent encore se présenter avec une forme courbée, et le sommet effrangé (pl. XIV, fig. 3), ou bien revêtir l'aspect des cirrhes et dans ces cas ressembler à un stylet effilé (pl. XIV, fig. 4).

Ils se distinguent dans ce cas des cirrhes véritables par leur mouvement extrèmement rare, peu étendu, et par le lieu de leur implantation qui n'est jamais marginale.

L'espèce type de ce genre est le *Stylonychia Mytilus*, figuré par presque tous les microzoologistes.

KÉRONIENS CUIRASSÉS

5ᵉ *GENRE :* CAMPYLOPUS

Créé par Claparède et Lachmann, le genre *Campylopus* ne nous est connu que par la description et la figure qu'ils ont données d'une espèce. D'après ces auteurs, les Campylopus sont des Kéroniens cuirassés, ayant des cirrhes frontaux, des styles frangés à la base, mais point de cornicules.

L'espèce type est le *Campylopus paradoxus* (Clap. et Lach., *loc. cit.*, p. 185, pl. VII, fig. 8-9).

6ᵉ *GENRE :* PLŒSCONIA

(Pl. XIII, fig. 17, 18, 20.)

Le genre *Plœsconia*, créé par Dujardin, renferme des Kéroniens cuirassés qui possèdent des cirrhes, des cornicules et des styles. Les espèces qui sont pourvues de ces derniers organes doivent en être retirées pour rentrer dans le genre *Euplotes*, et il ne doit plus rester dans les *Plœsconia* que les espèces figurées par cet auteur, pl. X, fig. 5-6, 8-11, qui représentent les *Plœsconia crassa, cithara, longiremis* et *balteata*.

Le genre *Plœsconia*, ainsi réduit, ne doit plus contenir que des

Kéroniens cuirassés, ayant des cirrhes frontaux et des cornicules à la partie ventrale (voyez pl. XIII, fig. 18-20, etc.).

7ᵉ *GENRE* : EUPLOTES

(Pl. XII, fig. 4, 9, 12.)

Le genre *Euplotes* renferme des Kéroniens cuirassés qui sont munis de cirrhes frontaux, de cornicules et de styles. Ici, comme dans les deux genres précédents, les cirrhes frontaux sont le commencement de la frange buccale qui, partant du sommet de l'Infusoire, dans le sillon qui sépare la carapace du reste du corps, descend latéralement pour arriver à la bouche. Ce genre se distingue des deux genres que nous venons de décrire par des styles aigus ou frangés qui se trouvent situés à la partie postérieure et abdominale de l'*Euplotes*.

L'espèce type de ce genre est l'*Euplotes patella*, Ehr. (voy.Clap. et Lach., pl. VII, fig. 1-2) et Ehrenberg (p. 378, pl. XLII, fig. 9).

8ᵉ *GENRE* : SCHIZOPUS

Le genre *Schizopus*, tel que l'ont défini Claparède et Lachmann, ne diffère du genre précédent que par la position des styles qui, au lieu d'être implantés sur la surface ventrale, sont placés sur la partie dorsale dont ils semblent sortir par une échancrure de la carapace.

Comme les *Euplotes*, les *Schizopus* ont des cirrhes frontaux dépendant de la frange buccale, des cornicules et des styles frangés.

La seule espèce connue est le *Schizopus Norwegicus* (Clap. et Lach., *loc. cit.*, p. 182, pl. VII, fig. 6-7) qui est une espèce marine.

9ᵉ *GENRE* : ASPIDISCA

(Pl. XII, fig.8. — Pl. XIV, fig. 13.)

Le genre *Aspidisca* a été créé par Ehrenberg, qui en avait fait sa famille des *Aspidiscina*, et la définition que donne cet auteur de l'A.

lynceus peut servir de caractéristique au genre actuel. Dujardin paraît ne s'être pas rendu compte des *Aspidisca*, puisqu'il a retiré de ce genre les espèces qui cependant en présentent les caractères, pour en former un genre nouveau, *Coccudina*. Claparède et Lachmann ont rendu au genre *Aspidisca* sa véritable valeur, en prenant pour type l'*A. lynceus* d'Ehrenberg.

Le genre *Aspidisca* se distingue des genres précédents par l'absence des cirrhes frontaux. Sa carapace épaisse déborde le reste de l'animal en avant et en arrière, et cache la frange buccale. Les cornicules sont placées sur la partie ventrale.

L'espèce type est l'*A. lynceus*, Ehrenberg, Inf., p. 344, pl. XXXIX, fig. 1.

Pritchard place encore, dans sa famille des OXYTRICHINA, le genre *Urostyla* qui différerait des genres, que nous venons de citer, par la présence de cirrhes et de styles, sans cornicules. Son espèce type est l'*Urostyla grandis*. La figure qu'il en donne, pl. XXV, fig. 342, ne fait pas voir de véritables styles, et cette espèce paraît au contraire présenter tous les caractères des *Oxytricha*.

VIe FAMILLE : NASSULIENS (*Nassulina*)

Les genres que nous réunissons sous le nom de Nassuliens constituent une des familles les plus naturelles des Paramécides. Ils présentent tous, pour caractère commun et facile à reconnaître, un appareil dégluteur en forme de nasse, et constitué par des baguettes réunies verticalement en série. Cet organe, qui est généralement conique, se trouve placé à l'orifice buccal et est susceptible de se dilater considérablement pour admettre des objets volumineux. Il est inutile, nous croyons, d'insister sur la valeur caractéristique de cet organe qui, comme tous ceux qui dépendent du système nutritif, a une importance reconnue par tous les naturalistes, et on est étonné que jusqu'à présent tous les auteurs qui nous ont précédé n'aient pas été frappés de ce caractère, et qu'ils aient disséminé les genres dentés dans différentes familles, avec lesquelles ils n'ont aucune parenté.

Ehrenberg plaçait les *Nassula, Chilodon* et les *Prorodon* dans ses Trachelina, et son *Clamidodon* dans ses Euplotina. — Dujardin place le *Clamidodon* dans les Plœsconiens, et laisse les autres genres dans les Paraméciens. Claparède et Lachmann imitent la distribution d'Ehrenberg, mais ils rejettent le genre *Clamidodon*, et ajoutent les genres *Trichopus* et *Enchelyodon*, ce dernier pour des Infusoires qui présentent tous les caractères des *Prorodon*.

Nous réunissons donc dans la famille des Nassuliens tous les Microzoaires qui sont munis d'un appareil dégluteur en forme de nasse, quelle que soit du reste la forme du corps de l'Infusoire.

Les genres qui composent la famille des Nassuliens se reconnaissent aux caractères suivants :

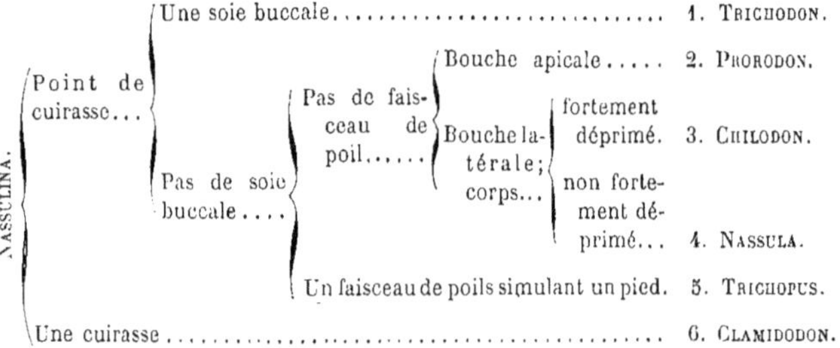

1er GENRE : TRICHODON

(Pl. XV, fig. 9. — Pl. XVII, fig. 9.)

Nous avons créé le genre *Trichodon* pour deux espèces qui présentent les caractères des *Chilodon*, mais qui possèdent, outre l'appareil dégluteur, une longue soie implantée au bord de cet appareil, et qui rappelle la soie de Lachmann chez les Vorticelles. Le corps des Trichodons est plus ou moins garni de cils, et ceux-ci sont toujours plus développés au sommet. L'appareil buccal est légèrement incliné et un peu opposé à la courbure du sommet. Il existe deux vésicules contractiles, l'une placée au niveau de l'appareil dégluteur à droite et l'autre à gauche, au tiers inférieur du corps.

Ce genre ne renferme que deux espèces, le *T. ciliatus* (pl. XVII, fig. 9) et le *T. acuminatus* (pl. XV, fig. 9).

2ᵉ *GENRE :* PRORODON

Le genre *Prorodon*, créé par Ehrenberg, renferme des Nassuliens à corps ovoïdes, dont la bouche, armée de l'appareil dégluteur, est située au sommet de l'Infusoire.

Claparède et Lachmann, qui admettent les espèces d'Ehrenberg, en ont séparé, sous le nom générique de *Enchelyodon*, ceux qui ont le sommet un peu rétréci. Nous ne pensons pas que ce caractère soit suffisant pour établir un genre, d'autant plus qu'une des deux espèces citées par ces auteurs, l'*E. farctus* (p. 316, pl. XVII, fig. 3), est bien ovoïde et présente tous les caractères des *Prorodon*. Ceux-ci n'ont pas l'appareil buccal toujours directement au pôle antérieur de l'animal, il est quelquefois légèrement dévié de cette ligne. Il est probable que l'Infusoire représenté pl. III, fig. 9, est un *Prorodon*, dont l'appareil dégluteur n'a pas été suffisamment examiné ou reproduit.

L'espèce type est le *P. niveus*, Ehrenberg, *loc. cit.*, p. 315, pl. XXXII, fig. 10.

3ᵉ *GENRE :* CHILODON

(Pl. XVI, fig. 1.)

Ce genre renferme des Nassuliens, dont le corps est très-fortement déprimé. L'appareil dégluteur se trouve dans une dépression qui existe sur la face ventrale entre le milieu et le sommet aplati. Claparède et Lachmann pensent que la face ventrale seule est munie de cils ; nous les avons constatés sur tout le tégument où ils sont très-petits et très-minces, ce qui peut faire croire à leur absence.

Dujardin a réparti à tort les espèces de Chilodon dans deux familles, pensant que quelques espèces étaient pourvues de cuirasse, et les a placées sous le nom de *Loxodes* dans sa famille des Plœsconiens. C'est une erreur qui a été relevée par Claparède, qui affirme avec raison que les Loxodes de Dujardin ne présentent aucune espèce de cuirasse. La présence d'une cuirasse ne serait pas un caractère qui devrait éloigner ces espèces des Nassuliens, et, si elle était constatée, elle les rapprocherait des Clamidodons, qui terminent cette famille.

Le *Chilodon cucullulus*, d'Ehrenberg (pl. XXXVI, fig. 7), pourrait bien être un de nos *Trichodons*, dont la soie buccale aurait échappé aux observations de cet auteur.

4° GENRE : NASSULA

(Pl. XVI, fig. 3, 4. — Pl. XVI, fig. 8.)

Ce genre, qui a été fondé par Ehrenberg, comprend les Nassuliens à corps ovoïde, ciliés sur tout le tégument, et montrant des traces de contractilité. L'appareil dégluteur est situé sur le côté de l'animal à une certaine distance de son sommet, et dépasse en général la surface tégumentaire.

Les Nassules diffèrent des Chilodons par leur forme arrondie et sub-cylindrique, et des Prorodons par la position de la bouche.

L'espèce type de ce genre est le *N. flava*, Ehrenberg, p. 338, pl. XXXVI, fig. 9.

5° GENRE : TRICHOPUS

Ce genre a été établi, par Claparède et Lachmann, pour un Infusoire de la famille des Nassuliens qui a le corps comprimé comme les Erviliens, et portant non loin de l'extrémité un faisceau de poils implanté sur le côté ventral et qui rappelle le pied spécial de ces derniers.

Nous ne connaissons ce genre que par la description et la figure que Claparède et Lachmann ont données de l'espèce unique, *T. Dysteria* (p. 338, pl. XIV, fig. 15).

6ᵉ *GENRE* : CLAMIDODON

Le genre *Clamidodon* a été créé par Ehrenberg, pour un Nassulien, à corps ovale et aplati, et revêtu d'une cuirasse qui recouvre toute la partie dorsale de l'animal. L'appareil dégluteur se trouve à la face ventrale ainsi que les appendices qui lui permettent de marcher à l'instar des Kéroniens.

La seule espèce connue est le *C. Mnemosyne*, Ehrenberg, pl. XLII, fig. 8.

Le genre *Cyclogramma* de Perty ne nous semble pas différer essentiellement du genre *Nassula*, autant qu'on peut s'en rendre compte par les dessins de cet auteur.

Quant au genre *Otostoma* de Carter, il pourrait peut-être, s'il était mieux étudié, prendre place dans la famille des Nassuliens, et c'est à ce genre qu'on pourrait rapporter la *Nassula* à cornet recourbé, que nous avons figurée pl. XV, fig. 10.

7ᵉ *FAMILLE* : ERVILIENS (*Ervilina*).

La famille des Erviliens renferme des Infusoires généralement cuirassés et munis d'un appendice en forme de pied, au moyen duquel ils peuvent adhérer aux corps étrangers. Les Erviliens possèdent une frange de cirrhes buccaux, qui se révèle surtout au sommet de l'animal, ce qui les a fait comparer à tort aux Systolides. Ils ont un œsophage cylindro-conique, quelquefois coudé et portant à sa partie supérieure un bourrelet provenant de la membrane interne qui se réfléchit en dedans. Les Erviliens ont une ou plusieurs vésicules contractiles. Ehrenberg avait déjà étudié une espèce de cette famille, à laquelle il donna improprement le nom d'*Euplotes monostylus* : Dujardin créa la famille des Erviliens où il ne plaça que deux genres, les *Ervilia* et les *Trochilia*, et Huxley qui, probablement ne connaissait pas les travaux de Dujardin, étudia les Erviliens et les décrivit sous le nom de *Dysteria*.

Claparède et Lachmann, qui ont très-bien compris les genres de cette famille, ont accepté à tort le nom que Huxley avait donné aux espèces du genre *Ervilia*, et ont fondé la famille des *Dystériens* qu'ils divisent en quatre genres. Le respect des droits de la priorité, que Claparède et Lachmann n'ont pas reconnu, nous engage à rejeter le nom de Dystériens pour accepter celui plus ancien d'Erviliens qui a été d'abord proposé par Dujardin.

Voici les caractères principaux qui distinguent les différents genres d'Erviliens.

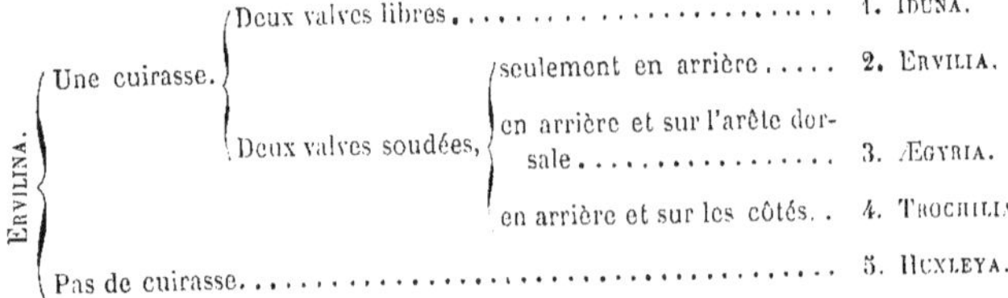

1er *GENRE :* IDUNA

Le genre *Iduna* a été créé par Claparède et Lachmann pour des Erviliens dont les valves sont libres, parfaitement distinctes et nullement soudées sur aucune partie de leur pourtour.

La seule espèce connue est l'*I. sulcata*, Clap. et Lach., *loc. cit.*, p. 284, pl. XV, fig. 1-3.

2ᵉ *GENRE :* ERVILIA

Animalcule de forme ovale, comprimé, et revêtu d'une cuirasse ouverte latéralement et en avant (1). Cette caractéristique du genre *Ervilia* correspond bien au genre Dysteria de Huxley, accepté par Claparède et Lachmann. Les Erviliens de Dujardin, ou *Dysteria* des auteurs ont, en effet, pour caractère d'avoir les valves soudées seulement en arrière, tandis que les Ægyries les ont soudées en arrière, et par un côté, et les Trochilies en arrière et par les deux côtés.

La seule espèce d'Ervilie connue de Dujardin est celle qui porte le nom d'*E. legumen* : Claparède et Lachmann en font une Ægyrie, et nous sommes obligés de reconnaître que ni la figure donnée par Dujardin, ni les figures d'Ægyrie dessinées par Claparède et Lachmann, ne donnent les vrais caractères des Ervilies, car aucune ne montre d'une manière positive les valves ouvertes des deux côtés.

3ᵉ *GENRE :* ÆGYRIA

Établi par Claparède et Lachmann, le genre *Ægyria* ne doit renfermer que des Erviliens dont les valves sont soudées en arrière et par un des côtés, l'autre étant libre, ouvert et renfermant la frange de cirrhes buccaux.

Ex. : *Ægyria angustata*, Clap. et Lach., p. 288, pl. XV, fig. 20-21.

4ᵉ *GENRE :* TROCHILIA

Le genre *Trochilia* a été créé par Dujardin, pour une espèce marine, ovale, couverte d'une cuirasse obliquement sillonnée et contournée en arrière. Les valves sont soudées en arrière et par les côtés.

(1) Dujardin, *loc. cit.*, p. 453.

L'espèce décrite et figurée par Dujardin est le *T. sigmoïdes*, *loc. cit.*, p. 455, pl. X, fig. 5.

5ᵉ *GENRE :* HUXLEYA

Le genre Huxleya renferme des Erviliens sans cuirasse. Ce genre ne nous est connu que par la définition qu'en ont donné leurs auteurs, Claparède et Lachmann, et ne possède encore que deux espèces : *H. sulcata*, p. 290, pl. XIV, fig. 14 et *H. crassa*, p. 290, pl. XIV, fig. 11-13.

8ᵉ *FAMILLE :* LACRYMARIENS (*Lacrymarina*).

Nous avons réuni dans la famille des Lacrymariens tous les Paramécides qui sont doués d'une contractilité remarquable, et qui, par suite de cette propriété, peuvent changer momentanément la forme de leurs corps. Les Lacrymariens ont un tégument couvert de sillons longitudinaux ou obliques, correspondant à des fibres myosiques aussi développées que chez les Stentors, et couverts comme chez ces derniers, de cils vibratils. La disposition oblique ou spirale de ces sillons influe sur le mode de natation de ces Infusoires. Les Lacrymaires et les Phialines dont les rangées ciliaires sont tournés en spirale, nagent en tournant sur leur axe, tandis que la natation se fait sans ce mouvement chez les Lacrymariens, dont les sillons sont longitudinaux. La contractilité du tégument est telle, que la forme oblongue du corps peut devenir globuleuse, comme on le remarque chez les Lacrymaires, les Spirostomes, les Kondylostomes, etc., ou permettre à l'Infusoire de plier son corps en tous sens, comme on le voit chez les Amphileptes.

Les genres que nous réunisssons dans cette famille ont été placés par Ehrenberg, les uns dans les Enchéliens et les Trachéliens, les autres dans les Ophryocerques et les Kolpodes. Dujardin avait déjà mieux compris leurs véritables affinités et les avait en grande partie compris dans les familles des Paraméciens et des Bursariens, à l'exception du genre Dileptus dont il a fait un Oxytrique. Claparède et Lachmann ont à peu près suivi l'exemple de Dujardin, en plaçant dans leur famille des Bursariens, les Spirostomes, les Chœtospires, et les Kondylostomes, et en répartissant les autres genres, Lacrymaires, Phialines, Trachelophyllum, et Amphileptes, dans leur famille des Trachéliens où ils sont pèle-mêle avec les Enchelys, les Prorodons, les Nassules, etc., qui n'ont aucun rapport avec eux.

Voici le tableau de la répartition de nos Lacrymariens en genres :

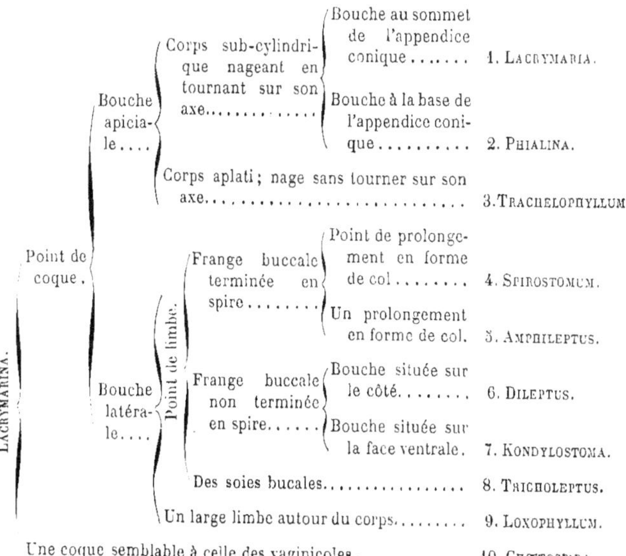

1ᵉʳ *GENRE :* LACRYMARIA

(Pl. XV, fig. 3, 4, 7).

Le genre *Lacrymaria* renferme des Infusoires à corps fusiforme, éminemment contractiles, et pouvant en se contractant se ramasser en masse sub-globuleuse, dans laquelle on ne reconnaît plus le long col que possèdent ces animaux quand ils sont étendus. Ce col est surmonté d'un appendice conique, placé comme le bouchon d'une bouteille et percé au centre d'un tube œsophagien. Le tégument est doublé de bandes myosiques, tournées en spirale et couvert partout de cils vibratiles.

L'espèce type est le *Lacrymaria olor*, pl. XV, fig. 7.

2° *GENRE :* PHIALINA

Les Phialines ressemblent beaucoup aux Lacrymaires ; elles ont une forme analogue et un long col surmonté d'un appendice conique. Seulement cet appendice n'est pas traversé par l'ouverture buccale, comme cela existe chez les Lacrymaires, et la bouche chez les Phialines se trouve placée à la base même de l'appendice.

On ne connaît encore réellement qu'une espèce, la *Phialina vermicularis*, Ehrenberg, *loc. cit.*, p. 334, pl. XXXVI, fig. 3.

3ᵉ *GENRE :* TRACHELOPHYLLUM

Les *Trachelophyllum*, qui, par leur forme et la position de la bouche, se rapprochent des deux genres précédents, s'en distinguent par leur corps aplati, et la direction des séries ciliaires, qui sont longitudinales. Aussi les *Trachelophyllum* ne tournent pas sur leur axe en nageant, mais glissent à la façon des Dileptes.

L'appendice qui est au sommet du col est formé par le prolongement de la membrane œsophagienne, qui fait saillie. Les cirrhes

buccaux sont aussi moins développés que dans les genres précédents.

On ne connaît encore que deux espèces, le *T. apiculatum*, Clap.
et Lach., p. 306, pl. XVI, fig. 1, et le *T. pusillum*, pl. XVI, fig. 2.

4ᵉ *GENRE :* SPIROSTOMUM

(Pl. XV, fig. 1, 2).

Ehrenberg a établi le genre *Spirostomum* pour des Infusoires
aplatis ou sub-cylindriques et ciliés sur tout le tégument. Celui-ci
est couvert de stries obliques, très-développées, correspondant aux
faisceaux myosiques qui donnent aux Spirostomes une telle contractilité, qu'ils peuvent modifier leur forme allongée en une masse globuleuse

Les Spirostomes ont tous une frange de cirrhes buccaux qui part
du sommet de l'animal, descend sur le côté, généralement disposé
en bord saillant, et arrive à l'ouverture buccale en formant un tour
de spire. La bouche est béante et continuée par un œsophage allongé
(pl. XV, fig. 1). Les Spirostomes sont pourvus d'un nucléus en chapelet de deux grosseurs différentes; le chapelet descendant a les grains
oblongs et gros, et le chapelet ascendant (peut-être le nucleolus) a les
grains petits et arrondis. La vésicule contractile n'est pas ronde, mais
elle a une forme rectangulaire en rapport avec la figure que présente
la partie inférieure de l'animalcule où elle se trouve.

L'espèce type est le *Spirostomum ambiguum*, que nous décrirons
plus loin.

5ᵉ *GENRE :* AMPHILEPTUS

(Pl. XIX, fig. 3, 7 et 11. — Pl. XX, fig. 2, 6, 10).

Les Amphileptes sont peut-être, avec les Dileptes de Dujardin, les
Paramécides dont les caractères essentiels ont été les moins bien étu-

diés. Nous comprenons aujourd'hui, sous cette dénomination, les Infusoires fusiformes, sub-cylindriques ou aplatis, présentant un prolongement en forme de col, à la base duquel se trouve la bouche. La frange buccale commence à la partie supérieure du col, et descend jusqu'à la bouche où elle forme un tour de spire. La bouche se prolonge à l'intérieur en un œsophage béant, assez large, mais difficile à reconnaître (pl. XX, fig. 2). Le corps des Amphileptes est généralement rempli de globules très-serrés, au milieu desquels on reconnaît les vésicules contractiles ordinairement au nombre de deux. La partie inférieure est prolongée en forme de queue, et ne contient pas de vésicule contractile, comme on le voit chez les Spirostomes ; cette vésicule est toujours placée à une certaine distance de l'extrémité caudale.

L'espèce type est l'*Amphileptus cygnus* (pl. XX, fig. 2, 10).

6° *GENRE :* DILEPTUS

(Pl. XIX, fig. 1, 4 5. — Pl. XX, 1, 8).

La définition que Dujardin (1) donne de son genre *Dileptus*, convient parfaitement au genre *Amphileptus ;* et nous avons dû nous en référer aux figures que cet auteur a données de ces Dileptes pour nous en faire une idée exacte. Son *D. anser* est bien un Amphilepte, avec son col allongé, à la base duquel se trouve la bouche faisant une échancrure ; mais son *D. folium* est un vrai *Dileptus*.

Le genre *Dileptus*, tel que nous le comprenons, renferme des Infusoires contractiles, à bouche latérale, ayant une frange buccale partant du sommet, aboutissant à la bouche sans tour de spire, et celle-ci n'est pas suivie d'un œsophage. La partie amincie de la portion supérieure ne se différencie pas brusquement du corps par son étroitesse, comme chez les Amphileptes, mais elle va graduellement

____

(1) *Loc. cit.*, p. 404.

en diminuant de diamètre. Si les Dileptes ne se distinguaient pas des Spirostomes par l'absence de spire buccale et d'œsophage, c'est avec ces derniers qu'ils auraient le plus d'analogie.

Le genre *Uroleptus* (Ehrenberg) doit être confondu avec le genre *Dileptus* tel que nous le définissons.

Espèce type, *D. folium*. pl. XIX, fig. 10.

7ᵉ *GENRE :* KONDYLOSTOMA

Établi par Bory, pour un Trichode de Müller, le genre *Kondylostoma* est très-voisin des Spirostomes par son tégument très-contractile, et couvert de stries en hélice et ciliées. — Il se distingue de ces derniers par sa bouche évasée, sans œsophage visible, et garnie de franges buccales qui ne se terminent pas en spire. Les vésicules contractiles sont nombreuses et placées latéralement.

L'espèce type, qui habite la mer, est le *K. patens*, Dujardin, *loc. cit.*, p. 516, pl. XII, fig. 2.

8ᵉ *GENRE :* TRICHOLEPTUS

Nous avons créé ce genre pour un Infusoire d'eau douce, qui ressemble beaucoup aux Kondylostomes par sa forme générale, mais qui en diffère par une bouche moins évasée, disposée en fente depuis le sommet, et munie de deux soies assez longues, l'une à la base et l'autre au sommet de la bouche. Celle-ci est garnie d'une frange de cirrhes assez développés. Le corps est complétement cilié, et terminé en pointe. La vésicule contractile se trouve placée immédiatement au-dessous de la bouche. La fissiparité a lieu transversalement (pl. XX, fig. 7 *a*).

La seule espèce connue est le *T. aculeatus* (pl. XX, fig. 7).

9° *GENRE :* LOXOPHYLLUM

(Pl. XVIII, fig. 10.)

Dujardin a établi le genre *Loxophyllum* pour des Infusoires présentant les caractères généraux de nos Lacrymariens, assez voisins de certains Dileptes, mais se distinguant de tous les genres précédents, par un limbe transparent, sorte de zone brillante qui enveloppe tout le reste du corps. Le tégument est strié et finement cilié. Claparède et Lachmann n'ont aperçu qu'une vésicule contractile, il en existe en réalité deux, une à la partie moyenne et l'autre non loin de la base.

Le corps des *Loxophyllum* est très-souple et susceptible de se plier en tous sens.

L'espèce type est le *L. meleagris*, Duj., p. 488, pl. XIV, fig. 6. — *Kolpoda meleagris*, Müller et Bory. — *Amphileptus meleagris*, Ehrenberg.

10° *GENRE :* CHÆTOSPIRA

(Pl. IX, fig. 8.)

Le genre *Chætospira*, établi par Lachmann (1), renferme des Lacrymariens dont la partie antérieure du corps est prolongée en forme de col contourné en spire, et portant la frange buccale. La bouche, assez largement ouverte, est située à la base de ce col, et le reste du corps, couvert de stries et de cils très-fins, a une forme globuleuse. Les Chætospires sont éminemment contractiles et peuvent comme les Lacrymaires retirer presque complétement leur partie antérieure, et la confondre avec le reste du corps. Ils habitent une coque analogue à celle des Vaginicoles, et Claparède et Lachmann pensent qu'ils peuvent la quitter quelquefois.

(1) Müller's Arch., p. 362, 1866.

L'espèce que nous avons figurée pl. IX, fig. 8, nous paraît être identique au *Chætospira mucicola*, de Lachmann.

C'est encore à la famille des Lacrymariens qu'il faut rapporter l'Infusoire suivant, dont le corps peut se contracter en boule et qui présente des caractères qui n'ont été bien vus, ni par Dujardin qui l'a décrit, ni par les auteurs qui l'ont suivi.

11° *GENRE :* PANOPHRYS

(Pl. XVI, fig. 5.)

Le genre *Panophrys* est constitué, d'après Dujardin, par des Infusoires ciliés partout, à corps ovale, déprimé, contractile, devenant ovoïde et même globuleux en se contractant, et à surface marquée de stries droites ou obliques. Mais Dujardin n'a pas bien vu la bouche, qui est latérale, arrondie au sommet et atténuée à la base, et bordée de deux lèvres, celle de gauche lisse et non vibratile, et celle de droite munie de dentelure, vibratile et garnie de longs cils. Cette bouche est terminée par un œsophage assez court.

La seule espèce que l'on peut avec certitude rapporter à ce genre est le *P. chrysalis* qui vit dans la mer et dans l'eau douce, et qui présente une vésicule contractile d'où s'échappent de nombreux vaisseaux (voy. pl. XVI, fig. 5).

Nous avons représenté (pl. XX, fig. 5), un Infusoire dont le corps très-contractile est couvert de stries longitudinales très-ciliées. Ce Microzoaire par son extrême contractilité appartient à la famille des Lacrymariens, mais nous n'avons pas découvert la situation de la bouche ni de l'anus. Le nucleus est rubané et onduleux ; la vésicule contractile occupe le tiers inférieur du corps. Vu de profil, celui-ci est aminci au sommet comme les Enchelys, mais de face il présente deux appendices en forme de col.

Cet Infusoire n'a réellement de rapport qu'avec le *Spatidium hyalinum*, de Dujardin, qui est malheureusement encore trop peu connu.

IXe *FAMILLE* : PARAMÉCIENS (*Paramecina*)

La famille des Paraméciens renferme tous les Parrmécides qui n'ont pas trouvé place dans les familles précédentes, c'est-à-dire chez les Paramécides marcheurs, dentés, pédiculés et contractiles. Le genre *Coleps* aurait pu facilement rentrer dans notre famille des Paraméciens, mais sa forme symétrique et son revêtement particulier ont engagé tous nos devanciers à constituer pour lui la famille des Colépiniens.

La famille des Paraméciens comprend des genres nombreux, souvent très-éloignés les uns des autres, mais se reliant entre eux par des genres intermédiaires présentant des caractères communs. En examinant les caractères tirés des organes qui président à la fonction de nutrition, on distingue entre eux des différences assez sensibles pour qu'on puisse grouper les genres en trois sous-familles.

La première comprendra les Paraméciens qui ont un œsophage bien visible et bien développé ; ce sont les Paraméciens proprement dits.

La deuxième renfermera les Paraméciens à œsophage nul ou rudimentaire, mais dont la bouche reste toujours largement ouverte, et formera la sous-famille des Bursariens.

Enfin la troisième sous-famille des Enchéliens sera constituée par des Paraméciens sans œsophage et dont la bouche, généralement petite est ordinairement fermée.

1re *SOUS-FAMILLE* : PARAMÉCIENS (*Paramecina*)

La sous-famille des Paraméciens proprement dits renferme des microzooaires dont la bouche, toujours béante, est continuée par un œsophage long et rigide, à la base duquel se forment les bols alimentaires, sous l'influence de l'action des cirrhes buccaux. Les genres qui composent cette première sous-famille ont été dispersés par les autres auteurs dans les familles des Trachéliens, des Bursariens et des Colpodiens. sans avoir égard aux différences essentielles qui éloignaient les genres de ceux avec lesquels ils étaient associés.

Le seul genre qui n'est peut-être pas ici à sa place est le genre *Trachelius*, mais restreint, comme l'ont fait Claparède et Lachmann, et débarrassé des espèces que nous avons comprises dans le genre *Dileptus*, il n'a plus d'analogie sérieuse qu'avec les genres de notre première sous-famille.

Tableau des genres de la sous-famille des Paraméciens.

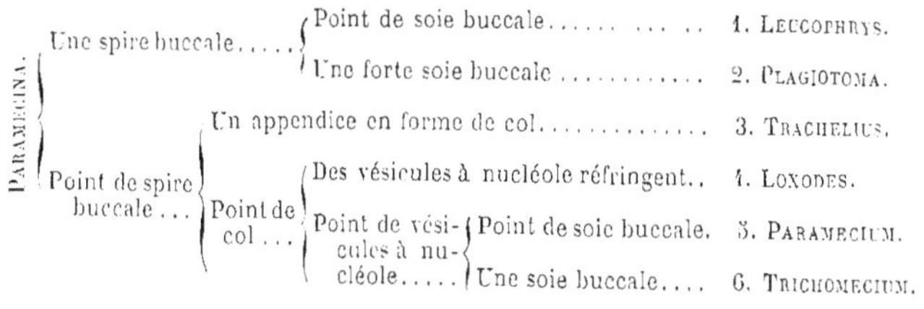

1er *GENRE* : LEUCOPHRYS

(Pl. XVI, fig. 6, 6ᵃ.)

Le genre *Leucophrys*, créé par Ehrenberg pour des êtres assez hétérogènes, doit, comme l'ont pensé Claparède et Lachmann, être restreint à la seule espèce *L. patula*. C'est un Infusoire globuleux, tronqué obliquement au sommet et portant une rangée de cirrhes buccaux qui viennent se terminer en faisant un tour de spire à l'entrée de la bouche. L'œsophage est long et arqué et continué par un intestin qui tourne en cercle sur lui-même avant d'arriver à l'anus, qui est terminal et placé en contact avec la vésicule contractile.

Espèce type : *L. patula*, pl. XVI, fig. 6-6.

2° *GENRE :* PLAGIOTOMA

Les Plagiotomes sont des animaux parasites pour la plupart et qui vivent dans les intestins de vertébrés ou d'invertébrés. Le corps est globuleux ou allongé et la frange de cirrhes buccaux se termine par un tour de spire à la bouche. Celle-ci est munie d'une soie épaisse et roide. L'œsophage est bien développé, allongé et souvent recourbé. La vésicule contractile est située à la base du corps.

Espèce type : *P. cordiformis*, Clap. et Lach., p. 236, pl. XI, fig. 8-9. — *Bursaria cordiformis* Ehren., pl. XXXV, fig. 6.

3° *GENRE :* TRACHELIUS

Le genre *Trachelius* débarrassé de toutes les espèces que nous avons en grande partie placées dans le genre *Dileptus*, ne renferme plus que le *T. ovum*, qu'à notre grand regret nous n'avons pas eu l'occasion d'étudier. D'après Claparède et Lachmann, qui ont été contraints d'accepter la définition d'Ehrenberg, et malgré leur peu de foi dans l'intestin limité des Infusoires, ils décrivent cette espèce comme possédant un intestin ramifié. Nous n'avons jamais rien vu de semblable dans tous les Infusoires que nous avons étudiés et nous attendrons de nouvelles recherches pour baser notre opinion à cet égard.

Espèce unique : *Trachelius ovum*, Ehrenberg, p. 323, pl. XXXIII, fig. 13. — Pritchard, pl. XXIV, fig. 290.

4° *GENRE :* LOXODES

Le genre *Loxodes*, fondé par Ehrenberg, a été restreint par Claparède et Lachmann à la seule espèce *L. rostrum*. C'est un Infusoire à fente buccale très-allongée, continuée par un œsophage étroit et très-long, et qui a pour caractère spécial une rangée de vésicules claires contenant chacune un corps très-réfringent ; le rôle et la nature de ces vésicules sont restés inconnus. Claparède et Lachmann semblent encore admettre pour cette espèce un intestin ramifié.

La seule espèce est le *Loxodes rostrum*, Ehrenberg, pl. XXXIV, fig. 1. — Clap. et Lach., p. 339, pl. XVII, fig. 2.

5ᵉ *GENRE :* PARAMECIUM

Pl. XVI, fig. 7, 8. — Pl. XVII, fig. 3, 10, 11. — Pl. XXI, fig. 13, 27.

Le genre *Paramecium*, que Claparède et Lachmann placent à tort avec les Colpodes, les Glaucomes, les Pleuronèmes, etc., renferme des Infusoires complétement ciliés, ayant une bouche latérale à laquelle aboutit une frange de cils très-développée et qui est continuée par un œsophage long et subcylindrique. Les Paraméciens ont généralement deux vésicules contractiles situées l'une à la partie moyenne supérieure et l'autre à la partie moyenne inférieure, dans la région dorsale.

L'espèce type est le *P. Aurelia*, Erhenb., pl. VIII, fig. 5-6 (voy. pl. XVI, fig. 8.)

6ᵉ *GENRE :* TRICHOMECIUM

(Pl. XVII, fig. 8. — Pl. XVIII, fig. 5.)

Nous avons créé le genre *Trichomecium* pour deux Infusoires qui ont à peu près la forme extérieure des Paraméciens, mais dont l'extrémité est terminée en pointe. La bouche est aussi placée dans un sillon qui est muni d'une frange ciliaire très-développée et aboutissant, en tournant un peu, au bord de la bouche. L'œsophage est large et assez court ; une soie plus ou moins longue s'insère soit dans le sillon buccal, soit vers la bouche elle-même ; la vésicule contractile est unique et située dans la partie inférieure du corps.

Espèce type : *Trichomecium caudatum*, pl. XVIII, fig. 5.

2ᵉ *SOUS-FAMILLE* : BURSARIENS (*Bursarina*)

La deuxième sous-famille des Paraméciens, les Bursariens, renferme des Microzoaires qui ont une bouche largement ouverte, généralement garnie de cirrhes buccaux bien développés, mais qui n'est pas continuée par un œsophage. Celui-ci, quand il existe, est tout à fait rudimentaire et n'a aucune analogie avec l'œsophage des Paraméciens proprement dits.

Les différents genres qui composent la sous-famille des Bursariens se reconnaissent aux caractères suivants :

<pre>
                    ⎧ Une crête ciliée dans l'intérieur de la bouche.......... 1. BURSARIA.
                    ⎪   ⎧ Une lèvre inférieure garnie de cils.......... 2. COLPODA.
BURSARINA. ⎨ Point de   ⎨   ⎧ Houppes buccales et soie caudale... 3. LAMBADIUM.
                    ⎪ crête ciliée ⎪   ⎪   ⎧ Fosse buccale oblique.. 4. METOPUS.
                    ⎪ dans la   ⎨ Point de ⎨ Ni houppes ⎨
                    ⎩ bouche .. ⎩ lèvres. ⎩   ⎩ ni soie.. .⎩ Fosse buccale droite... 5. BALANTIDIUM.
                    ⎩ Des soies buccales bien développées..................... 6. PLEURONEMA.
</pre>

1ᵉʳ *GENRE* : BURSARIA

Le genre *Bursaria* (Ehr.) renferme des Infusoires caractérisés par une vaste fosse buccale en forme d'entonnoir, bordée de cils sur son pourtour et munie à l'intérieur d'une arête portant des cirrhes développés. La présence de cette arête ciliée distingue les Bursaires des Balantidies qui possèdent aussi une vaste fosse buccale.

L'espèce type est le *B. decora*, Clap. et Lach., p. 252, pl. XIII, fig. 1.

2ᵉ *GENRE :* COLPODA

(Pl. XVII, fig. 12.)

Le genre *Colpoda*, créé par Ehrenberg, renferme des Microzoaires qui ont, à la base d'une bouche large, une lèvre saillante et garnie d'un faisceau de forts cils. Le corps est comprimé et l'anus est situé sur la face ventrale. La lèvre ciliée des Colpodes les distingue des autres genres de cette sous-famille.

L'espèce type du genre *Colpoda* est le *C. Cucullus*, Ehren., pl. XXXIX, fig. 5.

3ᵉ *GENRE :* LAMBADIUM

Le genre *Lambadium*, établi par Perty, renferme des Infusoires aplatis, de forme ovale lorsqu'ils sont vus de face, et possédant une fosse buccale large et profonde. Cette fosse, bordée de cirrhes très-actifs, porte à son sommet, à droite et à gauche, deux houppes ou faisceaux de cils, et la partie inférieure du corps, qui dans la progression ordinaire de l'animal est dirigée en avant, est munie de deux soies longues qu'on pense être des organes tactiles.

L'espèce type est le *L. bullinum*, Perty, Zur., Kenntn., p. 141, pl. V, fig. 14. — Clap. et Lach., p. 249, pl. XII, fig. 5-6.

4ᵉ *GENRE :* METOPUS

(Pl. XX, fig. 5, 9.)

Les *Metopus* ont une fosse buccale oblique et généralement placée au-dessous d'une courbure de la partie supérieure de l'animal. Cependant cette courbure proéminente ne doit pas être un signe caractéristique, car nous connaissons une espèce où la courbure du corps ne se montre pas au sommet, mais seulement à la base de l'Infusoire (pl. XVII, fig. 7). Là se trouve placée une seconde vésicule contractile, cette espèce en possédant déjà une autre qui est située au-dessus de la fente buccale oblique.

Espèce type : *Metopus sigmoides*, Clap. et Lach., pl. XII, fig. 1 (voy. pl. XX, fig. 5-9).

5° *GENRE :* BALANTIDIUM

Le genre *Balantidium*, qui a beaucoup d'affinités avec le genre *Bursaria*, s'en distingue par sa bouche largement ouverte, mais ne renfermant pas d'arête ciliée. — La seule espèce connue est en forme de bourse, atténuée au sommet, avec un tégument couvert de stries ciliées très-fines. L'anus est situé à la partie inférieure de l'animal ; on constate la présence de deux vésicules contractiles.

Ce genre ne renferme que le *B. Entozoon* qui se trouve dans l'intestin des grenouilles, Clap. et Lach., pl. XIII, fig. 2. — *Bursaria Entozoon*, Ehr., pl. XXXV, fig. 3.

6° *GENRE :* PLEURONEMA

(Pl. XXI, fig. 10. — Pl. XXII, fig. 13, 16.)

Le genre *Pleuronema*, créé par Dujardin, renferme des Infusoires dont la bouche largement ouverte laisse échapper un faisceau de longues soies, dirigées de haut en bas. — En même temps d'autres longs cils placés sur la face ventrale peuvent se relever et aller à la rencontre des soies buccales. Les *Pleuronema* sont des Infusoires sauteurs, et c'est à tort que Claparède et Lachmann attribuent ces mouvements brusques aux cils antérieurs ; ils sont en réalité le résultat de l'action rapide des soies buccales. Ces mêmes auteurs ne figurent dans les espèces qu'ils ont dessinées qu'une seule soie buccale, tandis que réellement le faisceau se compose généralement de trois soies bien distinctes.

Espèce type : *Pleuronema chrysalis*, Perty, pl. XXII, fig. 16.

3ᵉ *SOUS-FAMILLE :* ENCHÉLIENS (*Enchelina*)

La troisième sous-famille des Enchéliens ne diffère de la précédente qu'en ce que les Infusoires qui la composent, au lieu d'avoir une bouche grande et largement ouverte, l'ont au contraire petite et ordinairement close. Les Glaucomes, qui possèdent une bouche munie de deux lèvres vibratiles, pourront, par la présence de ces organes qui leur sont spéciaux, former une section à part, mais le nombre des familles de Microzoaires est déjà assez considérable pour que nous ne soyons pas porté à l'augmenter à propos d'un genre seulement.

Les Enchéliens sont divisés en genres d'après les caractères suivants :

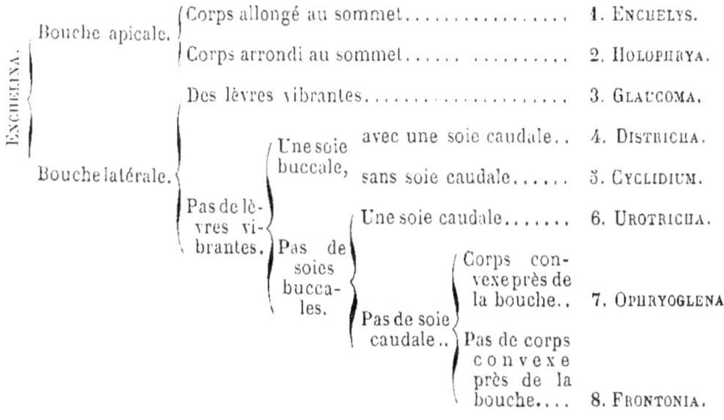

1ᵉʳ *GENRE :* ENCHELYS

(Pl. XXI, fig. 1, 8, 20, 28.)

Le genre *Enchelys* a été fondé par Ehrenberg pour des Microzoaires globuleux dont la partie antérieure, allongée et amincie, porte la

bouche. Le corps est complétement cilié, contrairement à ce que pensait Ehrenberg, et la bouche est généralement munie de cils assez développés. Il n'existe ordinairement qu'une seule vésicule contractile,
située à la base.

Espèce type : *Enchelys farcimen*, Ehrenberg, p. 300, pl. XXXI,
fig. 2.

2° *GENRE* : HOLOPHRYA

(Pl. XX, fig. 1. — Pl. XXI, fig. 2, 3, 11, 19. — Pl. XXII, fig. 18.)

Les *Holophrya* ressemblent beaucoup aux Enchelys avec lesquels
on serait tenté de les réunir, car ils n'en diffèrent que par la forme
du corps qui est arrondi au sommet où se trouve la bouche. Cette
différence ne suffit pas pour établir un genre particulier, et nous ne
conservons le genre *Holophrya* que pour ne pas détruire inutilement
les genres établis par Ehrenberg.

Nous avons figuré plusieurs *Holophrya*, mais l'espèce type est le
H. ovum, Ehren., p. 314, pl. XXXII, fig. 7.

3° *GENRE* : GLAUCOMA

(Pl. XVI, fig. 2. — Pl. XXI, fig. 24, 29.)

Le genre *Glaucoma* est caractérisé par deux lèvres constamment
vibrantes qui enveloppent la bouche. Le corps est subcylindrique,
légèrement comprimé et cilié sur toute la surface. Il n'existe qu'une
vésicule contractile.

L'espèce type est le *G. scintillans*, Ehenberg, p. 335, pl. XXXVI,
fig. 5.

4° *GENRE* : DISTRICHA

(Pl. XXI, fig. 6, 18.)

Nous avons créé ce genre pour des Enchéliens qui ont la bouche
située latéralement et munie à son sommet d'une longue soie. Le

corps est ovoïde, très-cilié et porte à sa base une autre soie bien distincte des cils de la surface : la vésicule contractile est située à la partie inférieure du corps.

Ce genre diffère du genre suivant par la soie caudale que les Cyclidies ne possèdent pas,

Espèce type : *D. hirsuta,* pl. XXI, fig. 18.

5ᵉ *GENRE :* CYCLIDIUM

(Pl. III, fig. 10. — Pl. XXII, fig. 14, 15.)

Les *Cyclidium* sont des Microzoaires comprimés, chez lesquels une ou plusieurs soies sont placées à la partie supérieure de la bouche. Il n'existe pas de soie caudale. La vésicule contractile est située soit au sommet, soit à la base de l'animal. Les sauts brusques que l'on voit faire aux Cyclidies sont occasionnés par les soies buccales dont le mouvement rapide projette l'Infusoire à une assez grande distance.

L'espèce la plus commune est le *G. glaucoma,* Erenberg, p. 245, pl. XXII, fig. 1. — *Alyscum saltans,* Dujardin, pl. VI, fig. 3.

6ᵉ *GENRE :* UROTRICHA

Les *Urotricha* sont des Enchéliens qui sont munis d'une soie saltatrice à la base, mais qui manquent d'une soie buccale. C'est ce dernier caractère qui les distingue des *Districha,* avec lesquels ils ont une certaine ressemblance.

Ce genre ne contient encore qu'une espèce qui ne nous est connue que par la description et la figure que Claparède et Lachmann en ont données.

Urotricha farcta, Clap. et Lach., p. 314, pl. XVIII, fig. 9.

7° *GENRE* : OPHRYOGLENA

(Pl. XXI, fig. 3.)

Le genre *Ophryoglena*, Ehrenberg, renferme des Enchéliens, qui ont une bouche placée sur le côté de la partie supérieure du corps et dans une petite fosse en forme de croissant ; sur le bord de cette fosse est placé un organe en forme de verre de montre, et dont on ignore complétement la fonction. Le corps est globuleux et couvert de stries fines, ciliées et longitudinales.

L'espèce type est l'*O. citreum*, Clap. et Lach., p. 258, pl. XIII, fig. 3, 4. — Pl. XVI, fig. 5).

8° *GENRE* : FRONTONIA

(Pl. XVII, fig. 2. — Pl. XXI, fig. 4, 12, 16, 17, 30.)

Le genre *Frontonia*, créé par Ehrenberg, renferme tous les Enchéliens qui ont une bouche latérale et ne présentent aucun des caractères qui distinguent les genres précédents. Le corps est subglobuleux, souvent atténué au sommet et généralement arrondi à la base. Les cils tégumentaires sont bien développés et surtout près de l'orifice buccal.

L'espèce type d'Ehrenberg est le *F. Leucas*, Ehr., p. 329, pl. XXXIV, fig. 8.

X° *FAMILLE* : COLÉPINIENS (*Colepina*)

La famille des Colépiniens ne renferme qu'un seul genre que nous aurions pu faire rentrer dans la famille des Paraméciens ; mais nous avons suivi l'exemple de nos devanciers en conservant cette famille pour des Infusoires qui ont une forme symétrique et dont le corps est couvert d'une carapace qui leur est spéciale. Dujardin, qui a fondé cette famille, y a malheureusement introduit les Chætonotus, qui ne sont pas des Infusoires et qui appartiennent à la classe des Systolides.

GENRE UNIQUE : COLEPS

(Pl. XXII, fig. 23.)

Les *Coleps* ont le corps parfaitement symétrique et couvert d'une cuirasse percée régulièrement de jours nombreux par où sortent les cils tégumentaires. Cette cuirasse peut se diviser en deux parties égales et c'est ce qui arrive au moment de la multiplication par division transversale.

La bouche est située au sommet et garnie de cirrhes bien développés, et il existe à la base une garniture de cils à peu près identiques; on ne remarque qu'une seule vésicule contractile.

Espèce type : *Coleps hirtus*, Ehrenberg, p. 319, pl. XXXIII, fig. 1.

CORBEIL. — TYP. ET STÉR. DE CRÉTÉ FILS.

ORDRE SECOND

MICROZOAIRES OSCILLANTS (*MICROZOA NUTANTIA*).

Les Infusoires que renferme notre second ordre se distinguent
nettement de ceux que nous venons d'étudier. Ils ne possèdent plus,
comme ceux-ci, un appareil vibratile qui met au loin le liquide en
mouvement et occasionne un tourbillon énergique attirant à la bouche
les particules nutritives. Le corps des *Microzoaires oscillants* au lieu
d'être, comme celui des premiers, couvert d'un duvet de cils vibratiles, est généralement glabre, et leur organe de locomotion se réduit
chez le plus grand nombre à un ou plusieurs filaments que nous
avons décrits plus haut sous le nom de *flagellum*. L'absence de
cirrhes buccaux, de styles, de cornicules et le plus souvent de cils
tégumentaires enlève aux *Infusoires oscillants* la faculté de se mouvoir
rapidement comme les *Infusoires à tourbillon*, et le flagellum, qui est
le seul organe servant à la fois à la nutrition et à la locomotion, imprime au corps des Infusoires un mouvement de dandinement remarquable et qui a valu aux Microzoaires de ce second ordre le nom que
nous lui avons donné.

Parmi les Infusoires oscillants, il en est qui ne possèdent même
plus d'organes locomoteurs proprement dits; le flagellum fait défaut
et la progression n'est plus que le résultat d'une contraction ou d'un
dandinement du corps de l'animal lui-même, comme on le remarque
chez les Infusoires qui composent la section des Vibrionides.

Nous divisons notre second ordre en deux sous-ordres qui présentent des caractères bien tranchés. Le premier sous-ordre comprend tous les *Infusoires oscillants* qui sont munis d'un ou de plusieurs flagellum, et nous laissons dans le second ceux qui en sont totalement dépourvus. Chez les Infusoires que renferment ces deux ordres, on rencontre encore quelquefois des cils tégumentaires, mais ceux-ci ne paraissent être que de simples ornements et ne servent que rarement à la progression des animaux.

Les *Microzoaires oscillants* sont donc divisés en deux sous-ordres :

MICROZOAIRES possédant un ou plusieurs flagellum......... MONADIDÆ.
MICROZOAIRES dépourvus de flagellum................... VIBRIONIDÆ.

PREMIER SOUS-ORDRE

MONADIDES (*Monadidæ*).

Les Microzoaires qui composent notre premier sous-ordre présentent des caractères assez tranchés pour pouvoir être divisés en quatre familles distinctes :

Les premiers ont une carapace solide, formée de deux pièces séparées par un sillon où se trouve une rangée de cils ondulants ; le flagellum émerge d'une ouverture latérale de la carapace : ce sont les PÉRIDINIENS.

Les seconds sont nus, avec un flagellum antérieur, quelquefois munis d'une tache oculaire, et couverts d'un tégument contractile qui, en se resserrant, peut changer complétement la forme du corps : ils forment la famille des EUGLÉNIENS.

Les troisièmes sont nus, possèdent un ou plusieurs flagellum, n'ont pas de téguments contractiles et restent toujours isolés : ce sont les Monadiens.

Enfin la famille des Volvociens renferme des Microzoaires flagellés, sans téguments contractiles, comme les Monadiens, mais s'en distinguant par l'habitude des individus qui vivent toujours agglomérés en masses compactes ou rameuses.

XVIIe *FAMILLE :* PÉRIDINIENS (*Peridinina*).

La famille des Péridiniens renferme des Infusoires qui sont munis de flagellum, mais qui en même temps possèdent une rangée de cils vibratiles qui aident à la natation. Ces cils sont ordinairement situés dans un sillon oblique ou transversal qui occupe des régions différentes suivant les genres. Les Péridiniens sont tous armés d'une carapace solide et divisée en deux portions séparées par un sillon où se trouvent les cils vibratiles. L'épaisseur de la carapace a jusqu'à présent empêché de reconnaître la situation de la vésicule contractile.

Les cinq genres que renferme cette famille se reconnaissent aux caractères suivants :

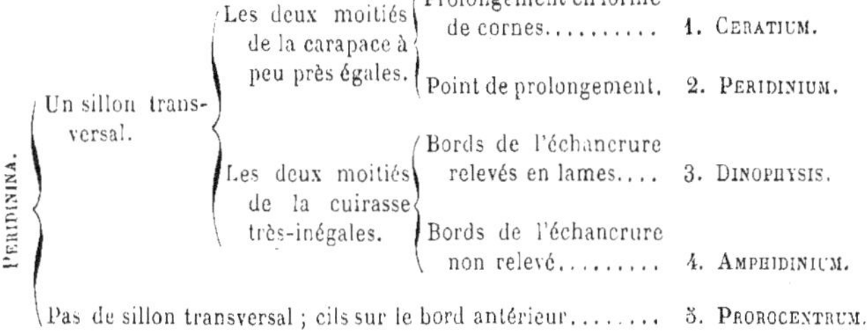

1er *GENRE* : CERATIUM.

Le genre *Ceratium* renferme des Péridiniens dont la carapace est
ornée de prolongements en forme de corne. Plusieurs micrographes
pensent que ces Microzoaires ont la propriété de luire pendant la nuit ;
mais les expériences faites par Claparède et Lachmann n'ont pas confirmé cette assertion. Ces espèces se trouvent dans la mer ou dans
l'eau douce.

Espèce type : *C. cornutum*, Clap. et Lachm., p. 394, pl. XX., fig.
1-2. — *Peridinium cornutum*, Ehren., pl. XXII, fig. 17. — *Ceratium
Hirundinella*, Duj., pl. V, fig. 2.

2e *GENRE* : PERIDINIUM.

Pl. XXIV, fig. 11-12.

Le genre *Peridinium*, établi par Ehrenberg, renfermait des espèces à prolongements cornus qui rentrent dans le genre précédent,
et des espèces sans cornes qui doivent rester ici. Ehrenberg avait
aussi séparé, sous le nom générique de *Glenodinium*, les espèces
qui présentent une tache rouge dite oculaire. Ce caractère est trop
fugace et trop variable pour pouvoir servir à caractériser un genre, et
les Glénodinies rentrent naturellement dans le genre *Peridinium*.

Espèce type : *P. cinctum*, pl. XXIV, fig. 11-12.

Glenodinium cinctum, Ehren., pl. XXII, fig. 22.

3e *GENRE* : DYNOPHYSIS.

Le genre *Dynophysis*, créé par Ehrenberg, renferme des Péridiniens dont le sillon n'est plus situé à égale distance du sommet et de
la base, mais placé à la partie inférieure, de telle façon que la carapace
supérieure contient presque tout le corps et que la portion inférieure
de la cuirasse ressemble à un couvercle bombé. Les bords de la fente

latérale se relèvent perpendiculairement à la surface, et les cils se trouvent placés dans le sillon qui sépare les deux portions de la carapace.

Espèce type : *D. Norwegica*, Clap. et Lach., p. 409, pl. XX, fig. 20.

4ᵉ *GENRE :* AMPHIDINIUM.

La seule espèce connue du genre Amphidinium ressemble beaucoup aux espèces du genre précédent. Comme celle-ci, elle a les deux portions de la carapace très-inégales, et la portion inférieure est réduite à une plaque presque plate. Le corps est comprimé, et la fente latérale, située sur une des larges faces, a des bords qui ne se relèvent pas. C'est surtout ce caractère qui distingue le genre *Amphidinium* du genre précédent.

L'espèce unique est l'*A. operculatum*, Clap. et Lachm., pl. XX, fig. 9-10.

5ᵉ *GENRE :* PROROCENTRUM.

Le genre *Prorocentrum* s'éloigne des genres précédents par l'absence du sillon ciliaire. Les cils sont situés à la base d'une dent qui pour Claparède et Lachmann représente les rudiments d'une des deux portions de la carapace.

La seule espèce connue est le *P. micans*, Ehren., pl. II, fig. 23. — Clap. et Lach., pl. XX, fig. 6, 8. Ces auteurs ne représentent pas les cils que Claparède et Lachmann annoncent avoir remarqués.

Il est bien possible que ce genre ne soit pas à sa place et que, comme le croient presque tous les auteurs, il doive faire partie des Thécamonadiens. La présence des cils, s'ils sont bien constatés, sera le caractère sur lequel on devra s'appuyer pour le laisser dans la famille où il est placé actuellement.

XVIIIe FAMILLE : EUGLÉNIENS (*Euglenina*).

La famille des Eugléniens renferme des Microzoaires nus, munis d'un ou de plusieurs flagellum et recouverts d'un tégument strié et contractile. Quelques espèces possèdent une tache rouge-foncé que Ehrenberg a prise pour un organe de la vue, mais que les auteurs modernes regardent comme une tache huileuse sans aucune importance.

Les Eugléniens se distinguent des Péridiniens par l'absence complète de carapace, et ils se différencient des familles suivantes par la contractilité de leurs corps qui leur permet d'en modifier momentanément la forme ordinaire.

Les genres qui composent la famille des Eugléniens se reconnaissent aux caractères suivants :

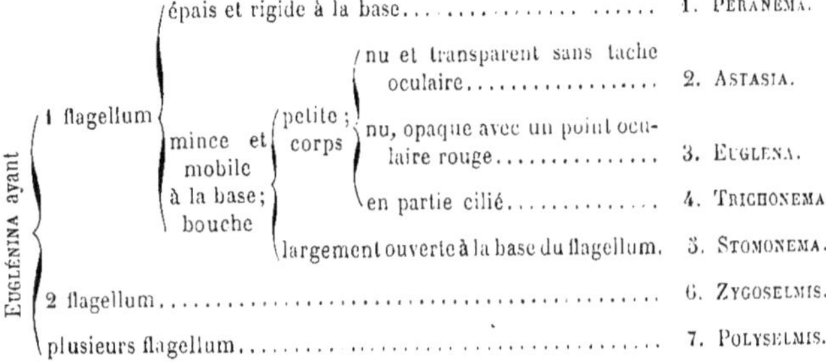

1er *GENRE :* PERANEMA.

Pl. XXIII, fig. 41.

Le genre *Peranema*, établi par Dujardin, renferme des Microzoaires généralement globuleux à la base et amincis au sommet où se trouve un long flagellum rigide et épais à la base, mobile et très-ténu à son extrémité. La bouche est très-petite et peu visible. Le corps se contracte et change assez souvent de forme.

Le flagellum épais et rigide à la base distingue les Péranèmes des Astasies avec lesquelles ils ont une certaine affinité.

Peranema globulosa, Dujardin, *Hist. nat. des Infus.*, p. 335, pl. III, fig. 24, 1841.

2ᵉ *GENRE :* ASTASIA.

Pl. XXII, fig. 11-12. — Pl. XXIII, fig. 34 et 36. — Pl. XXIV, fig. 19, 20, 21, 24. — Pl. XXVII, fig. 29.

Le genre *Astasia* a été fondé par Ehrenberg pour des Euglènes sans points oculaires, avec le corps terminé en pointe. Les Astasies ont le corps transparent, très-contractile, comme les Euglènes, dont elles diffèrent par leur coloration et l'absence de point oculaire rouge. Leur flagellum mobile dès la base les distingue des Péranèmes. La bouche située à la base du flagellum est peu visible, et la vésicule contractile occupe ordinairement la partie moyenne ou inférieure du corps.

Astasia contorta, Dujardin, *loc. cit.*, p. 356, pl. V, fig. 3, 1841.

3ᵉ *GENRE :* EUGLENA.

Pl. XXII, fig. 1, 2, 4, 5, 6, 7, 26.

Institué par Ehrenberg sur la *Cercaria viridis* de Müller, le genre Euglène renferme des Microzoaires généralement colorés en vert foncé ou en brun, et présentant vers le sommet une ou plusieurs taches rouges. Le tégument est strié obliquement et très-contractile; le flagellum mince, très-mobile depuis la base, est implanté au sommet, près de la bouche qui est assez visible. La vésicule contractile, bien développée, est généralement placée à la partie moyenne de l'animal.

Euglena viridis, Ehrenberg, *m.m. de Poghendorf*, p. 504.

Cercaria viridis, Müller, pl. XIV, fig. 6-13.

Les genres *Amblyopis* et *Distigma* ont été créés par Ehrenberg. sur la présence de deux taches oculaires au lieu d'une et doivent probablement faire partie des Euglènes. Ces points rouges n'étant jamais comme nombre un caractère constant sur lequel on puisse fonder sérieusement un genre.

4ᵉ *GENRE :* TRICHONEMA.

Pl. XXII, fig. 8.

Nous avons créé le genre *Trichonema* pour une espèce encore unique, qui a beaucoup d'analogie avec les Astasies, mais qui s'en distingue par son tégument très-cilié surtout à la base. Le corps non contracté est oblong, renflé à la partie inférieure, aminci au sommet, transparent et granuleux. Le flagellum est rigide à la partie inférieure comme chez les Péranèmes et très-flexible au sommet ; l'ouverture buccale est située à sa base et oblongue. La vésicule contractile existe à la partie inférieure du corps. Les cils tégumentaires sont courts, raides et ne semblent pas vibratiles.

Espèce unique : *Trichonema hirsuta*, pl. XXII, fig. 8-8, 8 *b*.

5ᵉ *GENRE :* STOMONEMA.

Pl. XXIII, fig. 1.

Nous avons formé le genre *Stomonema* pour un Infusoire voisin des Astasies, mais qui présente à la base du flagellum une bouche ovalaire largement ouverte. Le corps est sub-cylindrique, arrondi à la partie inférieure et un peu aminci au sommet. Le flagellum est mince et très-mobile. La vésicule contractile se trouve placée à la base de l'Infusoire.

Stomonema ovalis, pl. XXIII, fig. 1, 1ᵃ.

Nous avons encore rencontré, depuis la publication des planches de cet ouvrage, une autre espèce à bouche très-large ; ayant le corps plus grand, aminci aux deux extrémités et légèrement verdâtre. Sa progression se fait en tournant sur son axe. On peut lui donner le nom de *Stomonema viridis.*

6e *GENRE :* ZYGOSELMIS.

Pl. XXIII, fig. 11, et pl. XXIV, fig. 9, 22, 23.

Le genre *Zygoselmis* a été créé par Dujardin pour des Eugléniens qui possèdent deux flagellum égaux implantés au sommet de l'animal. Le corps est granuleux et sans coloration. Nous croyons devoir rapporter à ce genre des espèces colorées en vert et possédant des taches rouges oculaires. Il faudra sans doute y ajouter aussi le *Diselmis angusta* de Dujardin qui me parait avoir tous les caractères de ce genre.

Zygoselmis nebulosa, Dujardin, *loc. cit.*, p. 369, pl. 111, fig. 23, 1841.

7e *GENRE :* POLYSELMIS.

C'est avec doute que nous laissons dans la famille des Eugléniens le genre *Polyselmis* qui n'est encore connu que par une seule espèce décrite par Dujardin. Cet auteur ne nous indique pas si son espèce a le caractère distinctif des Eugléniens, c'est-à-dire un tégument contractile.

Espèce unique : *P. viridis.* « Plusieurs filaments partant du bord antérieur ; vert avec un point rouge. » Dujardin, *loc. cit.*, p. 370, pl. III, fig. 27.

XIXe *FAMILLE :* MONADIENS (*Monadina*).

La famille des Monadiens se compose d'Infusoires libres, nageurs et flagellés. Ils se distinguent des Eugléniens et des Péridiniens, en ce qu'ils n'ont point de doubles carapaces, ni de téguments contractiles. Ils ne peuvent donc changer la forme générale de leur corps, quels que soient du reste leur mouvement et leur mode de progression.

Chez les uns le tégument est très-dur, cassant et résiste à la destruction de l'animal ; chez d'autres, au contraire, il est très-mince et peut diffluer ainsi que le reste de l'Infusoire. La bouche est généralement petite, sauf quelques cas assez rares où on la voit très-visiblement. Il en est de même de la vésicule contractile qu'on peut reconnaître dans les plus petites espèces en y mettant une attention soutenue.

Bien que nous n'attachions pas une grande importance à l'état plus ou moins résistant des téguments, nous diviserons cependant la famille des Monadiens en deux sections : la première comprendra les Monadiens à téguments épais, résistants et bien visibles, et la seconde ceux qui ont un tégument mince et difficile à distinguer du reste du corps. Cette division aura au moins pour résultat de faciliter les recherches.

1re *SOUS-FAMILLE :* THÉCAMONADIENS.

A. *Tégument cassant ou fibreux se distinguant nettement du reste du corps.*

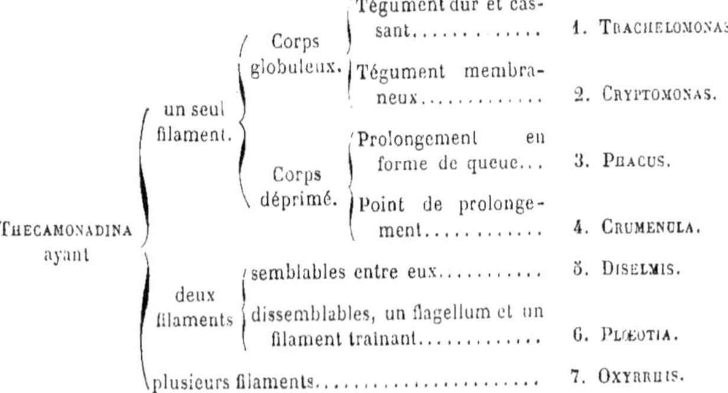

2ᵉ *SOUS-FAMILLE :* MONADIENS PROPREMENT DITS.

B. *Tégument mince et ne se distinguant pas du reste du corps.*

MONADINA ayant :

- un seul filament
  - mobile depuis la base ; corps globuleux
    - et arrondi.............. 8. MONAS.
    - Sommet renversé sur le côté. 9. PLEUROMONAS.
    - Sommet tronqué brusquement................ 10. CYATHOMONAS.
    - Sommet prolongé antérieurement avec le flagellum à la base............. 11. CHILOMONAS.
  - mobile au sommet et raide à la base... 12. CYCLIDIUM.
- un seul filament avec des cils vibratils.......... 13. TRICHOMONAS.
- deux filaments
  - dont un latéral.................... 14. AMPHIMONAS.
  - dont un postérieur................ 15. CERCOMONAS.
  - égaux terminant les angles contournés de l'extrémité inférieure.......... 16. TREPOMONAS.
  - dissemblables ; un flagellum et un filament traînant rétracteur.......... 17. HETEROMITA.
- quatre filaments : deux flagellum et deux filaments traînants rétracteurs...................... 18. DIPLOMITA.
- six filaments : quatre en avant et deux en arrière : 19. HEXAMITA.

1ᵉʳ *GENRE :* TRACHELOMONAS.

Pl. XXIV, fig. 13-18.

Créé par Ehrenberg, ce genre renferme des Infusoires globuleux, uni-flagellés, qui se sécrètent un têt dur et cassant et par une petite ouverture duquel sort un long flagellum.

Les genres *Microglena* et *Chœtotyphla* du même auteur ne diffèrent du premier que par des ornements du têt et doivent se fondre avec lui. Il en est de même du genre *Chœtoglena* qui ne diffère du genre *Chætotyphla* que par la présence d'un point rouge, dit oculaire et qui n'est pas un caractère sérieux ni constant.

Trachelomonas volvocina, Ehrenberg, *m.m. de Poggendorf*. 1832. — Dujardin, *loc. cit.*, pl. II, fig. 11.

2ᵉ *GENRE :* CRYPTOMONAS.

Ehrenberg a institué ce genre pour des Infusoires globuleux, entourés d'un tégument épais et résistant et pourvus d'un long flagellum. Le genre *Cryptoglena*, ne différant des *Cryptomonas* que par la présence d'un point rouge oculaire, doit lui être réuni. Il faut aussi placer dans le même genre les Lagenelles de Dujardin, qui en diffèrent par un prolongement de l'enveloppe en manière de goulot au point d'insertion du flagellum.

Cryptomonas globulus, Dujardin, *loc. cit.*, pl. VII, fig. 2.

3ᵉ *GENRE :* PHACUS.

Créé par Nitzsch pour un Infusoire de Müller (*Cercaria pleuronectes*) le genre *Phacus* renferme des Microzoaires à corps aplati foliacé, généralement vert et muni d'une tache rouge oculaire et d'un filament flagelliforme. Son tégument est résistant et se prolonge en forme de queue. Très-voisin des Euglènes, les *Phacus* s'en distinguent par leur tégument rigide et leur forme aplatie.

Phacus longicauda, Dujardin, *loc. cit.*, pl. V, fig. 6. — *Euglena longicauda*. Ehrenberg, 1831–1838. — *Inf.*, pl. VII, fig. 13.

4ᵉ *GENRE :* CRUMENULA.

Dujardin a formé le genre *Crumenula* pour des Infusoires à corps ovale, déprimé, à tégument résistant et obliquement strié. Un long filament sort obliquement d'une entaille du tégument. Ce genre très-voisin du précédent dont il ne diffère en réalité que par la forme du corps devra probablement se fondre avec lui quand il sera mieux étudié.

Crumenula texta, Dujardin, *loc. cit.*, pl. V, fig. 8.

5° *GENRE* : DISELMIS.

Pl. XXIII, fig. 2, 25, 40.

Ce genre créé par Dujardin contient des animalcules à corps ovoïde ou sphérique, revêtus d'un tégument non contractile et pourvus de deux flagellum.

Diselmis viridis, Dujardin, *loc. cit.*, p. 342, pl. III, fig. 20, 21.

6° *GENRE* : PLŒOTIA.

Pl. XXIII, fig. 52-53.

Dujardin a fondé ce genre pour un Infusoire à corps diaphane, ayant plusieurs côtes ou carènes, longitudinales ; le corps est aplati d'un côté et arrondi de l'autre. Deux filaments : un flagellum et un filament traînant.

L'Infusoire décrit par Dujardin est probablement le même que celui que Müller a figuré pl. XXVI, fig. 20-31, sous le nom de *Trichoda prisma*.

Plœotia vitrea, Dujardin, *loc. cit.*, pl. V, fig. 3.

7° *GENRE* : OXYRRHIS.

Créé par Dujardin, le genre *Oxyrrhis* renferme des Microzoaires à corps ovoïde, oblong et prolongé en pointe, à la base de laquelle se montrent plusieurs filaments flagelliformes.

Oxyrrhis marina, Dujardin, *loc. cit.*, p. 347, pl. V, fig. 4.

8ᵉ *GENRE :* MONAS.

Pl. XXIII, 3, 10, 12, 13, 17, 19, 21, 24, 28, 44, 45, 48, 49, 51. — Pl. XXIV, fig. 16. —
Pl. XXVII, fig. 4, 7, 13, 14, 17, 18, 20, 21.

Corps polymorphes, arrondis, ovoïdes ou allongés, un seul filament flagelliforme qui imprime au corps un mouvement vacillant.
Vésicule contractile généralement visible dans les grandes espèces.

Le genre *Monas* créé par Müller renferme un grand nombre
d'espèces dont la taille souvent exiguë ne permet pas toujours un
examen sérieux.

Monas Lens, Dujardin, *loc. cit.,* pl. III, fig. 5, et pl. IV, fig. 7.

9ᵉ *GENRE :* PLEUROMONAS.

Nous avons créé ce genre pour une espèce pyriforme dont le
sommet se réfléchit sur le côté ; un flagellum court sort du pli formé
par le sommet. On aperçoit généralement deux vésicules contractiles.

Pleuromonas granulosa, pl. XXIII, fig. 42, 43.

10ᵉ *GENRE :* CYATHOMONAS.

Pl. XXIV, fig. 27, 28, 30, 31. — Pl. XXVII, fig. 8, 27.

Le genre Cyathomonas, que nous avons créé pour plusieurs Microzoaires uni-flagellés, comprend des animalcules à corps cylindriques ou pyriformes, brusquement tronqués au sommet qui paraît
largement évasé et donne à ces Infusoires l'apparence d'un verre
ou d'un calice. Le flagellum semble sortir de la partie supérieure
évasée, et la vésicule contractile est très-visible dans la plupart des
espèces. La multiplication se fait par division longitudinale.

Cyathomonas turbo, pl. XXIV, fig. 30.

11ᵉ *GENRE :* CHILOMONAS.

Pl. XXIII, fig. 35.

Le genre *Chilomonas* a été créé par Ehrenberg pour des Infusoires à corps ovoïdes, oblongs, obliquement échancrés en avant et portant le flagellum inséré au fond de l'échancrure.

Chilomonas granulosa, Dujardin, *loc. cit.*, p. 295, pl. III, fig. 15.

12ᵉ *GENRE* : CYCLIDIUM.

Müller a créé ce genre pour des Infusoires arrondis, très-voisins des *Monas* et qui n'en diffèrent que par leur flagellum agité seulement au sommet et raide à la base.

Cyclidium abscissum, Dujardin, *loc. cit.*, p. 286, pl. IV, fig. 11.

13ᵉ *GENRE* : TRICHOMONAS.

Pl. XXIII, fig. 9, .

Dujardin a fondé ce genre pour des Infusoires, qui ont de l'analogie avec les Monades, mais qui en diffèrent par un groupe de cils situés à la base du flagellum. Nous rapportons avec doute à ce genre un microzoaire ovoïde tronqué au sommet et qui porte une couronne de cils autour du flagellum.

Trichomonas vaginalis, Dujardin, *loc. cit.*, p. 300, pl. IV, fig. 13.

14ᵉ *GENRE* : AMPHIMONAS.

Le genre *Amphimonas*, créé par Dujardin, renferme des Monadiens qui ont deux flagellum, un placé au sommet et l'autre latéralement, naissant sur un point aminci du corps.

Amphimonas dispar, Dujardin, *loc. cit.*, p. 293, pl. III, fig. 9.

15ᵉ *GENRE* : CERCOMONAS.

Pl. XXIV, fig. 25.

Le genre *Cercomonas* renferme des Monadiens de forme variable, qui ont un flagellum antérieur et un prolongement filamenteux en forme de queue.

Cercomonas longicauda, Dujardin, *loc. cit.*, p. IV, fig. 15.

Les *Cercomonas crassicauda*, pl. IV, fig. 18, et *lacryma*, pl. IV, fig. 17, du même auteur, ne peuvent pas être rapportés à ce genre, ils manquent d'appendice postérieur.

16ᵉ *GENRE* : TREPOMONAS.

Pl. XXVII, fig. 16.

Ce genre, tel qu'il est décrit par Dujardin, devrait renfermer un Infusoire globuleux, terminé par deux pointes contournées et munies chacune d'un flagellum. C'est ainsi que cet auteur a figuré son *Trepomonas agilis*, pl. III, fig. 14. Mais quoique nous ayons suivi la caractéristique de Dujardin dans notre nomenclature, nous sommes obligé de convenir que nous ne l'avons pas trouvé semblable à la description qu'il en donne. Pour nous le *Trepomonas agilis* est globuleux au sommet et terminé en bas par deux pointes contournées ; mais nous n'y avons pas vu de prolongement flagelliforme, tandis que le flagellum existe sur le sommet arrondi. Au reste Pritchard qui donne la figure de Dujardin, pl. XVIII, fig. 16, représente, comme nous, le même Infusoire, pl. XVIII, fig. 27 et conserve le même nom pour les deux figures.

Trepomonas agilis, Dujardin, *loc. cit.*, p. 294, pl. III, fig. 14. — Pritchard, pl. XVIII, fig. 16 et 27.

17° *GENRE* : HETEROMITA.

Pl. XXIII, fig. 4, 6, 8, 16.

Dujardin qui attachait beaucoup de valeur à la présence ou à l'absence des téguments, a réparti dans différents genres les espèces qui ont tous les caractères des Hétéromites, c'est-à-dire qui ont un flagellum en avant et un filament traînant rétracteur, dirigé un arrière. Outre le genre Hétéromite, il a créé les genres *Heteronema* et

Anisonema en supposant que le premier genre était dépourvu de tégument, que le second avait un tégument contractile et le troisième un tégument résistant. En réalité, ces différences n'existent pas ; tous ont un tégument non contractile, et la différence dans l'épaisseur de ce tissu n'est pas un caractère suffisant pour établir des genres distincts.

Heteromita ovata, Dujardin, *loc. cit.*. p. 298, pl. IV, fig. 22.

18ᵉ *GENRE :* DIPLOMITA.

Pl. XXIII. fig. 37.

Nous avons créé ce genre pour un Monadien qui se rapproche des Hétéromites. mais qui en diffère par la présence de deux filaments traînants rétracteurs, d'inégale longueur, et par deux flagellum antérieurs. Le corps est ovoïde, plus renflé à la base qu'au sommet. La bouche paraît apiciale et les flagellum peu écartés sont insérés à droite et à gauche de la bouche. Les filaments traînants rétracteurs sont renflés à leur extrémité et semblent se continuer là où ils s'insèrent sur le côté de l'Infusoire.

Diplomita insignis, pl. XXIII. fig. 37.

19ᵉ *GENRE :* HEXAMITA.

Dujardin a fondé ce genre pour des Infusoires à corps arrondi en avant, rétréci et échancré en arrière. La partie antérieure porte deux ou quatre flagellum et les demi-lobes postérieurs sont prolongés en filaments flexueux.

Hexamita nodulosa, Dujardin. *loc. cit.*, p. 296, pl. III, fig. 16.

XXe *FAMILLE :* VOLVOCIENS (*Volvocina*).

Les Infusoires qui composent la famille des *Volvociens* ont une grande affinité avec ceux que renferme la famille précédente. Comme ceux-ci, ils affectent généralement une forme globuleuse ou oblongue ; leur bouche est rarement visible, et on constate la présence d'une vésicule contractile tant que l'animalcule reste dans des conditions de taille qui permettent de sonder ses organes internes. Le flagellum est encore ici le seul organe de natation, en même temps qu'il sert à la nutrition en attirant à la bouche les particules en suspension dans le liquide ambiant. Mais les Monadiens sont libres et toujours isolés, tandis que les Volvociens sont toujours réunis et groupés en colonies plus ou moins nombreuses. Les unes sont constituées par des êtres qui, comme les *Dinobryons*, habitent des étuis de substance résistante et cornée dans lesquels ils peuvent se retirer. Les autres sont formées par des animalcules unis plus ou moins intimement entre eux et constituant des masses arrondies qui nagent librement, comme les Uvelles.

Souvent ces colonies sont placées à la périphérie d'une masse commune, comme on le remarque chez les Volvox, ou plongées entièrement dans cette substance, ce qui a lieu pour les Pandorines, les Allodorines, etc.

Enfin on voit chez les Anthophyses ces mêmes colonies fixées aux extrémités de rameaux déliés et constituant un arbre qui est le résultat de la sécrétion de ces Infusoires.

Voici les caractères principaux qui distinguent les différents genres de la famille des Volvociens :

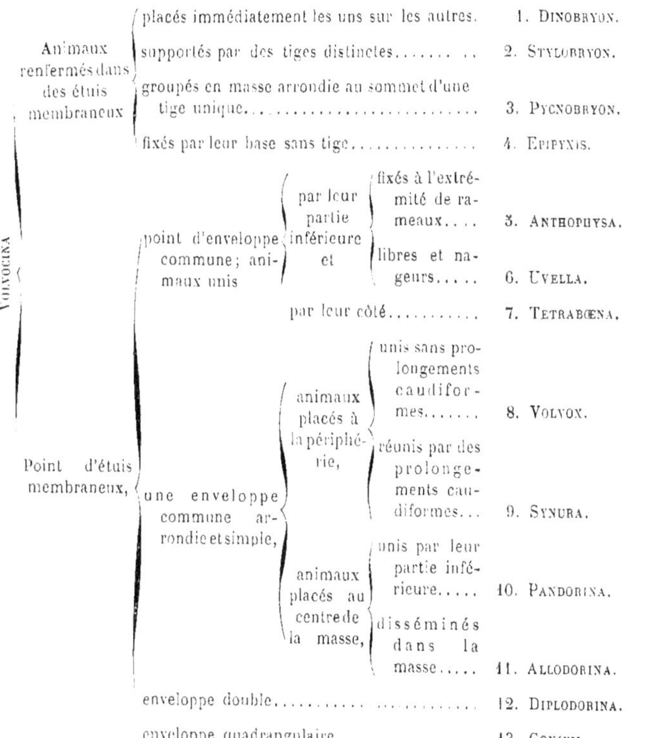

VOLVOCINA

Animaux renfermés dans des étuis membraneux
- placés immédiatement les uns sur les autres. — 1. DINOBRYON.
- supportés par des tiges distinctes........ .. — 2. STYLOBRYON.
- groupés en masse arrondie au sommet d'une tige unique........................ — 3. PYCNOBRYON.
- fixés par leur base sans tige............. — 4. EPIPYXIS.

Point d'étuis membraneux,
- point d'enveloppe commune; animaux unis
  - par leur partie inférieure et
    - fixés à l'extrémité de rameaux.... — 5. ANTHOPHYSA.
    - libres et nageurs..... — 6. UVELLA.
  - par leur côté.......... — 7. TETRABŒNA.
- une enveloppe commune arrondie et simple,
  - animaux placés à la périphérie,
    - unis sans prolongements caudiformes....... — 8. VOLVOX.
    - réunis par des prolongements caudiformes... — 9. SYNURA.
  - animaux placés au centre de la masse,
    - unis par leur partie inférieure..... — 10. PANDORINA.
    - disséminés dans la masse..... — 11. ALLODORINA.
- enveloppe double........... .... — 12. DIPLODORINA.
- enveloppe quadrangulaire................ — 13. GONIUM.

1er GENRE : DINOBRYON.

Pl. XXVI, fig. 1.

Le genre *Dinobryon* a été fondé par Ehrenberg pour des Monadiens renfermés dans des étuis membraneux, résistants, et constituant des colonies rameuses en forme d'arbrisseau. Les Dinobryons
sont munis d'un long flagellum qui s'agite hors de l'étui et attire à la

bouche les particules nutritives. La vésicule contractile est placée à la partie moyenne supérieure de l'Infusoire. La multiplication se fait par gemme et les nouveaux étuis se trouvent immédiatement placés sur les anciens,

Espèce type : *Dinobryon sertularia*, Ehrenberg, *Infus.*, 1838, pl. VIII, fig. 8.

2ᵉ *GENRE :* STYLOBRYON.

Pl. XXVI, fig. 8ᵃ-8ᵉ, et pl. IX, fig. 12 et 14.

Nous avons créé ce genre pour un Infusoire assez répandu et qui diffère des *Dinobryon* en ce que chaque étui est porté sur un pédicule spécial, ce qui donne une grande légèreté à la colonie qui ne présente plus la forme masivre des *Dinobryon*.

La seule espèce connue est le *Stylobryon insignis*, pl. XXVI, fig. 8.

L'Infusoire a une forme ovoïde ; il porte à son sommet un long flagellum ; sa base adhère au fond de l'étui par un support (fig. 8 ᵉᵉ) contractile, qui comme celui des Vorticelles se resserre en spirale et fait rentrer tout le corps de l'Infusoire dans l'étui membraneux. La vésicule contractile se voit à la partie moyenne et supérieure.

3ᵉ *GENRE :* PYCNOBRYON.

Pl. XXVI, fig. 9, et pl. IX, fig. 10 et 11?

Nous avons fondé ce genre pour des Infusoires très-petits, semblables à ceux des genres précédents, mais qui s'en distinguent par le groupement des individus. Les Dinobryons et les Stylobryons forment des colonies arborescentes, rameuses, tandis que les Pycnobryons sont tous rassemblés au sommet d'une tige unique et ont sous ce point de vue quelque analogie avec les Anthophyses.

La seule espèce connue est le *Pycnobryon socialis*, pl. XXVI, fig. 9.

4ᵉ *GENRE* : EPIPYXIS.

PI. IX, fig. 13.

C'est avec doute que nous inscrivons ici le genre *Epipyxis* qui a été établi par Ehrenberg. D'après cet auteur, le genre renfermerait des Dinobryons simples, non réunis sur des tiges rameuses et fixés par un prolongement de leur base sur les corps étrangers. Ehrenberg ne donne pas d'autres détails sur l'organisation de ces petits êtres auxquels il reconnaît une vésicule contractile.

C'est probablement à ce genre que nous devons rapporter les espèces que nous avons figurées pl. IX, fig. 13, et peut-être pl. XI, fig. 4, mais nous avouons qu'il nous a été impossible de déterminer d'une manière sérieuse les caractères qui pourraient, avec certitude, leur constituer une place définitive dans la classification.

5ᵉ *GENRE* : ANTHOPHYSA.

PI. XXVI, fig. 5.

Créé par Bory, le genre *Anthophysa* renferme des colonies de Monadiens fixées à l'extrémité de longs rameaux de structure fibreuse et granulée qui sont le produit de la sécrétion des animalcules. Les colonies accidentellement détachées des rameaux nagent librement dans le liquide et offrent beaucoup d'analogie avec les Uvelles.

Espèce unique : *Anthophysa Mulleri*, Bory. — *Volvox vegetans*, Müller, pl. III, fig. 22-25.

6ᵉ *GENRE* : UVELLA.

PI. XXVI, fig. 7.

Le genre *Uvella* a été créé par Bory (*Encyclop.*, 1824) pour des Monadides agrégées que Müller plaçait parmi les Volvox. Les Uvelles sont des Monadiens uniflagellés, réunis en masses globuleuses par la

base et nageant librement dans le liquide ambiant. Les animalcules
ne sont pas, comme les Pandorines et les Volvox, réunis par une masse
commune transparente.

Uvella virescens, Bory, *Encycl.*, 1824. — *Volvox uva*, Müller,
loc. cit., pl. III, fig. 17-21.

7ᵉ *GENRE* : TETRABÆNA.

Pl. XXVI, fig. 2.

Nous donnons le nom de *Tetrabæna* à une colonie formée de
quatre Monadiens unis par les côtés. Ce nom de Tetrabæna avait été
déjà proposé par Dujardin comme représentant un sous-genre parmi
les Cryptomonas et nous lui dédions la seule espèce connue.

Tetrabæna Dujardini, pl. XXVI, fig. 2. — *Cryptomonas socialis*,
Dujardin, *loc. cit.*, p. 333, pl. V, fig. 1.

8ᵉ *GENRE* : VOLVOX.

Pl. XXV, fig. 1 et 2.

Le genre *Volvox* a été créé par Müller pour des Monadides réunis
en colonies à la surface d'une masse commune transparente. Les
animalcules sont munis d'un ou de deux flagellum et semblent com-
muniquer entre eux par des canaux rayonnants. Ils possèdent une
vésicule contractile. On voit parmi eux d'autres êtres incolores et de
formes allongées, et souvent la surface de la colonie est couverte de
petits êtres bactériformes et doués d'un mouvement gyratoire (pl. XXV,
fig. 1, 1ᶜ, 1ᵈ). Il se développe à l'intérieur de la masse transparente
d'autres colonies de formes variables et qui s'échappent au dehors par
suite de la rupture de la masse commune.

Volvox globator, Müller, *loc. cit.*, pl. III, fig. 25, et pl. IV, fig. 30.

9ᵉ *GENRE :* SYNURA.

Le genre *Synura* a été établi par Ehrenberg pour des Volvociens qui possèdent un prolongement caudiforme au moyen duquel se trouvent unis, au centre de la masse commune, tous les Infusoires qui constituent la colonie. Le genre *Uroglena* du même auteur, qui ne diffère du précédent qu'en ce que les individus qui composent la colonie ont une tache oculaire rouge, doit être fondu avec lui, et il en est de même du genre *Syncrypta* que Dujardin rapproche à tort des Thécamonadiens.

Synura uvella, Ehrenberg, *loc. cit.*, pl. III, fig. 9.

10ᵉ *GENRE :* PANDORINA.

Pl. XXV, fig. 3.

Le genre *Pandorina* a été formé par Bory (*Encycl.*) avec le *Volvox morum* de Müller. Dans ce genre les animalcules ne se trouvent plus à la surface de la masse transparente commune, mais en occupent le centre où ils forment une colonie arrondie, constituée par des individus uniflagellés et réunis immédiatement par la base.

La caractéristique que Dujardin donne de ce genre est complétement fausse, et les colonies séparées qui se montrent quelquefois dans la masse commune (Müller, pl. III, fig. 16), ne sont que des embryons détachés de la colonie mère.

Les genres *Gyges* et *Eudorina* d'Ehrenberg doivent être réunis au genre précédent.

Pandorina Morum, Bory., *Encycl.*, 1824. — *Volvox morum*, Müller. *loc. cit.*, pl. III, fig. 14, 15, 16.

11ᵉ *GENRE :* ALLODORINA.

Pl. XXV, fig. 7.

Nous avons créé le genre *Allodorina* pour des Volvociens, qui, comme les *Pandorina*, sont placés au centre de la masse commune, mais qui s'y montrent épars et non réunis par la base. Chaque individu a deux flagellum et une vésicule contractile.

Allodorina irregularis, pl. XXV, fig. 7.

12ᵉ *GENRE :* DIPLODORINA.

Pl. XXV, fig. 6.

Ce genre nouveau a été créé pour des animalcules dont l'organisation rappelle celle de *Pandorina*, mais qui paraissent entourés par une double enveloppe transparente. Le flagellum dont sont munis les animalcules traverse les deux couches transparentes et s'agite au dehors.

Nous avons dédié cette espèce unique à l'éditeur de cet ouvrage.

Diplodorina Massoni, pl. XXV, fig. 6.

13ᵉ *GENRE :* GONIUM.

Créé par Müller, ce genre renferme des colonies constituées par des animaux ovoïdes réunis par suite de la division spontanée, au moyen d'une enveloppe commune en forme de plaque quadrangulaire qui se meut lentement dans l'eau.

Gonium pectorale, Müller, *loc. cit.*, pl. XVI, fig. 9-11.

SECOND SOUS-ORDRE

VIBRIONIDES (*Vibrionidæ*).

Les Infusoires compris dans notre second sous-ordre des *Microzoaires oscillants* ne possèdent plus les organes flagellants qui servent à ceux que nous venons de décrire, et pour la nutrition et pour la progression. Ceux-ci sont toujours libres, nageurs ou rampants ; ils ont généralement le corps nu, et si chez certains d'entre eux on remarque des cils à la surface du tégument, ils ne sont plus doués de mouvement vibratile et ne servent en rien à la natation. Les Vibrionides et surtout les Vibrioniens sont généralement très-petits, aussi est-il difficile de distinguer chez eux les organes que nous avons décrits chez les autres Infusoires et qui président aux fonctions de la nutrition et de la circulation.

Nous avons divisé les Vibrionides en deux familles : la première renferme des Infusoires dont le corps pendant la progression ne subit aucun changement dans sa forme première ; ce sont les Vibroniens.

La seconde, au contraire, est constituée par des êtres singuliers qui participent à la fois aux caractères qui distinguent les Infusoires et les Rhizopodes et dont le corps subit pendant la marche des modifications, souvent assez considérables, pour modifier entièrement la forme primitive du corps. Ce sont les Amœbiens que nous décrirons sous le nom de *Groupe de transition*.

XXI⁰ *FAMILLE* : VIBRIONIENS (*Vibrionina*).

Les Vibrioniens sont des animaux très-petits, allongés et se déplaçant dans l'eau au moyen de mouvements variés, mais qui ne modifient pas la forme première de leur corps. Malgré tout le soin que nous avons mis à les étudier, il nous a été impossible de reconnaître chez ces infiniment petits êtres ni fente buccale, ni vésicule contractile. Ce n'est pas à dire que ces organes leur manquent complétement, mais la ténuité extrême de leur corps empêchera encore bien long-temps les micrographes de pouvoir se rendre compte de l'organisation interne de ces animalcules. Les Vibrioniens se multiplient par division transversale, mais il arrive souvent que cette division reste incomplète, ce qui donne au corps une forme de plus en plus allongée et articulée.

Les trois genres que renferme cette famille se reconnaissent aux caractères suivants :

	oscillant....................	1. BACTERIUM.
VIBRIONINA nageant par suite d'un mouvement	ondulatoire................	2. VIBRIO.
	spiral.....................	3. SPIRILLUM.

1ᵉʳ *GENRE* : BACTERIUM.

Pl. XXVII, fig. 3 et 9.

Le genre Bacterium a été établi par Ehrenberg pour des animaux très-petits, filiformes et assez courts. Ils sont doués d'un mouvement oscillant déterminé par un balancement alternatif des deux extrémités.

Bacterium termo, Dujardin, *loc. cit.*, p. 212, pl. 1, fig. 1.

2ᵉ *GENRE* : VIBRIO.

PL. XXVII, fig. 2, 5, 28.

Créé par Müller pour une foule d'êtres hétérogènes, le genre *Vibrion* ne renferme plus aujourd'hui que des Infusoires filiformes, allongés, très-minces et se mouvant dans l'eau par suite d'un mouvement ondulatoire de leur corps, comme un serpent. La multiplication se fait par division transversale souvent incomplète.

Vibrio rugula, Müller, *Infus..* p. 44, pl. VI, fig. 2.

3ᵉ *GENRE* : SPIRILLUM

PL. XXVII, fig. 25, 27.

Ce genre a été établi par Ehrenberg pour quelques Vibrions de Müller. Il renferme des Infusoires très-déliés, filiformes et contournés en hélice. En nageant, cet Infusoire décrit dans l'eau une ligne spirale. Le corps quoique contractile n'est généralement pas extensible et il se divise transversalement comme les autres Vibrioniens.

Spirillum volutans, Ehrenberg, *Inf.*, pl. V, fig. 13, 1830-38. — *Vibrio spirillum*, Müller, *loc. cit.*, p. 49, pl. VI, fig. 9.

Le genre *Spirochæta* d'Ehrenberg doit être rapporté au genre précédent, et son *Spirodicus* ne nous paraît pas devoir être compris parmi les Infusoires.

GROUPE DE TRANSITION

XXIIᵉ *FAMILLE* : AMOEBIENS (*AMŒBÆA*).

Les êtres que renferme cette dernière famille se distinguent de ceux qui composent la famille des Vibrioniens en ce qu'ils ne sont plus libres et nageurs comme ces derniers, et que la progression ne se fait plus par suite d'un mouvement oscillant ou ondulatoire du corps de l'animal. Les Amœbiens ont les mouvements très-lents ; à l'exception des Protées, ils rampent tous à la surface des corps étrangers et ont la propriété de modifier quelquefois d'une manière complète la forme de leur corps. Ils se rapprochent des Infusoires proprement dits, en ce qu'ils possèdent comme ces derniers une vésicule contractile et par conséquent une circulation plus ou moins développée. Le tégument extérieur est visible, généralement assez épais et se distingue du parenchyme interne granulé par une ligne blanche et transparente qui enveloppe le corps de toutes parts. Jusqu'à présent on ne connaît pas la bouche des Amibes, mais tout fait supposer qu'elle existe à la partie ventrale, car c'est toujours par cette partie du corps que l'on voit pénétrer les matériaux de la nutrition. Les cils, dont le tégument peut être recouvert en partie, n'ont aucune action propre ; ils ne sont pas vibratiles et ne servent en rien à la progression. Les Amibes peuvent émettre des prolongements rayonnants plus ou moins allongés et qui donnent au corps une forme étoilée. Ces prolongements s'accusent surtout pendant la marche de l'Infusoire et n'ont aucune analogie avec les suçoires des Acinètes et des autres Rhizopodes. Le parenchyme granuleux, que contient l'enveloppe commune, se prête à toutes les positions du corps et s'allonge ou se rétrécit dans les prolongements, suivant la forme qu'ils prennent. La vésicule contractile est très-développée et jouit d'une grande activité. Nous n'avons pu découvrir la place de l'anus, ni la forme de l'intestin, mais il est présumable que ce dernier est une fente unique comme celle des Stylonychies et que l'anus se trouve placé sur la face où se trouve la bouche.

C'est à tort que la plupart des auteurs ont considéré les Amibes comme des êtres sans organisation, vivant par une sorte d'imbibition de toute la surface, et ne présentant aucun organe qui puisse les rapprocher des autres animaux. On se contente la plupart du temps d'annoncer que le corps des Amibes comme celui des Rhizopodes est constitué par du protoplasma, que c'est une masse homogène vivante sans trace d'organisation. Hæckel va encore plus loin, il fait de l'Amibe une cellule à noyau, un protiste qui n'est que le résultat d'une modification, en matière vivante, des matières inanimées !...

Combien on doit regretter que des travailleurs sérieux, des savants distingués se laissent entraîner par une imagination trop ardente, ou se contentent de continuer à propager des erreurs grossières sans se donner la peine de vérifier le dire de leurs devanciers !

En réalité les Amibes sont des êtres qui ont un tégument propre, visible, renfermant un parenchyme très-mobile comme celui de la plupart des Infusoires. Les organes de la digestion, il est vrai, ne sont pas constatés, bien que ces êtres s'assimilent les substances de corps volumineux, tels que des Navicules, des Brachions, etc., mais la vésicule contractile large et très-active qu'ils possèdent indique un appareil circulatoire et respiratoire bien développé. La cuticule, comme celle de certains Lacrymariens, est douée d'une grande contractilité et peut s'allonger dans un ou plusieurs points de manière à donner lieu à des prolongements rayonnants. Ce pouvoir de s'étendre en filament et de donner au corps une forme étoilée, rapproche les Amibes des Rhyzopodes et établit un lien entre ces derniers et les Infusoires proprement dits.

Voici les caractères qui distinguent les genres dont se compose la famille des Amœbiens.

AMŒBÆA infusoires	nageurs		1. PROTEUS.
	rampants;	des cils	2. TRICHAMŒBA.
		une cuirasse	3. THECAMŒBA.
		ni cils, ni cuirasse	4. AMŒBA.

1er *GENRE :* PROTEUS.

PI. XXVII, fig. 1.

Le genre Proteus a été créé par Müller pour deux espèces, le
P. diffluens qui est un *Amœba* et le *P. tenax* qui est le type du genre.
Le Proteus est un être nageur que l'on voit se balancer lentement
dans l'eau en affectant successivement des formes différentes, mais qui
reviennent toujours les mêmes; le corps est d'abord aigu par le bas
et arrondi en haut, puis il se forme une boule à l'extrémité aiguë qui
se renfle de plus en plus et monte vers le sommet. Quand le renflement est arrivé à la partie moyenne de l'animal, la partie aiguë se
montre de nouveau pour s'allonger complétement pendant que la
boule atteint le sommet. Le même jeu recommence ensuite avec peu
ou point de modification.

Proteus tenax, Müller, *Infus.*, p. 10, pl. II, fig. 13-18. — Ces
figures sont très-exactes et la description très-fidèle.

2e *GENRE :* TRICHAMŒBA.

PI. XXVIII, fig. 1 et 4.

Nous avons créé ce genre pour des Amibes peu diffluentes, mais
avec des changements assez profonds dans la forme du corps. Le tégument est orné de cils raides et non vibratiles.

Nous en connaissons deux espèces :
1° *Trichamœba radiata*, pl. XXVIII, fig. 1.
2° *Trichamœba hirta*, pl. XXVIII, fig. 4.

3e *GENRE :* THECAMŒBA.

PI. XXVIII, fig. 3.

Nous avons établi ce genre pour un *Amœba* remarquable par la
cuirasse ou épaississement dermique qui couvre la partie dorsale de

l'animalcule. Cette cuirasse, qui a une forme ovale, est divisée en quatre parties longitudinales par des lignes visibles et selon lesquelles les segments sont mobiles. Il arrive souvent que les parties latérales externes de la cuirasse se relèvent et s'abaissent comme des volets. La reptation se fait toujours dans le même sens, la partie la plus large en avant. La vésicule contractile est très-développée.

THECAMŒBA QUADRIPARTITA, pl. XXVIII, fig. 3.

4ᵉ GENRE : AMOEBA.

Pl. XXVIII, fig. 2. — Pl. XXIX, fig. 1 à 7.

Créé par Erhenberg, le genre *Amœba* renferme tous les Amœbiens rampants qui ne possèdent ni cils ni cuirasse. C'est chez les êtres qui composent ce genre que l'on remarque les modifications les plus profondes dans la forme du corps pendant la reptation. La cuticule est toujours visible et la vésicule contractile bien développée.

Amœba diffluens, Ehrenberg, *Infus.*, 1838, pl. VIII, fig. 12. — *Proteus diffluens*, Muller, pl. II, fig. 1-12 (non *Proteus tenax*, qui appartient au genre *Proteus*).

Outre les genres que nous venons de décrire et qui composent la classe des Infusoires proprement dits, on trouve dans les auteurs des genres établis sur des observations très-imparfaites et accompagnées de figures qui n'inspirent qu'une confiance très-limitée.

Le genre CŒNOMORPHA, Perty, n'a aucun rapport avec les genres connus ; c'est une forme médusaire qu'il rapproche à tort des Urcéolaires de Dujardin (Pritchard, pl. XXVIII, fig. 27-30).

Le genre *Lagotia*, Wright, s'il était mieux connu, devrait être placé à côté des *Freia*. Il est formé avec des Tubicolaires dont le sommet est divisé en deux lames étroites entre lesquelles se trouvent la bouche et l'œsophage. Voyez Pritchard, pl. XXVIII, fig. 20-23 et pl. XXXI, fig. 7-8.

Le genre *Acomia*, de Dujardin, est un *Enchelis* de même que l'*Acropisthium*, l'*Opistriotricha*, le *Siagontherium*, le *Megatricha* et le *Ptyxidium* de Perty. Son *Bœonidium* est un *Holophrya* ainsi que probablement son *Colobidium* et son *Apionidium*.

On trouve encore dans les auteurs des figures mal dessinées sur des observations inexactes et qu'on ne sait à quel genre rapporter.

TROISIÈME PARTIE

1ʳᵉ *FAMILLE :* VORTICELLIENS.

1ᵉʳ *GENRE :* VORTICELLA.

VORTICELLA PROCUMBENS.

Pl. IV, fig. 5. — 400 diam.

Animal à tégument d'une grande transparence avec quelques granulations intérieures ; œsophage profond ; cils de la couronne frontale longs et d'une grande force ; pédicule long et se contractant à la base en anneaux serrés. Cette Vorticelle a toujours une pose retombante et ne relève le corps qu'au moment de la contraction générale.

VORTICELLA PLICATA

Pl. IV, fig. 8. — 400 diam.

Corps ovoïde à tégument granuleux, très-fortement strié. A l'intérieur on remarque quelques globules brillants ; le pédicule est long et fort et le muscle est ponctué de petits grains verdâtres. Cette Vorticelle ne s'épanouit pas ; son tourbillon est sans force. Le mouvement particulier de cette espèce est la contraction et l'extension continuelles de son pédicule.

(1) Toutes les espèces qui vont être décrites ont été rencontrées dans l'eau des ruisseaux ou dans des infusions artificielles d'eau douce.

VORTICELLA STRIATA

Pl. IV, fig. 9 et 10. — 290 diam.

Corps ovoïde, tégument granuleux, blanc et fortement strié. Quelques globules intérieurs ; le pédicule se contracte en spirale. Le corps peut se contracter, sans que le pédicule subisse la même action. Cette Vorticelle n'est peut-être qu'une variété de la précédente.

VORTICELLA MAMILLATA.

Pl. IV, fig. 11 et 12. — 290 diam.

Animal à tégument très-transparent, légèrement granuleux ; quelques globules brillants à l'intérieur.

Ce que cette Vorticelle a de très-remarquable, ce sont trois espèces de mamelons sur lesquels sont implantés les cils vibratiles. La forme du corps est presque sphérique ; les trois mamelons, lorsqu'ils s'épanouissent, ne changent pas cette forme ainsi que le fait voir la figure 11.

VORTICELLA INFUSIONUM.

Pl. IV, fig. 13-14. — 200 diam.

Vorticella hians,	Müller, *Anim. inf.*, p. 321, pl. XLV, fig. 7.
Vorticella hians,	Bruguières, *Encyclop.*, p. 73, pl. XXIV, fig. 25-27, 1791.
Vorticella hamata,	
— *convallaria,*	Ehrenberg, *Inf.*, p. 312, 1838.
Vorticella infusionum,	Dujardin, *Hist. nat. des inf.*, p. 558, pl. XVI, fig. 5 et 9.

Cette Vorticelle, ainsi que le dit Dujardin, est presque globuleuse, fortement striée horizontalement ; son tégument est blanc, souple et légèrement granuleux. Elle varie beaucoup ses formes, ce qui pourrait faire croire à différentes espèces. Son pédicule se met en zigzag pendant la contraction.

Cette espèce est très-abondante. Müller a nommé *Vorticella hians* une Vorticelle qui nous semble la même que celle que nous décrivons.

VORTICELLA DUBIA.

Pl. IV, fig. 13. — 250 diam.

Animal en forme de clochette, tégument blanc, très-transparent ; corps rempli de granules et de globules ; pédicule court et fort ; elle nage très-vite. Espèce assez rare.

VORTICELLA DILATATA.

Pl. IV, fig. 16. — 400 diam.

Corps de forme très-évasée ; bouche grande, suivie d'un long œsophage cilié ; soie de Lachmann très-visible. La base est tronquée à plat ; le pédicule est court et relativement mince. Le tégument de l'animal est blanc et légèrement granuleux.

Les bols alimentaires ramassés au fond du corps font supposer un intestin très-court et fortement contourné sur lui-même.

VORTICELLA MARGARATIFERA.

Pl. IV, fig. 22-23. — 400 diam.

Corps sphéroïdal, ayant un tégument hyalin légèrement granuleux ; globules intérieurs très-brillants. Cercle de la couronne vibratile relativement petit ; bouche grande, suivie d'un profond œsophage garni de cils ; nucléus très-visible. Cette Vorticelle se ferme sans se contracter.

Le pédicule est fort, court et muni d'un muscle rétracteur annelé. Lors de la contraction du muscle central, il se raccourcit en emboîtant ses anneaux, mais ne se met pas en spirale. L'extrémité du pédicule a tout à fait l'aspect d'une ventouse.

Cette Vorticelle nage très-lentement et se ferme aussi bien en nageant qu'à l'état de repos. L'intestin descend très-bas et semble se contourner en suivant la forme arrondie du corps de l'animal.

VORTICELLA CONVALLARIA.

Pl. V, fig. 1-3. — 100 et 400 diam.

Vorticella nebulifera,	Müller, p. 315, 317, pl. XLV, fig. 1, 1786.
Vorticella convallaria,	Schrank, III, 2, p. 115.
Vorticella nebulifera,	Bory, 1824.
Vorticella convallaria (pars).	Ehrenberg, *Mém.* Berlin, 1829, p. 17 ; 1830, p. 66 ; 1831, p. 92.
Vorticella nebulifera.	Dujardin, *Hist. nat. des inf.*, p. 157.
Vorticella convallaria.	Pritchard, *Hist. of inf.*, 1861, p. 587.

Corps conique, campanulé et blanc; bord frontal élargi et retourné en bourrelet lors de l'épanouissement complet. Tégument finement granuleux, strié en travers; bouche grande et œsophage profond; soie de Lachmann longue et forte; nombreux globules à l'intérieur; pédicule fort, transparent, avec un muscle rétracteur contourné en spirale lors de la contraction.

Cette Vorticelle se trouve généralement en masses nombreuses; on la voit rarement isolée. Sa vésicule produit assez souvent une voussure extérieure. Elle se trouve à la fois dans l'eau de rivière et dans la mer.

VORTICELLA FLUVIALIS.

Pl. V, fig. 4. — 400 diam.

Animal de forme ovoïde; extrémité supérieure tronquée, entourée de cils vibratiles. Le tégument est légèrement granuleux. La cavité buccale est relativement grande. A la base du corps, à l'endroit où s'implante le pédicule, on remarque une dépression sensible. Le muscle fait contracter le pédicule en spirale.

VORTICELLA LUNARIS.

Pl. V, fig. 5, 5ᵃ, 5ᵇ. — 250 diam.

Vorticella lunaris,	Müller, *Inf.*, pl. XLIV, fig. 15.
	Ehrenberg, 1ᵉʳ *mémoire*, 1830.
Vorticella campanula,	Ehrenberg, *Inf.*, pl. XXV, fig. 4 et pl. XXVI, fig. 11, 1838.
Vorticella lunaris,	Dujardin, *Hist. nat. des inf.*, p. 334, pl. XIV, fig. 12, 1841.
Vorticella lunaris,	Pritchard, *Hist. nat. of inf.*, p. 588, 1861.

Corps campanulé, porté sur un pédicule simple, gros et ayant un muscle rétracteur très-granuleux.

Cette Vorticelle est bien certainement la *Vorticella lunaris* de Dujardin, qu'il décrit ainsi : « Belle Vorticelle blanchâtre en forme de cloche, à fond arrondi et à bords évasés. Les cils de sa couronne partent de l'intérieur et non du bord même ; ils paraissent formés d'une double rangée. » Dans cette description, Dujardin omet de parler du muscle rétracteur granuleux du pédicule, quoiqu'il le représente exactement dans sa figure 12, pl. XIV. Ce pédicule se contracte en spirale.

Le nucléus de cette Vorticelle est très-visible. Quand l'animal est épanoui, on voit distinctement le disque vibratile soulevé latéralement en forme d'opercule.

VORTICELLA ELONGATA.

Pl. V, fig. 6-7. — 600 diam.

Animal de forme cylindrique, très-allongé, étant à peu près deux fois plus long que large. Bord supérieur du corps peu évasé et formant un bourrelet entourant une voussure centrale assez saillante. Les cils sont implantés en dedans du bourrelet et non sur son bord. La bouche est suivie d'un œsophage assez large ; le tégument est blanc, strié en travers. Les globules intérieurs sont nombreux, brillants, quoique incolores. La base de l'animal se termine un peu en pointe, près de l'attache du pédicule, qui est fort, très-transparent et muni d'un muscle qui le fait se contracter en spirale (fig. 7) et dans d'autres moments se plier comme un ruban (fig. 6).

VORTICELLA PATELLINA.

Pl. V, fig. 8-9. — 400 diam.

Vorticella patellina,	Müller, *An. inf. fluv. et mar.*, p. 312, 314, 316, pl.
Vorticella lunaris (pars).	XXXV, fig. 3 ; pl. XLIV, fig. 15.
Vorticella patellina,	
Vorticella convallaria,	Bory, 1823, 1824.
Vorticella patellina,	Ehrenberg, *Inf.*, p. 312, 1838.
Vorticella patellina,	Lamarck, *Hist. nat.*, p. 58, 1836.
Vorticella campanula,	Pritchard, *Hist. nat. of inf.*, p. 587, pl. XXIX, fig. 1,
	1861.

Animal à corps campanulé, porté sur un pédicule court, très-large, avec un fort muscle rétracteur. Tégument lisse, transparent et blanchâtre ; longs cils entourant la couronne frontale. Très-large vésicule contractile.

Ehrenberg dit que la *Vorticella patellina* a son bord très-saillant, souvent recourbé en arrière. C'est ce que nous avons aussi remarqué dans l'animal que nous décrivons, et nous ajouterons que cette Vorticelle ainsi épanouie a son bord supérieur presque moitié plus large que son corps. Quand elle est contractée, tous ses cils rentrés, elle prend une forme conique, et le bord supérieur forme cinq mamelons. Le pédicule se contracte en zigzag.

Pour nous, cette Vorticelle diffère de la *Vorticella convallaria* de Bory par la longueur de ses cils frontaux et par son pédicule, qui est court, large et fortement musculeux.

VORTICELLA NUTANS.

Pl. V, fig. 10 et 11. — 400 diam.

Vorticella nutans, Müller, *Inf. fluv. et mar.*, 44, p. 17, 1786.
Vorticella convollaria, Lamarck, *Hist. nat.*, p. 58. — *Encyclop.*, pl. XXIV, fig. 20, 1836.
Vorticella infusionum, Dujardin, *Hist. nat. des inf.*, p. 558, pl. XVI; fig. 5 et 9, 1841.

Animal de forme campanulée; tégument lisse, souple et très-contractile; bouche large et œsophage profond. Pédicule assez fort, très-transparent, et se contractant en spirale.

Cette Vorticelle est une des espèces les moins rares : sa grosseur est peu variable. Tout en étant Infusoire d'eau douce, cet animal a beaucoup d'analogie avec la *Vorticella nebulifera* décrite par Müller, et qu'il sépare pourtant de sa *Vorticella nutans* parce qu'il l'a trouvée dans l'eau de mer. Notre *Vorticella nutans* nage presque toujours en droite ligne, et s'attache de temps en temps fortement par son extrémité caudale (fig. 11). Quand elle est contractée, elle affecte la forme d'une boule.

Ayant mis de la couleur rouge dans l'eau contenant cette Vorticelle, nous avons vu les bols se former promptement et rester plus de quinze jours dans le corps de l'animal avant d'être rejetés par lui. Nous avons remarqué aussi qu'au bout de trois ou quatre jours de séjour dans cette eau rougie, le tégument de la Vorticelle était rosé, ce qui nous porte à croire que les différentes teintes qu'on remarque parmi les Vorticelles sont toutes accidentelles et ne proviennent que de la couleur de l'eau dans laquelle elles se propagent.

Lorsqu'après cette coloration artificielle on met les vorticelles dans une eau limpide et claire, on remarque qu'il leur faut plus de quinze jours avant de se décolorer complétement; nous en avons fait l'expérience à plusieures reprises.

La *Vorticella nutans* se reproduit par bourgeonnement.

VORTICELLA CONSTRICTA.

Pl. V, fig. 12. — 400 diam.

Corps sphérique, un peu aplati et terminé dans le haut par deux
mamelons surmontés de longs cils vibratiles; bouche partant du milieu de ces mamelons et suivie d'un court œsophage. Tégument finement granuleux; pédicule long, ayant à peu près deux fois la hauteur
de l'animal et se contractant en zigzag.

Nous avons étudié cette Vorticelle plusieurs fois, et nous ne pouvons la comparer à aucune autre. Quand elle se contracte, elle ne se
plisse pas, et rentre seulement ses cils frontaux en dedans.

VORTICELLA CAMPANULA.

Pl. V, fig. 2. — 300 diam.

Vorticella lunaris ?	Müller, p. 314, pl. XLIV, fig. 15.
Vorticella lunaris,	Bory, 1824.
Carchesium fasciculatum,	Ehrenberg, *Mém.*, Berlin, 1830, p. 62-68.
Vorticella campanula,	Ehrenberg, *Inf.*, p. 311, 1839.
Vorticella convallaria,	Dujardin, *Hist. nat. des inf.*, p. 557, 1841.

Vorticelle en forme de clochette, à bord régulier et peu saillant.
Tégument souple, lisse, blanchâtre. Quelques globules à l'intérieur.
Cils de la couronne longs et forts. Pédicule relativement long et se
contractant en spirale. Reproduction par bourgeonnement.

VORTICELLA FASCICULATA.

Pl. VI, fig. 3, 9, 10, 12, 13. — 300 diam.

Vorticella fasciculata.	Müller, *Anim. inf. fl. et mar.*, p. 320, pl. XLV, fig. 5-6, 1773.
Vorticella fasciculata.	Dujardin, *Hist. nat. des inf.*, p. 553, 1841.

Müller nous désigne sous ce nom une Vorticelle verte qui, sauf
la couleur, selon nous, purement accidentelle, se rapporte tellement
à la nôtre que nous la croyons la même.

Corps ovoïde, conique, campanulé ; bouche relativement grande ; cils de la couronne frontale longs et forts. Longue soie de Lachmann partant de la bouche ; tégument souple et blanc ; quelques globules à l'intérieur.

Pédicule d'une si grande finesse qu'il faut être parfaitement au point pour l'apercevoir ; sa longueur est extrème, elle se contracte en formant une spire. Le mouvement de contraction et d'épanouissement est presque continuel.

Cette Vorticelle se reproduit par bourgeonnement. Souvent, ce bourgeon (fig. 13) se détache de la Vorticelle mère avant son complet achèvement ; il s'en va alors en tremblotant, puis après s'élance si rapidement qu'il ne nous a jamais été possible de le suivre et de nous rendre compte s'il meurt ou s'il s'attache par les cils de sa base, grandit et devient Vorticelle, ce qui arrive quand il ne quitte la Vorticelle mère qu'après son entier développement comme l'indique la figure 3.

VORTICELLA MICROSCOPICA.

Pl. VI, fig. 8. — 500 diam.

Vorticella picta? Ehrenberg, 1839, p. 314.

Cette Vorticelle microscopique, ainsi que l'indique son nom, est de forme campanulée avec un léger bourrelet supportant la couronne de cils vibratiles. On remarque une soie de Lachmann assez longue ; le tégument est blanc et strié ; le pédicule est long et se tortille en spirale. Est-ce la *Vorticella picta* d'Ehrenberg? Il nomme ainsi une très-petite Vorticelle qu'il a trouvée en 1831 sur la *Salvinia nutans* et qu'il distingue de sa *Vorticella nebulifera* par ses dimensions beaucoup plus petites: il dit son pédoncule finement ponctué de rouge nous avons bien remarqué le muscle rétracteur, mais nous n'avons pas vu les ponctuations rouges.

VORTICELLA ALBA.

Pl. VII, fig. 1, 2, 3, 4, 5, 6, 7, 8, 9, 22. — 400 diam.

Animal de forme ovoïde, tronqué au sommet et d'une grande élégance. La bouche est large, l'œsophage profond et la vésicule contractile bien développée. Le tégument est lisse, hyalin et d'une grande transparence. Le parenchyme renferme des globules brillants et disséminés dans l'intérieur.

Les figures 1 à 9 représentent la manière dont cette Vorticelle se multiplie par fissiparité verticale, et toutes les phases de développement que nous avons étudiées plus haut, page 56 et suivantes, 1er fascicule.

VORTICELLA APPUNCTATA.

Pl. VII, fig. 10, 11, 12. — 400 diam.

Entonnoir   Jublot, *Ab. d'hist. nat.*, p. 79, pl. X, fig. 21, tome Ier, 2e partie, 1754.

Animal en forme de cloche avec une élévation à la partie supérieure, au-dessus de la couronne frontale, et qui produit l'effet d'un opercule. Cette élévation est ciliée comme le bord de la couronne. La bouche est de moyenne grandeur, l'anus très-visible; le tégument est blanchâtre et finement strié en travers. On remarque dans nos figures   1 quelques globules provenant de bols colorés. Le pédicule assez fort, très-transparent, a un muscle constitué par de petites perles vertes très-brillantes. Ce pédicule se contracte en spirale à l'extrémité supérieure, en même temps que la base du corps de la Vorticelle qui revient sur lui-même et forme un bourrelet autour du pédicule (fig. 11).

Cette Vorticelle est ordinairement solitaire, et rare.

VORTICELLA MULTANGULA.

Pl. VII, fig. 13-14. — 500 diam.

Animal en forme de cornet très-allongé, à base légèrement arrondie. L'extrémité supérieure est terminée par un bombement qu'entoure le bourrelet supportant les cils vibratiles de la couronne frontale. La bouche est large, l'œsophage relativement étroit et court ; le tégument est blanc et finement strié. Dans nos figures, on voit différents globules à l'intérieur ; les plus foncés sont formés par des bols alimentaires colorés artificiellement, les autres sont hyalins. Le pédicule, qui est d'une extrême longueur, est blanc, fort et très-transparent. Le muscle intérieur affecte la forme zigzag, même quand il n'est pas contracté ; il produit l'effet d'être *trop long* pour son enveloppe. Nous avons remarqué cette particularité seulement dans cette Vorticelle et dans la *V. margaritata.* L'animal que nous venons de d'écrire se contracte très-vivement et s'épanouit très-lentement. Le tourbillon produit par les cils de la couronne frontale est très-intense.

VORTICELLA MARGARITATA.

Pl. VII, fig. 15 et 16. — 400 diam.

Vorticella monilata?   J. C. Tatem, *The monthly microsc. journal,* n° XVI, p. 194, pl. XLVII, fig. 4, 1870.

Animal en forme de cloche à base très-arrondie. Le bourrelet entourant l'extrémité supérieure est très-fort ; les cils qui y sont implantés sont toujours couchés, même quand ils ne font pas le tourbillon ; la bouche est profonde, et, au contraire des autres Vorticelles, les cils qui descendent dans l'œsophage sont plantés *droits.* Le tégument est blanc et parsemé de perles très-brillantes.

Cette Vorticelle est éminemment contractile et se met en boule parfaite lors de la contraction.

Le pédicule est muni d'un fort muscle faisant toujours le zigzag, même quand le pédicule est étendu ; pendant la contraction, il se contourne en spirale au sommet, comme celui de la *Vorticella multangula*, particularité que nous avons constatée seulement dans ces deux espèces.

Nous rapportons avec doute cette espèce à une Vorticelle figurée et nommée *Vorticella monilata*, dans le *Monthly journal* qui la décrit ainsi : « Élégante, attractive et espèce rare, surpasse toutes les autres en beauté. C'est une variété de la *Vorticella convallaria*. »

Pour nous, cette espèce est si différente des autres à cause des perles de son tégument et du muscle en zigzag de son pédicule que nous ne comprenons pas qu'on puisse sérieusement la rapporter à une espèce connue, et surtout à la *V. convallaria*.

VORTICELLA MICROSTOMA.

Pl. VII, fig. 18 et 19. — 400 diam.

Vorticella microstoma,   Ehrenberg, *Inf.*, p. 311, 1838.
Vorticella monadina,   Schrank, III, 2, p. 117.

Animal à forme ovoïde, légèrement aminci dans le bas, tronqué dans le haut, muni d'une couronne de cils vibratiles très-forts, implantés un peu en dedans du bourrelet. La partie supérieure est comme fermée par une voussure dans laquelle l'anus est très-visible. Bouche suivie d'un long et large œsophage se terminant en bourse. Globules blancs et globules de couleur provenant de matières colorées artificiellement. Le tégument est blanc, souple et contractile. Ehrenberg décrit ainsi la *Vorticella microstoma* : « Corps ovale, bouts amincis, couleur blanc-grisâtre, bord frontal étroit, anneaux sur le corps contracté. » Dans notre *Vorticella microstoma*, nous n'avons pas remarqué les anneaux pendant la contraction du corps, si ce n'est légèrement à la base.

VORTICELLA NEBULIFERA.

Pl. VII, fig. 20. — 400 diam.

Vorticella nebulifera,   Müller, *Inf.*, pl. XLV, fig. 1.
Vorticella nebulifera,   Ehrenberg, *Inf.*, p. 310, 1838.
Vorticella nebulifera,   Dujardin, *Hist. nat. des inf.*, p. 557, 1841.

Animal en forme de cornet, un peu ventru, légèrement reserré dans le haut, sous le bourrelet supportant les cils frontaux. Bouche petite; œsophage très-peu profond; tégument blanc, légèrement ponctué. Globules blancs, distincts des bols de matières avalées. Müller nomme *nebulifera* une Vorticelle à corps ovoïde, rétréci à sa base, à bord saillant. Ehrenberg la décrit : « Corps conique, campanulé, blanc, bord frontal élargi et saillant, absence d'anneaux pendant la contraction du corps. »

VORTICELLA CUCULLUS.

Pl. VII, fig. 21. — 400 diam.

Animal en forme de cornet allongé et très-élégant ; extrémité supérieure du corps terminée par une voussure qu'entoure le bourrelet supportant les cils de la couronne vibratile.

Bouche assez grande, suivie d'un œsophage assez allongé. Environ à un tiers de la hauteur de l'animal, on remarque comme un pli épais, oblique et qui paraît indiquer une reproduction transversale. Le pédoncule est mince et long ; il se contracte en spirale.

VORTICELLA APERTA.

Pl. IX, fig. 7 et 9.

Vorticella lunaris ?   Müller, XXIX, 1.
Vorticella campanula ? Pritchard, fig. 1-2.

Corps arrondi se terminant en pointe, partie supérieure tronquée, munie d'un fort bourrelet supportant les cils vibratiles, qui sont

longs et déliés. La base du corps de l'animal fait l'effet d'être dans
une enveloppe très-transparente. Le tégument est blanc, légèrement
ponctué. Le pédicule est fort et relativement court. On remarque, à
la figure 9, des parasites qui s'y sont attachés.

VORTICELLA COMMUNIS.

Pl. XI, fig. 6. — 400 diam.

Cette jolie petite Vorticelle blanche est très-commune, et pourtant
nous ne pouvons pas trouver dans les auteurs une synonymie s'y
adaptant parfaitement. Son tégument est très-transparent ; sa couronne
de cils vibratiles est évasée et fait presque continuellement le tourbillon.
Son pédicule est fort et long environ de quatre fois la grandeur du
corps de l'animal. Le muscle rétracteur la fait se contracter en spirale.

2ᵉ *GENRE :* CARCHESIUM.

CARCHESIUM POLYPINUM.

Pl. VI, fig. 1. — 100 diam ; Pl. IV, fig. 17, 18, 19, 20. — 400 diam.

Carchesium polypinum,	Ehrenberg, p. 314, 1838.
Vorticella ramosissima,	Dujardin, *Hist. nat. des inf.,* p. 551, pl. XIV, fig. 11, 1841.
Carchesium polypinum,	Pritchard, *Hist. nat. of. inf.,* pl. XXX, fig. 9, 10, 1861.
Carchesium polypinum,	Claparède et Lachmann, *Étude des inf.* p. 8, fig. 1, 1861.

Animal en forme de clochette ; bourrelet frontal peu évasé, surmonté de cils vibratiles d'une grande force de tourbillon. La bouche
est large et se termine par un œsophage assez profond et très-visiblement garni de cils. Le tégument est blanc et d'une grande transparence. Quelques globules jaunâtres à l'intérieur. Le pédicule est très-
branchu, fort et comme annelé ; il se boursoufle et rentre en lui-même
quand le muscle se contracte. Rarement il se resserre en spirale. Les
capitules de ce Carchesium peuvent se fermer sans qu'il y ait contraction du pédicule.

CARCHESIUM SPECTABILE.

Pl. IV, fig. 24.

Carchesium spectabile,   Ehrenberg, *Inf.*, p. 278.
Carchesium spectabile,   Claparède et Lachmann, *Etude sur les inf.,* p. 98, pl. III,
           fig. 1.

Ce *Carchesium*, que nous n'avons étudié qu'avec un faible grossissement, nous semble bien le *spectabile* d'Ehrenberg et celui de
MM. Claparède et Lachmann. « Sa forme, disent ces derniers, est
celle d'un dé à coudre. » La partie supérieure de l'animal ne forme
pas de bourrelet, elle est seulement un peu évasée et supporte les cils
vibratiles de la couronne frontale, qui sont relativement longs et
forts. Le tégument est lisse et légèrement brunâtre.

3ᵉ *GENRE :* ZOOTHAMNIUM.

ZOOTHAMNIUM PICTUM?

Pl. IV, fig. 7. — 400 diam.

Vorticella picta.   Ehrenberg, *Inf.*, pl. IV, p. 275.

Tégument lisse, hyalin. Cils frontaux longs et forts. Deux boules
vertes dans le corps de l'animal. Pédicule très-grêle. Nous rapportons
avec doute cette espèce à la *V. picta,* Ehrenberg.

4ᵉ *GENRE :* EPISTYLIS.

EPISTYLIS NEBULIFERA.

Pl. IV, fig. 2, 3. — 150 diam.

Nous n'avons trouvé la description de cet *Epistylis* dans aucun des
auteurs que nous avons parcourus. Le tégument de cet animal est
brun clair et lisse. On remarque à l'intérieur du corps quelques globules noirâtres. Le pédicule est court, épais, et affecte la forme d'une

coupe sur laquelle est posé le corps de l'*Epistylis*. L'extrémité inférieure du pédoncule est terminée par des cils avec lesquels elle semble
fixée aux corps étrangers.

EPISTYLIS SPHEROIDES.

Pl. IV, fig. 4. — 400 diam.

De forme sphéroïdale, ainsi que l'indique son nom, cet animal est
supporté par un pédicule court. La partie supérieure du corps de
l'Épistylis est terminée par une voussure élevée. La bouche est suivie
d'un long œsophage très-recourbé. Les cils de la couronne frontale,
implantés sur le bourrelet, sont longs et forts. Espèce assez rare.

EPISTYLIS RINGENS.

Pl. IV, fig. 6. — 100 diam.

Vorticella ringens,   Chevalier, *An. inf.*, p. 36, pl. V, Paris, 1839.

Animal en forme de cornet très-allongé. Tégument légèrement
brunâtre; nombreuses granulations à l'intérieur. Cils de la couronne
frontale longs et assez forts; pédicule court et grêle. C'est avec doute
que nous rapportons cette espèce à la *V. ringens* de Chevalier qui
n'en donne aucune description.

EPISTYLIS FLAVICANS.

Pl. VI, fig. 4, 5, 6, 7. — 400 diam.

Vorticella acinosa, *Vorticella cratægaria,*	Müller, *Inf.*, pl. XLIV, fig. 10; pl. XLVI, fig. 5.
Myrtilina cratægaria, *Digitalina anastatica,* *Vorticella ringens?*	Bory, Engel, 1814.
Epistylis anastatica,	Ehrenberg, *Inf.*, pl. XXVII, fig. 2, 1838.
Epistylis flavicans,	Ehrenberg, *Trait. prat. du microsc.*, p. 316, 1839.
Epistylis flavicans,	Ehrenberg, *Inf.*, p. 282, pl. XXVIII, fig. 2.
Epistylis jaunâtre,	Dujardin, *Hist. nat. des inf.*, p. 540, 1841.

Animaux à tégument brun clair. Les capitules prennent des formes si variées qu'elles seraient difficiles à décrire. Pourtant, nous pouvons dire que la figure 7 est la plus fréquente et la plus gracieuse. Le bord est évasé et légèrement retourné en bourrelet; les cils de la couronne frontale font le tourbillon avec une rapidité vraiment surprenante. La bouche est grande, est suivie d'un œsophage en forme de cornet. La base du corps de l'animal est de la grosseur du pédicule, qui semble être attaché au corps par une espèce d'anneau. Le pédicule est fortement strié en long, et ces stries se prolongent un peu dans la base du corps de l'Épistylis. Pendant que les cils de la couronne frontale font le tourbillon, on en remarque de longs et forts qui restent immobiles, et ont seulement par instants des mouvements saccadés.

Cette Épistylis est une des plus communes; nous l'avons trouvée même sous la glace. A l'œil nu, elle apparaît comme un petit paquet de mousse blanchâtre de la grosseur d'un grain de chènevis. Quand on met ce petit grain sur le porte-objet, on voit une telle quantité d'Épistylis qu'on se trouve forcé de le diviser afin de pouvoir étudier sérieusement les individus.

EPISTYLIS PLICATILIS.

Pl. VIII, fig. 3 à 16 ; Pl. XI, fig. 1, 5. — 100 diam.

Vorticella pyraria, *Vorticella annularis,*	Müller, *Inf.*, pl. XLV, fig. 2, 3 ; pl. XLV, fig. 1-4, 1786.
Epistylis plicatilis,	Ehrenberg, *Inf.*, pl. XXVIII, fig. 1, 1838.
Epistylis plicatilis,	Dujardin, *Hist. nat. des inf.*, p. 542, pl. XVI *bis*, fig. 4, 1841.
Epistylis plicatilis,	Claparède et Lachmann, *Étude des inf.*, p. 95, 150, 238, 267, pl. VI, fig. 2, 1860-1861 ; pl. VII, fig. 1 à 22.

Animal en forme de cornet très-allongé ; l'extrémité supérieure se termine en opercule. La bouche est suivie d'un œsophage profond. Le tégument est blanc et très-transparent.

Ce qui caractérise cette Épistylis, ce sont les plis égaux et arrondis en bourrelet qui se forment à sa base pendant la contraction. Les

figures 5-16 de la planche VIII montrent les phases que traverse le
corps de l'Épistylis quand il doit quitter son pédicule et devenir libre.

EPISTYLIS DIGITALIS ?

Pl. VIII, fig. 17, 18, 19. — 400 diam.

Vorticella digitalis?   Müller, p. 327, pl. XLVI, fig. 6.
Epistylis digitalis ?   Ehrenberg, *Inf.*, pl. XXVIII, fig. 4 ; pl. IV, fig. 7.
Epistylis digitalis?   Dujardin, *Hist. nat. des inf.*, p. 544.

Animal à corps campanulé, très-étroit et allongé, presque cylindrique, porté sur un pédicule strié finement en long et avec des
anneaux assez rapprochés en travers. Tégument blanc, bouche suivie
d'un long œsophage. Cils frontaux longs et forts ; se reproduit par
séparation verticale (fig. 18).

EPISTYLIS ARTICULATA.

Pl. IX, fig. 3. — 400 diam.

Volvox sphœrula ?   Müller, p. 16, pl. III, fig. 10.
Epistylis leucoa ?   Ehrenberg, *Inf.*, pl. XXVIII, fig. 3, p. 283.

Corps très-allongé, un peu renflé dans le milieu ; extrémité supérieure peu évasée ; soie de Lachmann très-visible ; bouche suivie
d'un long œsophage. Le tégument est blanc, légèrement ponctué.
Pédicule relativement fort, strié en long et articulé. Le tourbillon
occasionné par les cils frontaux est très-fort.

Peut-être faudra-t-il former pour cette espèce un genre nouveau.

EPISTYLIS ANASTICA.

Pl. IX, fig. 5, 6, 6ª. — 400 diam.

Vorticella anastica, | Müller, pl. XLIV, fig. 10 ; pl. XLVI, fig. 5 ; pl. XXXVIII,
Cratœgaria ringens, | fig. 18.
Epistylis anastica ?   Ehrenberg, *Inf.*, p. 315, 1838.

Corps grand ; bord frontal large, saillant en forme de bec. Bouche
large, suivie d'un œsophage relativement court. Tégument blanc, fine-

ment ponctué. Pédicule lisse, hérissé de corps étrangers qui ressemblent à des épines. Il n'est pas rare de voir des Diathomés et des Dinobryons, en grand nombre, sur le pédicule et sur le corps de cet Épistylis.

EPISTYLIS GALEA.

Pl. XI, fig. 2. — 400 diam.

Epistylis galea ? Ehrenberg, *Inf.*, p. 315, 1838.

Animal de forme conique ; corps grand, se contractant en boule ; bouche saillante en forme de bec, suivie d'un œsophage étroit et se prolongeant environ jusqu'à la moitié du corps. Pédicule lisse, fort et articulé. Le tégument du capitule est blanc, très-finement ponctué. L'intérieur est rempli de petites granulations noires. Au tiers postérieu du corps de l'animal, on remarque des stries longitudinales qui sont les muscles contracteurs de la base.

EPISTYLIS HOSPES.

Pl. XI, fig. 4, 4ᵃ, 4ᵇ, 4ᶜ. — 400 diam.

La forme du corps de cet animal est très-régulière, allongée et cylindrique ; l'extrémité supérieure forme un fort opercule ; la bouche un peu étroite est suivie d'un profond œsophage. La soie de Lachmann, sortant de la bouche, est comme repliée entre la bouche et le bourrelet supportant les cils frontaux. Le tégument est fin, blanc et entièrement hérissé de petits poils se terminant par une très-petite boule formant tête, et qui sont probablement des Dinobryons parasites. Le pédicule rond, blanc, est moucheté de petits points relativement encore assez gros. Toutes les espèces que nous avons examinées jusqu'à ce jour étaient toutes revêtues de ce duvet de parasites, et bien que l'on ne doive, au point de vue de l'espèce, attacher aucune importance à ce fait, la persistance de cet état nous a engagé à donner à cet Épistylis le nom qu'il porte.

6° *GENRE : SCYPHYDIA.*

SCYPHYDIA RUGOSA.

Pl. IV, fig. 1. — 400 diam.

Scyphydia rugosa.   Dujardin, *Hist. nat. des inf.*, p. 538, pl. XVI, fig. 4, 1841.
Vorticella ringens? Müller, *An. inf.*, pl. XLIV, fig. 10, 1786.

Corps cylindrique tronqué à la partie supérieure; bouche petite,
suivie d'un étroit œsophage. Tégument blanc fortement ponctué. Pédicule très-court, fort et marqué de stries profondes. C'est bien pour
nous la *Scyphydia rugosa* de Dujardin, quoique nous n'ayons pu
remarquer les stries obliques, peu nombreuses, mais profondes
comme des rides dont il parle dans sa description.

SCYPHYDIA INCLINANS.

Pl. VIII, fig. 1, 2, 3, 4. — 400 diam.

Vorticella inclinans, Müller, *An. inf.*, pl. XLIV, fig. 11.

Animal de forme cylindrique, légèrement ventru. La partie supérieure, qui se ferme quand la Scyphydia se contracte, est comme fes-
tonnée, avec des stries profondes, courtes et longitudinales. Le tégument est blanc, finement strié horizontalement. L'attache est courte,
charnue, blanche, très-transparente. La bouche est petite ; l'œsophage
comprend au moins les deux tiers de la longueur de l'animal ; il est
muni de cils vibratiles très-forts et toujours en mouvement.

Quand cette *Scyphydia* se contracte, elle rentre son disque vibratile,
puis l'extrémité supérieure *se ferme* et on remarque des plis transversaux à la base, trois ordinairement. Quand elle s'épanouit, elle le
fait très-lentement et, une fois les cils développés, ils produisent un
grand tourbillon. Le mouvement ciliaire de l'œsophage est constant,
que l'animal soit épanoui ou non.

Nous avons remarqué que cette *Scyphydia* a deux mouvements de

contraction différents : celui décrit plus haut qui a lieu quand l'animal
le fait de sa propre volonté, et un autre (fig. 4), qui se produit quand
on donne un petit coup sec sur le porte-objet. Dans ce cas, la Scyphydia se laisse brusquement tomber de côté, en se fermant ainsi que
le fait voir la figure 4. On remarque également dans cette même figure
que l'animal peut rester droit sans être épanoui.

IIᵉ *FAMILLE :* VAGINIOLIENS.

3ᵉ *GENRE :* COTHURNIA.

Le genre Cothurnia, comme nous l'avons indiqué page 148, peut
se diviser en trois sous-genres, reconnaissables aux caractères suivants :

	un pédicule externe............................	COTHURNIA.
COTHURNIA ayant	un pédicule interne............................	STYLOCOLA.
	point de pédicule externe ni interne.................	PLANICOLA.

1ᵉʳ *SOUS-GENRE :* COTHURNIA.

COTHURNIA OVATA.

Pl. IX, fig. 1. — 400 diam.

Vaginicola ovata. Dujardin, *Hist. nat. des inf.*, p. 563, pl. XVI *bis*, fig. 7.

Fourreau en forme de verre un peu ventru et légèrement évasé
dans le haut. Le corps de l'animal, lorsqu'il est déployé, produit
l'effet d'un long cornet; contracté, il est ovoïde. Le tégument est blanc
et d'une extrême contractilité; les cils de la couronne frontale sont
longs et forts. La bouche grande est suivie d'un œsophage relativement
court. Cette Cothurnie est, nous croyons, assez commune, car il nous
a été donné de la voir souvent. Nous ne pouvons la rapporter qu'à la
Vaginicola ovata du Dujardin.

COTHURNIA PATULA.

Pl. X, fig. 12 et 13. — 400 diam.

Animal en forme de cornet, attaché par sa base dans un fourreau diaphane, ayant la forme d'un verre à pied, légèrement ventru, et ayant la partie supérieure un peu évasée. Cette Cothurnie a la bouche assez large et l'œsophage peu profond. Les cils de la couronne frontale sont longs et forts. Lorsque l'animal est contracté, il prend une forme ovoïde. Souvent deux individus habitent le même fourreau (fig. 12 et 13).

COTHURNIA ELONGATA.

Pl. X, fig. 14. — 400 diam.

Animal long et étroit, attaché par la base dans un fourreau presque aussi haut que lui lorsqu'il est épanoui. La bouche est petite, l'œsophage un peu allongé et suivi de deux vésicules contractiles. Les cils frontaux sont longs et forts; le fourreau est d'un aspect rugueux et de couleur jaune. La présence de deux vésicules contractiles est un fait rare et spécial à cette espèce.

COTHURNIA SPISSA.

Pl. X, fig. 17. — 400 diam.

Animal en forme de vase à goulot étroit, dont le bord supérieur est garni de cils vibratiles. Épanoui, il ne dépasse jamais le bord du fourreau, qui est un peu plus haut que large, cylindrique et à base irrégulière.

COTHURNIA NODOSA?

Pl. X, fig. 23, 24. — 400 diam.

Cothurnia nodosa? Lachmann, *Études sur les inf. et sur les Rh.*, 1858-1859, p. 123, pl. III, fig. 4, 5.

Animal en forme de cône renversé, pouvant rentrer les cils de la couronne frontale sans se contracter. Pédicule trois fois plus long à l'extrémité du fourreau qu'à l'intérieur. Tégument blanc finement ponctué. Bouche suivie d'un œsophage garni de cils courts, mais très-forts. Le fourreau est d'une forme irrégulière, surtout dans le bas, où l'on remarque des étranglements latéraux.

2ᵉ *SOUS-GENRE :* STYLOCOLA.

STYLOCOLA AMPULLA.

Pl. X, fig. 15 et 16. — 400 diam.

Le genre *Stylocola* est remarquable en ce sens que le pédicule interne de l'animal est formé de styles courts et forts. L'animal que nous avons à décrire est de forme cylindrique, plus renflé dans la partie inférieure et supérieure que dans le milieu qui est un peu comme étranglé, resserré; la partie supérieure de ce *Stylocola* est arrondie et tronquée, et, quand même l'animal est épanoui, il ne dépasse jamais le bord du fourreau qui a la forme d'une fiole à goulot plus étroit que la base.

STYLOCOLA STRIATA.

Pl. X, fig. 25 et 26. — 400 diam.

Animal, quand il est épanoui, long deux fois comme son fourreau. Sa forme est cylindrique, légèrement renflée au milieu. Les bords supérieurs qui supportent les cils vibratiles sont retournés fortement en bourrelet. La bouche est grande; l'œsophage large et relativement assez profond. Le tégument est blanc avec des plis très-forts horizontalement, et qui résultent de la très-grande contractilité de l'animal. La base est large et formée de stries longues et fortes, qui forment un peu l'éventail. Le fourreau a la forme d'un vase un peu ventru, ayant la partie supérieure légèrement évasée. La partie inférieure du fourreau, celle qui correspond au pédicule de l'animal, est bombée et arrondie.

3ᵉ *SOUS-GENRE :* PLANICOLA.

PLANICOLA FOLLICULATA.

Pl. III, fig. 13 ; pl. IX, fig. 2. — 400 diam.

Vorticella folliculata,	Müller, p. 283, 1786.
Cothurnia imberbis,	Ehrenberg, *Inf.*, pl. XXX, fig. 7.
Vaginicola folliculata,	Dujardin, *Hist. nat. des inf.*, p. 564, 1841.
Vaginicola valvata,	Pritchard, *Hist. des inf.*, p. 602, pl. XXVIII, fig. 18 et 19, 1861.

Animal en forme de cornet lorsqu'il est épanoui ; bouche grande, suivie d'un œsophage à fond arrondi. Tégument blanc, finement ponctué. Cils de la couronne vibratile longs et fins. Tube cylindrique, un peu ventru à la partie inférieure et tronqué à la partie supérieure. Deux fentes se font remarquer un peu au-dessous de l'extrémité supérieure.

PLANICOLA CRISTALLINA.

Pl. III, fig. 12. — 400 diam.

Vaginicola cristallina ?	Ehrenberg, p. 323, 1838.
Vaginicola cristallina ?	Dujardin, *Hist. nat. des inf.*, p. 563, pl. XVI *bis*, fig. 6, 1841.
Cothurnia cristallina ?	Claparède et Lachmann, p. 122, pl. I, fig. 4, 1858-1859.
Vaginicola cristallina ?	Pritchard, *Hist. of the inf.*, p. 602, pl. XXVII, fig. 10-11, 1861.

Tube cristallin en entonnoir, environ deux fois aussi long que large. Animal allongé et étroit, en forme de cornet. Tégument fortement granuleux ; cils de la couronne frontale longs et forts. Grande contractilité.

PLANICOLA INCLINATA.

Pl. VII, fig. 17. — 400 diam.

Fourreau cristallin en forme de fiole. Animaux grands, formant le cornet. Bouche suivie d'un œsophage relativement long et garni de cils vibratiles très-visibles. L'extrémité supérieure du corps de l'animal est urcéolée. Le tégument est blanc et granuleux. Le fourreau est fortement incliné sur le corps qui lui sert de point d'appui.

PLANICOLA INGENITA.

Pl. VIII, fig. 20 ; pl. XI, fig. 7. — 400 diam.

Trichoda ingenita, Müller, pl. XXXI, fig. 13-15, 1786.

Tube en forme de fiole ventrue. Animal à tégument blanc, légèrement granuleux et très-contractile.

PLANICOLA ATTENUATA.

Pl. X, fig. 20 et 21. — 400 diam.

Animal petit, de forme cylindrique dans le bas et un peu évasée dans le haut ; attaché par sa base dans un fourreau également cylindrique, tronqué dans la partie supérieure et finissant en pointe arrondie dans la partie inférieure. Lorsque cette Planicole est contractée, elle prend tout à fait la forme d'une urne.

PLANICOLA VESTITA.

Pl. X, fig. 22. — 400 diam.

Animal en forme de cornet allongé, attaché par sa base dans un fourneau diaphane représentant un joli vase.

La partie supérieure du fourreau (les deux tiers environ), est blanche ; le dernier tiers est brun et produit à l'œil l'effet de la petite coque dans laquelle repose le gland du chène. Cette espèce de Planicole est assez rare.

4ᵉ *GENRE :* VAGINICOLA.

VAGINICOLA TINCTA.

Pl. X, fig. 1-2. — 400 diam.

Vaginicola tincta, Ehrenberg, p. 323, 1838.
Vaginicola tincta, Dujardin, p. 564, 1841.
Vaginicola tincta, Pritchard, p. 602, 1861.

Corps tubiforme allongé; tégument blanc, lisse, très-contractile. Bouche grande, œsophage profond. Fourreau jaune et blanc avec un bord qui est comme déchiqueté.

VAGINICOLA MOLLIS.

Pl. X, fig. 3-4. — 400 diam.

Animal d'une grande contractilité; tégument finement ponctué, jaunâtre, mou. Bouche grande, œsophage muni de cils très-forts; soie de Lachmann très-visible. Le fourreau, tout en ayant la forme d'une fiole à goulot tronqué, est irrégulier d'un côté et à la base. Ce n'est que très-rarement que l'animal dépasse l'extrémité supérieure de son fourreau, en s'épanouissant; contracté, il a la forme d'un sac.

VAGINICOLA DILATATA.

Pl. X, fig. 5. — 400 diam.

Animal cylindrique, épais, plus large dans la partie supérieure que dans le reste du corps, qui finit en pointe arrondie à la base. Tégument blanc, mou, très-finement granuleux. Le fourreau a la forme d'une fiole ventrue à goulot bien régulier. La couleur de ce fourreau est jaune pâle; il semble avoir un bord plat qui est comme festonné.

VAGINICOLA AMPULLA.

Pl. X, fig. 6 7. — 400 diam.

Vaginicola ampulla ?   Müller, *Inf.*, pl. XIV, fig. 4, 7.
Folliculina ampulla ?   Bory, *Encycl.*, 1824.
Vaginicola ampulla,   Dujardin, *Hist. nat. des inf.*, p. 563, 1861.

Animal d'une grande contractilité, mou et rempli de molécules grisâtres ; tégument finement ponctué. Bouche grande ; œsophage profond et muni de forts cils vibratiles. Les cils de la couronne frontale sont longs et ont des mouvements très-brusques. Le fourneau a la forme d'une fiole ventrue, lorsqu'il est vu de face (fig. 6), vu de profil (fig. 7) il laisse voir le côté plat qui distingue les fourreaux des Vaginicoles.

VAGINICOLA REGULARIS.

Pl. X, fig. 8. — 400 diamètre.

Animal à corps ovoïde ; tégument blanc ; cils de la couronne frontale en faisceaux : œsophage se prolongeant presque jusqu'à la moitié du corps. Tube de forme régulière, ventru, avec un col s'évasant dans la partie supérieure. Les bords de ce tube sont jaunes, le milieu (sa partie ventrue) est blanc. Nous n'avons jamais vu cette Vaginiole épanouie.

Lorsqu'on met du carmin dans l'eau qui la contient, elle l'attire avec ses cils, l'avale, mais ne change pas de forme et ne s'épanouit pas pendant ce travail, comme le font toutes les autres Vaginicoles. Le tube est ponctué très-finement de petits points noirâtres.

VAGINICOLA TRUNCATA.

Pl. X, fig. 9. — 400 diam.

Animal en forme de cornet très-allongé ; tégument blanc, hyalin, souple et très-contractile. Bouche grande ; œsophage peu profond.

Cils de la couronne frontale longs et forts. Tube ovale, arrondi
dans le bas, tronqué dans le haut ; on remarque plusieurs légers plis
transversaux. Le bord est plat et festonné irrégulièrement ; la couleur
de ce tube ou fourreau est jaune.

VAGINICOLA STRIATA.

Pl. X, fig. 10-11. — 400 diam.

Corps tubiforme allongé, légèrement élargi dans la partie supérieure. Tégument blanc, mou, finement ponctué ; mouvements brusques des cils de la couronne frontale. Lorsque l'animal est contracté,
il a la forme ovoïde. Le fourreau est ovale, arrondi, avec un court goulot
presque tronqué. La couleur en est blanche et d'une grande transparence ; le bord est plat et festonné. Depuis la partie supérieure du
fourreau jusqu'à sa base, on remarque huit rayures transversales
très-régulières.

VAGINICOLA GRACILIS.

Pl. X, fig. 18-19. — 400 diam.

Animal en forme de cornet ; tégument blanc, charnu. Soie de
Lachmann très-prononcée, seulement elle fait *la boucle* au lieu d'être
flagelliforme. Lorsque cette vaginiole est contractée, elle a la forme
d'une urne. Le fourreau est blanc, à partie supérieure tronquée et à
base arrondie. Un bord plat et festonné entoure ce tube.

VAGINICOLA DECUMBENS.

Pl. X, fig. 27. — 400 diam.

Vaginicola decumbens,   Ehrenberg, *Inf.*, p. 323, 1838.
Vaginicola decumbens,   Pritchard, *Hist.of inf.*, p. 602, 1861.

« Carapace brun-jaunâtre, ovale, déprimée, couchée ; corps hyalin. » C'est ainsi qu'Ehrenberg décrit sa *Vaginicola decumbens,* qui,
est bien celle que nous avons figurée.

IIIᵉ FAMILLE : STENTORIENS.

Iᵉʳ GENRE : STENTOR.

STENTOR POLYMORPHUS.

Pl. I, fig. 1, 2, 3. — 400 diam.; pl. I, fig. 4-5. — 100 diam.

Green tunel like,	Tremblay, *Poly. phil. tram.*, p. 109, 1746.
The tunnel animal,	Baker, *Micros.*, p. 340, pl. XIII, fig. 19. 1752.
Brachionus stentorius,	Pallas, *Zooph.*, p. 95.
Vorticella polymorpha,	Müller, *Inf.*, p. 260, pl. XXXVI, fig. 1-13.
	Copenhagen, 1773.
Tubaria virilis ?	Schrank, *Janua baïa*, p. 102, pl. III, fig. 2.
	Nuremberg, 1803.
Stentorina polymorpha,	Bory, *Encycl. math.*, 1824.
Tubaria viridis,	Thieneman, 1828.
Stentor polymorphus,	Ehrenberg, *Inf.*, pl. XXIV, fig. 1, 1838.
Stentor vert,	Dujardin, *Hist. nat. des Inf.*, p. 523, pl. XV, fig. 2, 1841.
Stentor polymorphus,	Pritchard, *Hist. of. inf.*, p. 583, pl. XXIX, fig. 7.
Stentor polymorphus,	Claparède et Lachmann, p. 325 ; — 1852, pl. IX, fig. 2 à 9.

La forme du *Stentor polymorphus* est des plus variables. Celle qu'il prend le plus souvent est cylindro-conique.

Lorsqu'il se fixe par son extrémité caudale, et qu'il atteint le maximum de sa longueur en *se développant*, le tiers inférieur est aplati et peut se replier sur lui-même comme un ruban (fig. 2). La partie supérieure de l'animal forme un peu le fer à cheval, elle porte sur le bord une couronne de cils longs, serrés, assez épais, qui commence non loin de la bouche et se termine en spirale autour de celle-ci, creusée en entonnoir.

L'anus se trouve placé près du centre de cette couronne. La vésicule contractile se montre au-dessous du cercle vibratile. Le tégument est fin, transparent, d'un brun-vert foncé et strié longitudinalement ; il est recouvert de cils vibratiles égaux, serrés et déliés. Les stries longitudinales correspondent à autant de fibres musculaires transpa-

rentes, et à peu près invisibles quand l'animal prend une forme
allongée, mais qui se montrent distinctement pendant le temps que
dure la contraction du corps de l'Infusoire. Le parenchyme contient
un chapelet de corps jaunâtres ovoïdes, descendant du sommet et
arrivant presque à la base de l'animal, en suivant une ligne hélicoïde.
La partie inférieure du stentor, la base, se termine par des cils.
Cette base est munie d'une ventouse.

Lorsque le Stentor va se reproduire, on voit se développer une
frange de cils partant un peu au-dessous de la bouche et se terminant aux deux tiers de la longueur de l'animal. Cette frange est oblique
sur le corps du Stentor et c'est elle qui doit former plus tard l'extrémité
supérieure du nouveau stentor et donner naissance à sa couronne
ciliaire.

STENTOR ROSEUS.

Pl. I, fig. 6, 7, 8, 9. — 400 diam.

Lorsque ce stentor est déployé, il a la forme d'une massue. Le
tégument est fortement musculeux, granuleux et d'une belle couleur
rose. Les cils de la couronne frontale sont très-longs.

Ce Stentor nage avec une rapidité extrême, se contracte et
se déploie très-brusquement. Il tourne souvent sur lui-même, la
queue en bas, et produit dans ce mouvement le même effet que les
Tricodina quand elles tournent sur elles-mêmes.

Lorsque le Stentor se contracte, il met ses cils en faisceau, mais ne
les rentre pas.

STENTOR ANCEPS.

Pl. I, fig. 10-11. — 400 diam.

Animal cylindrique, tégument pointillé, blanc et très-contractile.
Bombement conique à l'extrémité supérieure. Couronne de cils

vibratiles bien développés et paraissant entourer ce cône. La forme de
cet animal contracté est ovoïde, presque ronde.

Ce Stentor nage follement, puis il roule sur lui-même, comme
s'il était emporté par un mouvement involontaire, comme par un
courant rapide. Est-ce bien un Stentor? Est-ce un *Vaginicola* sorti de
son tube? La base est un peu tronquée et comme si elle avait été
attachée; mais rien encore jusqu'à présent ne peut nous faire prendre
parti pour l'un ou l'autre genre, et cette espèce demande à être encore
mieux étudiée.

STENTOR FUSCUS.

Pl. II, fig. 1-2. — 400 diam.

Animal cylindro-conique et court; couronne de cils frontaux
bien développée; bouche et œsophage en forme d'entonnoir; cordon
intestiniforme partant de la bouche et allant, en se contournant,
presque jusqu'à la base du corps pour remonter vers l'anus. Ventouse
très-visible à la base. Tégument légèrement granuleux, lisse et clair.
La vésicule contractile placée au-dessous du disque vibratile s'ouvre
et se ferme avec rapidité.

Ce *Stentor* nage très-souvent à reculons, les cils supérieurs droits
et immobiles; ceux de la base et ceux recouvrant le corps de l'animal
impriment seuls le mouvement nécessaire à la marche.

Le Dr Wright cite un Stentor qu'il appelle « le stentor châtaigne »
à cause de sa couleur brune, et qui nous paraît être le même que le
S. fuscus.

STENTOR PEDICULATUS.

Pl. II, fig. 3. — 400 diam.

Animal en forme de trompette; tégument finement granuleux et
brun très-clair.

L'extrémité supérieure de ce Stentor est comme mamelonnée, et chacune de ces petites aspérités est surmontée de cils vibratiles longs et forts.

L'extrémité caudale est terminée par six appendices en forme de V, supportant chacune quatre cils longs et très-forts. Lorsque ce stentor est contracté, il a une forme ovoïde très-allongée (pl. XI, fig. 4).

Ce stentor est le seul qui présente des appendices ciliés au sommet et à la base.

STENTOR ELEGANS.

Pl. II, fig. 5, 6, 7, 8, 9. — 400 diam.

Animal en forme de massue quand il nage, cylindrique quand il est contracté; le tégument est blanc, transparent et très-fortement musculeux. Bouche suivie d'un œsophage profond se terminant un peu en boule et muni de cils vibratiles très-visibles. La vésicule contractile a des mouvements très-prononcés et laisse une dépression dans le tégument après sa contraction; au moment de la diastole elle fait une forte saillie extérieure.

STENTOR DEFORMIS.

Pl. II, fig. 10.

La forme de ce Stentor est si singulière que nous ne pouvons la décrire. Il faut donc se rapporter à la figure qui le représente.

Le tégument est d'un brun-jaune très-clair; les stries formées par les muscles sont en biais sur le corps de l'animal. La bouche est grande, l'œsophage profond et terminé en pointe; les cils de la couronne frontale sont longs et forts : le tourbillon produit par eux est extrèmement étendu. Ce Stentor n'est peut-être qu'un jeune qui vient de se séparer par fissiparité transversale.

STENTOR NANUS.

Pl. II, fig. 11-12-13. — 500 diam.

Ce Stentor est d'une extrême petitesse ; son tégument est granuleux
et de couleur bleuâtre ; les muscles longitudinaux marquent des stries
profondes. Les cils de la couronne frontale sont d'une longueur
remarquable et leur force est très-grande. Bouche suivie d'un œsophage relativement profond. Une glandule de forme ovoïde se remarque dans l'intérieur du corps.

Ce Stentor a des mouvements vifs et brusques ; nous ne l'avons
pas vu s'attacher. Il tourne souvent en rond en nageant, rétrécit
son cercle peu à peu et finit par tourner sur lui-même comme une
Haltérie.

Pendant sa contraction les cils frontaux ne rentrent pas à l'intérieur, mais ils se mettent en faisceau.

STENTOR FIMBRIATUS.

Pl. II, fig. 14-19. — 400 et 500 diam.

C'est avec doute que nous fondons cette espèce, car nous savons que la frange qui se montre sur le bord du Stentor indique une
fissiparité plus ou moins prochaine. Mais l'espèce qui nous occupe
s'est toujours présentée à nous sous le même aspect, et nous ne
l'avons pas vu se diviser par fissiparité. De plus, la frange, au lieu
d'être lisse comme on le remarque généralement, est ici fortement
dentée ou lobée, et on remarque souvent trois lobes semblables à la
base de ce Stentor (fig. 15). La bouche est petite, l'œsophage assez
profond et étranglé en trois points sub-égaux (fig. 17). Le nucleus
en chapelet est bien développé, et descend jusqu'à la base où il
s'arrête près d'une vésicule très-claire. La base de la frange latérale
un peu recourbée paraît se terminer près d'une vésicule contractile,
ce qui ferait encore supposer un indice de fissiparité. Plus tard de

nouvelles recherches établiront si cette frange est accidentelle ou persistante.

STENTOR RŒSELII.

Pl. III, fig. 1. — 400 diam.

Stentor Rœselii ? Ehrenberg, *Inf.*, pl. XXIV, fig. 2.

Sous ce nom, M. Ehrenberg décrit un Stentor de même forme
que le *Mülleri*, mais qui en diffère seulement par le cordon intestiniforme qui est une bandelette sinueuse, très-longue, au lieu d'être
en chapelet. Dans le *Rœselii* comme dans le *Mülleri*, M. Ehrenberg
voit une crête latérale ; cette crête est un commencement de reproduction ; elle n'existe pas dans la figure que nous donnons de cette
espèce.

STENTOR ALBUS.

Pl. II, fig. de 13 à 13 ᵈ. — 400 diam.

C'est avec doute que nous mettons cet infusoire dans le genre
Stentor, bien que la cavité buccale en possède tous les caractères.
Il prend des formes très-différentes, ainsi que le font voir les cinq
figures dessinées toutes d'après le même animal. Le tégument est
blanc, légèrement laiteux, finement granulé, très-contractile et
souple. Les cils frontaux sont très-longs et produisent un très-fort
tourbillon. La petite vésicule, hérissée de cils que l'on remarque
sur l'un des côtés de ce Stentor, est protractile et rétractile. On semble
reconnaître chez cet infusoire un commencement de fissiparité.

2ᵉ *GENRE :* TRICHODINA.

TRICHODINA STELLINA.

Pl. XII, fig. 10 à 10 ᵈ. — 400 diam.

Cyclidium pediculus,   Müller, p. 84, pl. XI, fig. 15-17. — 1786.
Vorticella stellina,   Müller, p. 270, pl. XXXVIII, fig. 1-2. — 1786.

Trichodina pediculus,	Ehrenberg, *Inf.*, p. 308.
Urceolaria stellina,	Dujardin, *Hist. nat. des inf.*, p. 527, pl. XVI, fig. 2. — 1841.
Urceolaria stellina,	Pritchard, p. 596, pl. X, fig. 228 à 230.

Corps cylindrique, très-court, ayant ses deux bases tantôt planes, tantôt renflées ou creusées, suivant l'état de contraction ou de dilatation de l'Infusoire. « Quand la *Trichodina* est contractée », dit Dujardin, «elle prend la forme d'un turban ; le bord de la face intérieure est garni d'une couronne de cils interrompue à l'endroit où commence la bouche. » Cette bouche, suivie d'un assez long œsophage, va de la couronne frontale à une espèce de disque armé de quatorze crochets (fig. 10ᵈ). Le tégument de l'animal est blanc. La marche et les mouvements de natation sont d'une vivacité extraordinaire.

3ᵉ GENRE : UROCENTRUM.

UROCENTRUM TURBO.

Pl. XXIV, fig. 5 et 5ᵃ. — 400 diam.

Cercaria turbo,	Müller, pl. XVIII, fig. 13-16.
Urocentrum turbo,	Nitzsch, *Beytr*, 1817, p. 4.
Turbinella moniligera,	Bory, *Engel*, p. 760, 1821.
Urocentrum turbo,	Ehrenberg, *Inf.*, pl. XXIV, fig. 7.
Urocentrum turbo,	Dujardin, *Hist. nat. des Inf.*, p. 532.
Urocentrum turbo,	Pritchard, *Syst. Hist. nat. of inf.*, p. 584, pl. X, fig. 231-232, 1861.

Ehrenberg décrit ainsi cet animal : « Hyalin, corps ovale, trilatéral, queue de la longueur d'un tiers du corps ». Pour Müller, c'est un animal « sphérique, ovale, hyalin, comme formé par deux petites sphères soudées, dont l'inférieure est un peu plus petite et terminée par un piquant ou une soie raide, moitié plus courte que le corps ; à l'extrémité supérieure, une ligne transverse représente un opercule. A un grossissement plus considérable, et non sans peine, on distingue trois angles ; il est muni d'un globule diaphane

dans chaque sphère et d'un autre plus petit à la base du corps, ou
même quelquefois de plusieurs globules. Dans la ligne transverse
du sommet, j'ai aperçu, de chaque côté, un petit point très-noir,
est-ce un œil ? » (Müller, *loc. cit.*, p. 223).

IVᵉ *FAMILLE :* HALTERINA.

Iᵉʳ *GENRE :* HALTERINA.

HALTERIA BIPARTITA.

Pl. XXIV, fig. 3, 3 ᵃ. — 400 diam.

La forme de cet *Halteria* est oblongue, mais au tiers inférieur,
elle subit un étranglement qui lui donne l'apparence de deux petites
sphères superposées. Les cils vibratiles, entourant la partie supérieure qui est tronquée, sont si menus qu'il est très-difficile de
les apercevoir. De grandes soies partent de l'endroit où le corps est
étranglé : ce sont ces soies qui servent à la marche et à la natation
saccadée de l'Infusoire.

Le tégument de l'animal est blanc, laiteux, légèrement pointillé.
Plusieurs globules très-brillants se remarquent à l'intérieur. Cette
Haltérie est la seule qui puisse se fixer par ses soies saltatrices.

HALTERIA VORAX.

Pl. XXI, fig. 21. — 400 diam.

Trichodina vorax ? Ehrenberg, p. 309, 1841.

Ehrenberg décrit ainsi sa *Trichodina vorax* : « Corps oblong, cylindrique, légèrement conique ; front convexe couronné de cils ; dos
lisse, aminci et obtus. » Outre la couronne supérieure de cils, nous
en avons remarqué une seconde placée environ à la moitié du corps
dont elle fait le tour. Ces cils sont très-courts. Le mouvement de

cette Haltérie est surtout une rotation sur elle-même, tellement
rapide, qu'on ne peut plus distinguer sa forme.

HALTERIA MINIMA.

Pl. XXII, fig. 19. — 400 diam.

Cette Haltérie est une des plus petites que nous ayons étudiée. Son
tégument est blanc, sa forme, celle d'une bourse. Les cils entourant
le bord supérieur et ceux implantés sur son contour, sur sa partie
ventrale, sont longs et forts. Ses mouvements sont tellement brusques qu'il est presque impossible de la suivre.

HALTERIA VIRIDIS.

Pl. XXII, fig. 20. — 400 diam.

Sa forme est sphérique, avec la partie supérieure tronquée ; cette
Haltérie est verte, et munie à sa partie moyenne de cils très-forts,
assez longs et placés en couronne ; mouvement vif, saccadé et
tourbillonnant.

HALTERIA VERRUCOSA.

Pl. XXII, fig. 22-22 ª. — 150 diam.

Trichoda trochus ?   Müller, *Inf.*, p. 163, pl. XXIII, fig. 89, 1786.
Trichoda bomba ?   Müller, *Inf.*, p. 166, pl. XXIII, fig. 17-20, 1786.

L'Haltérie verruqueuse est verte ; son corps est cylindrique ; l'extrémité supérieure est tronquée, l'extrémité inférieure se termine
en pointe.

A peu près à moitié du corps et seulement d'un côté, on remarque
une forte dépression qui rend l'haltérie toute bossue. C'est peut-être
à cette espèce qu'il faut rapporter les *Trichoda trochus et bomba*,
de Müller.

HALTERIA VOLVOX.

Pl. XXII, fig. 24. — 400 diam.

Trichoda grandinella ? Müller, *Inf.* p. 160, pl. XXIII, fig. 1 à 3. — 1786.
Trichodina grandinella? Ehrenberg, *Inf.*, p. 267, pl. XXIV, fig. 5.
Halteria volvox ? Claparède et Lachmann, *Ét. sur les inf.*, p. 370, pl. XIV, fig. 10.

Corps ovoïde ; tégument jaune très-clair et peu transparent. Les cils de la couronne frontale sont très-longs, ainsi que les soies servant à la locomotion. Outre les deux rangées de cils, nous en avons remarqué une autre à la base. Cette particularité ne nous empêche pas de croire que notre *Halteria volvox* soit bien la même que celle de Claparède et Lachmann.

HALTERIA GRANDINELLA.

Pl. XXIV, fig. 1-1ᵃ. — 400 diam.

Halteria grandinella ? Müller, *Inf.*, p. 160, pl. XXIII, fig. 1 à 3, 1786.
Trichodina grandinella ? Ehrenberg, *Inf.* p. 267, pl. XXIV, fig. 5.
Halteria grandinella, Dujardin, *Inf.*, p. 415, pl. XVI, fig. 1.
Trichodina grandinella, Claparède et Lachmann, p. 369, pl. XIII, fig. 8-9.

Dujardin décrit ainsi l'*Halteria grandinella* : « Corps presque globuleux et turbiné, à peine transparent, paraissant, vu de face, comme un disque entouré de cils épais, obliques ; et vu de côté, comme un ovoïde court, plus étroit en arrière, couronné par ces mêmes cils, et entouré de cils rayonnant extrêmement, puis se mouvant par sauts brusques. »

HALTERIA OVATA.

Pl. XXIV, fig. 2 et 2ᵃ. — 400 diam.

Cet *Halteria* a les cirrhes de la couronne ciliaire aussi forts que ceux de la *grandinella*, seulement ils ont moins de tendance à rester droits. Les soies locomotrices sont longues et très-déliées. Le corps de l'animal est ovoïde, un peu étranglé avant la couronne ciliaire. La partie supérieure, un peu bombée, subit une dépression au niveau de la bouche.

HALTERIA ACUTA.

Pl. XXIV, fig. 3. — 400 diam.

Animal globuleux ; la partie supérieure se termine en pointe arrondie. Le tégument est blanc. Les cils des deux couronnes sont longs, fins et bien développés. Mouvement vif, saccadé et tournoyant.

HALTERIA LOBATA.

Pl. XXIV, fig. 4. — 400 diam.

Comme la précédente, cette Haltérie est globuleuse, seulement, sa partie supérieure est terminée par trois espèces de mamelons au mi lieu desquels se trouve la bouche. Le tégument de l'animal est vert ; ses cils sont bien développés et sa natation très-rapide.

2° *GENRE :* STROMBIDION.

STROMBIDION SULCATUM.

Pl. XXII, fig. 23-23 *. — 400 diam.

| *Trichoda diota,* | Müller, *Inf.*, p. 168, pl. XXIV, fig. 3-4. |
| *Strombidion sulcatum,* | Claparède et Lachmann, p. 371, pl. XIII, fig. 6. |

Ce Strombidion est globuleux ; la partie supérieure tronquée est terminée par un bourrelet supportant les cirrhes de la couronne ciliaire ; au milieu de ce bourrelet charnu se trouve la bouche. Le tégument de l'animal est jaune très-clair et légèrement pointillé.

STROMBIDION GLOBOSUM.

Pl. XXIV, fig. 6. — 400 diam.

Corps sphérique ; couronne de cirrhes très-rétrécie. Tégument blanc, finement pointillé. Vésicule contractile très-développée.

STROMBIDION CAUDATUM.

Pl. XXIV, fig. 7-8. — 400 diam.

Animal de forme ovoïde, à base effilée et munie d'une soie caudale; extrémité supérieure tronquée. Tégument blanc; vésicule contractile située au tiers inférieur de l'Infusoire.

V⁵ *FAMILLE :* KÉRONIENS.

1ᵉʳ *GENRE :* OXYTRICHA.

OXYTRICHA LABIATA.

Pl. XII, fig. 1. — 400 diam.

Animal de forme oblongue, aplatie, surtout aux deux extrémités; bouche en forme de bec.

Couleur du tégument brun clair. La forme de la bouche bilabiée rappelle celle des Colpodes.

OXYTRICHA OVALIS.

Pl. XII, fig. 2. — 400 diam.

Cet *Oxytricha* est de forme ovale, plus large dans le haut que dans le bas. Bouche énorme; tégument vert clair; des cils très épais au sommet seulement, ceux du reste du corps sont très-déliés.

OXYTRICHA BILOBATA.

Pl. XII, fig. 6. — 400 diam.

Cet Infusoire est arrondi au sommet et tronqué à la base. Celle-ci porte latéralement deux petits lobes qui supportent des cils plus longs que ceux de la surface. La bouche est très-large et occupe presque toute la hauteur de l'animal. On remarque parallèlement à un de ses bords une ligne de cils épais mais qui se distinguent bien des cor-

nicules. La vésicule contractile est très-large et située un peu au-
dessus de la partie moyenne de l'Infusoire.

Le tégument a une couleur blanc-jaunâtre et on remarque à
l'intérieur de petits globules jaunes, brillants et très-nombreux.

OXYTRICHA CRASSA.

Pl. XII, fig. 7-7 ª. — 400 diam.

Oxytricha crassa,   Claparède et Lachmann, *Inf.*, p. 147, pl. VI, fig. 7.

Cette espèce est de forme allongée, arrondie des deux bouts et
un peu renflée dans le milieu du corps. La bouche tient à peu près
la moitié de la longueur de l'animal. La partie ventrale est nue ; la
tête, le dos et la partie inférieure sont munis de longs cils ; cet
Oxytricha est ovoïde.

OXYTRICHA CIMEX.

Pl. XIII, fig. 1, 1ª, 1ᵈ. — 400 diam.

Trichoda cimex ?   Müller, p. 231, pl. XXXII, fig. 21-24.

Müller décrit ainsi sa *Trichoda cimex* : « Ovale, luisante sur les
bords, garnie de poils aux deux extrémités. » — Nous ajouterons : bouche grande, tégument blanc, finement ponctué ; cils épais au sommet et disséminés sur le corps.

OXYTRICHA PUBES.

Pl. XIII, fig. 2. — 400 diam.

Trichoda pubes,   Müller, *Inf.*, p. 173, pl. XXIV, fig. 16-18.

Corps ovoïde, bouche contournée en cor de chasse ; deux longs
filaments flagelliformes en sortent. Le tégument est vert. A l'intérieur, on remarque un grand nombre de globules de différentes
grosseurs ; il y en a de verts et de jaunes. A un moment donné, l'a-

nimal laissa sortir, au niveau de l'ouverture buccale, dans la place où se trouve l'anus, les corps ingérés (fig. 2) ; le tégument se creusa légèrement, puis la paroi redevint ce qu'elle était avant l'expulsion.

OXYTRICHA CAUDATA.

Pl. XIII, fig. 4. — 400 diam.

Oxytricha caudata,	Ehrenberg, *Inf.*, p. 358.
Oxytricha caudata,	Dujardin, *Hist. des inf.*, p. 420, pl. XIII, fig. 6.
Oxytricha caudata,	Claparède et Lachmann, p. 146, pl. V, fig. 7.

Corps incolore, allongé, linéaire, arrondi en avant, prolongé postérieurement en manière de queue, avec des cils épais dispersés sur toute la surface du tégument.

OXYTRICHA VIRIDIS.

Pl. XIII, fig. 5. — 400 diam.

Cet *Oxytricha* est de forme ovoïde, plus large dans le haut qui est arrondi que dans la partie ventrale. La partie inférieure finit en pointe arrondie ; la bouche petite est garnie d'un côté de cils vibratils ; neuf cils épais sont implantés sur la partie frontale de l'animal, le reste est couvert de cils très-fins, presque invisibles.

OXYTRICHA PLATYSTOMA.

Pl. XIII, fig. 6-6 *. — 400 diam.

Oxytricha platystoma?	Ehrenberg, *Inf.*, p. 358.
Oxytricha eurystoma ?	Ehrenberg, *loc. cit.*
Oxytricha polionella?	Dujardin, *Hist. nat. des inf.*, p. 417, pl. XI, fig. 10, 1841.

Corps blanc, ovale, allongé ; ventre garni d'une rangée de poils ; bouche ciliée et relativement grande. Tégument irrégulièrement granuleux. Cinq cirrhes bien développés à la base.

OXYTRICHA DEFORMIS.

Pl. XIII, fig. 8. — 400 diam.

Cet *Oxytricha* est-il déformé ou est-il en voie de reproduction ?
nous serions tentés de croire à cette dernière hypothèse, parce
que les deux prolongements en forme de cornes terminant la partie
supérieure de l'animal sont munis chacun de cils vibratiles, faisant le
tourbillon et amenant à l'intérieur les petites granulations de couleur
rouge qui, petit à petit, forment des bols : pour nous, ces deux prolongements sont munis de bouches : en cet état de division, il est
difficile de préciser si cette espèce est réelle ou si elle appartient à
un autre infusoire.

OXYTRICHA PRÆCEPS.

Pl. XIII, fig. 9. — 400 diam.

Trichoda præceps ?	Müller, p. 173, pl. XXIV, fig. 23-25.
Oxytricha lepus ?	Ehrenberg, p. 359.
Oxytricha lepus ?	Dujardin, *Hist. nat. des Inf.*, p. 421.

Ehrenberg décrit ainsi son *Oxytricha lepus* : « Corps blanchâtre,
elliptique, glabre, aplati ; front cilié, bout postérieur garni de soie. »
Est-ce notre Oxytricha ? nous avons dans sa description une différence
à établir : c'est que la partie ventrale possède une rangée de soies, et
que ce n'est pas seulement la partie postérieure qui en est garnie.
Cette espèce, au reste, paraît bien être celle que Müller a décrite sous
le nom de *Trichoda præceps*.

OXYTRICHA PULLASTER.

Pl. XIII, fig. 12, 12 ᵃ-12 ᵇ. — 250 diam.

Kerona pullaster,	Müller, p. 241, pl. XXXIII, fig. 21-23.
Oxytricha pullaster,	Ehrenberg, p. 359.

Müller décrit ainsi son *Kerona pullaster* : « Animal presque ovoïde ;
extrémité antérieure rétrécie, recourbée, armée de cornes ; extrémité

postérieure velue. » Ehrenberg dit de son Oxytricha : « Corps blanchâtre, lancéolé, bouts obtus, ventru en son milieu, tête et queue
poilues. » Dans les trois figures que nous donnons de l'*Oxytricha
pullaster*, on remarquera que la figure 12 a le dos et le ventre nus,
les deux autres figures laissent voir des poils sur les deux côtés, nous
pensons qu'ils ne se voient que quand l'animal est tourné de certaine
façon, ce qui a pu induire en erreur Müller et Ehrenberg qui ne si-
gnalent des poils qu'à la tête et à la queue. Les cornes indiquées par
Müller sont simplement des cils épais.

OXYTRICHA CYPRIS.

Pl. XIII, fig. 13. — 400 diam.

Kerona cypris ?	Müller, p. 236, pl. XXXIII, fig. 5-6.
Himantopus ludio ?	Müller, p. 249, pl. XXXIV, fig. 18.
Kerona cypris ?	Bruguière, p. 53, pl. 17, fig. 9-10.

Selon Müller et Bruguière, le *Kerona cypris* serait : « de forme
presque ovale, velue en avant et armée de cornes; extrémité postérieure velue, échancrée sur un des côtés. »

Est-ce bien notre Oxytricha? Il nous semble que notre animal,
quoique plein de vie, doit être un animal déformé, comme bien souvent il nous a été donné d'en voir. Malgré cela, comme il a quelques
points de ressemblance avec la *Kerona cypris* de Müller, nous croyons
devoir le rapporter à ce dernier.

OXYTRICHA ALBA.

Pl. XIII, fig. 16. — 400 diam.

Corps ovale, un peu allongé dans le haut en forme de bec. Tégument blanc, dos glabre, bouche garnie de cils vibratiles, vésicule contractile située à la partie inférieure de l'Infusoire.

OXYTRICHA FIMBRIATA.

PL. XVII, fig. 13-13ª. — 400 diam.

Trichoda fimbriata. Müller, p. 201, pl. XXVIII, fig. 17.
Trichoda fimbriata. Bruguière, p. 43, pl. XV, fig. 6.

Cet *Oxytricha* est décrit ainsi sous la dénomination de *Trichoda fimbriata* par Müller et Bruguière : Tricode ovoïde, comprimée, partie antérieure velue, postérieure tronquée obliquement, dentelée.

Le tégument est blanc, granuleux; de nombreuses vacuoles se font remarquer à l'intérieur. Bouche grande, bordée d'un côté de cils vibratiles. Près de cette bouche se montre une espèce d'appendice qui supporte un faisceau de poils dirigé vers elle ! La vésicule contractile placée au sommet est très-large et les cils de la surface sont très-longs et ondulants.

OXYTRICHA MERULA.

PL. XX, fig. 8. — 400 diam.

Animal ayant la forme d'une merlette de blason. Tégument blanc, hérissé de poils longs et fins. Fente buccale grande et garnie de cils vibratiles très-longs et toujours en mouvement. Autant que nous avons pu le voir, cette Oxytricha est presque aplatie. La partie antérieure se tient constamment redressée. On remarque deux vésicules contractiles à la base.

3ᵉ *GENRE :* KERONA.

KERONA LACERATA.

PL. XII, fig. 11. — 400 diam.

Animal de forme presque ovoïde, tronqué, comme déchiré dans la partie postérieure. Tégument blanc, mouvements brusques et rapides. Six cornicules à la face ventrale : deux rangées de cils près de la bouche; vésicule contractile située à la partie moyenne; un cirrhe épais à la base.

KERONA DUBIUS.

Pl. XIII, fig. 3. — 400 diam.

Kerona mytilus ? Müller, *Inf.*, pl. XXXIII, fig. 21-23.
Kerona mytilus? Brugnière, p. 54, pl. XVIII, fig. 11-14.
Kerona mytilus ? Dujardin, p. 423, pl. XIII, fig. 2-3.
Stylonychia mytilus ? Ehrenberg, 3° *mém.*, 1833, pl. VI. *Inf.*, 1838, pl. XLI, fig. 6.

Notre dessin représente certainement un animal déformé, comme on le remarque souvent, tout en restant parfaitement vivant. Cette espèce de bras (*b*) que l'on remarque est toujours en mouvement. Le corps de l'animal est rempli de corpuscules verdâtres et de matières avalées.

KERONA ELONGATA.

Pl. XIII, fig. 7. — 400 diam.

Corps allongé, un peu plus large à la base qu'au sommet. Bouche assez grande, bordée de cils vibratiles; sur le bord droit de cette bouche on voit une rangée de petits cornicules. Les styles de la base et du sommet sont forts et droits. La vésicule contractile occupe la partie moyenne et gauche de l'animal.

KERONA POLYPORUM.

Pl. XIII, fig. 10. — 400 diam.

Kerona polyporum. Ehrenberg, *Inf.*, pl. XLI, fig. 7.

Petit, ovoïde, aplati, marche très-vite, s'arrête, et fait souvent le mouvement de se dresser sur ses cornicules. Vésicule contractile située à la partie moyenne de l'Infusoire.

KERONA ROTUNDA.

Pl. XIII, fig. 11. — 400 diam.

Corps presque rond, échancré, ou plutôt déprimé du côté de la bouche. Tégument légèrement granuleux; sept forts cirrhes à la partie inférieure. Cinq cornicules à la partie ventrale; vésicule contractile située à la partie inférieure du corps.

KERONA APER.

Pl. XIII, fig. 15.

Himantopus larva ? Müller, p. 251, pl. XXXIV, fig. 21.

Corps d'un blanc gris, aplati, oblong, rétréci et faisant le crochet à la base. Cirrhes en écharpe; mouvements très-prompts et saccadés. Vésicule contractile située à la partie moyenne de corps.

Trois cornicules : deux situées sur le bord ventral et le troisième à la partie inférieure. Cinq cirrhes assez développés sont implantés au sommet à droite.

KERONA MULTIPES.

Pl. XIII, fig. 19. — 400 diam.

Oxytricha multipes ? Claparède et Lachmann, pl. V, fig. 1.

Corps environ deux fois et demi plus long que large. Tégument granuleux, hérissé de cirrhes et de petits cornicules sur la partie ventrale. Mouvements brusques. Vésicule contractile située au-dessous de la bouche à la partie moyenne.

KERONA UROSTYLA.

Pl. XIII, fig. 21. — 400 diam.

Oxytricha urostyla ? Claparède et Lachmann, pl. V, fig. 2.

Corps long, arrondi aux deux extrémités, la base un peu plus large que la partie supérieure. Tégument blanc, très-transparent.

Double rang de cils vibratiles autour de la bouche. Œsophage garni de cils. De nombreux petits cornicules sur la partie ventrale. Vésicule contractile placée à gauche, à la base de la bouche.

KERONA ROSTRATA.

Pl. XIV, fig. 1. — 400 diam.

Trichoda rostrata ?   Müller, p. 127, pl. XXXII, fig. 7-9.
Trichoda rostrata ?   Bruguière, p. 50, pl. XVII, fig. 1-3.

Corps arrondi à la base, tronqué au sommet et divisé verticalement par une longue bouche, étroite et fortement ciliée. La partie latérale gauche du corps est prolongée en pointe munie de trois longs cirrhes ; cinq cornicules à la face ventrale.

Müller décrit ainsi son *Trichoda rostrata :* « comprimé, variable, jaunâtre, muni de poils et de soies pédiformes. »

KERONA TRIANGULARIS.

Pl. XII, fig. 5. — 400 diam.

Corps en forme de coin aplati. Bouche longue, étroite, occupant la partie latérale droite et munie de forts cirrhes buccaux. Le côté opposé est nu. Sept cornicules à la face ventrale. Vésicule contractile forte, située sur le bord opposé à la bouche et faisant pendant la diastole saillie sous le tégument. Un cirrhe isolé au sommet.

KERONA HISTRIO.

Pl. XIV, fig. 7 et 11. — 400 et 200 diam.

Kerona histrio,   Müller, p. 55.
Stylonychia histrio,   Ehrenberg, p. 362.

Corps ovoïde, un peu renflé à la base et bien cilié. Bouche assez grande. Cirrhes assez épais situés au sommet, à la base et sur les flancs de l'Infusoire. Une dizaine de cornicules disposées dans la partie supérieure, à droite et à gauche de la bouche.

KERONA SILURUS.

Pl. XIV, fig. 8. — 400 diam.

Trichoda silurus ?	Müller, *inf.*, p. 88.
Kerona silurus ?	Müller, p. 244, pl. XXXIV, fig. 9, 10.
—	Bory, 1824.
Stylonychia silurus,	Erhenberg, p. 362.
Kerona silurus,	Dujardin, *loc. cit.*, p. 427, pl. XIII, fig. 4.

Cette espèce a été généralement bien décrite et figurée par les auteurs, seulement Ehrenberg a eu le tort de prendre pour des styles les cirrhes épaissis qui se trouvent à la partie inférieure de l'Infusoire.

4ᵉ *GENRE :* STYLONYCHIA.

STYLONYCHIA CALVA.

Pl. XIV, fig. 2. — 400 diam.

Corps ovalaire, garni de forts cils sur tout le pourtour, excepté au sommet qui est complétement nu. Bouche petite et étroite. Cinq styles frangés à la base. Trois cornicules seulement à la partie ventrale.

STYLONYCHIA VIRGULA.

Pl. XIV, fig. 3. — 400 diam.

Corps environ deux fois plus long que large; front dilaté; partie inférieure tronquée; cinq cornicules près de la bouche et deux un peu au-dessous; deux styles très-forts, frangés, et trois plus petits; tégument légèrement granuleux, d'un blanc jaunâtre; cils des parties latérales très-épais.

STYLONYCHIA APPENDICULATA.

Pl. XIV, fig. 4. — 400 diam.

Stylonychia appendiculata, Ehrenberg, p. 362.

Corps jaunâtre; extrémités arrondies; milieu légèrement étranglé. La face ventrale laisse voir 11 ou 12 cornicules, quatre styles im-

plantés obliquement, puis trois autres à l'extrémité inférieure. Des
cils entourent le corps, et on en remarque une seconde rangée à l'extrémité supérieure. Les styles de cette espèce ont une grande analogie
avec les cirrhes des Kerones, et ne s'en distinguent réellement que par
leur mouvement spécial.

STYLONYCHIA SPHÆRICA.

Pl. XIV, fig. 5. — 400 diam.

Corps arrondi et cilié. Bouche contournée et élargie à la base.
Cils très-épais disposés sur les bords, pendant qu'une partie du sommet en est dépouillée. Vésicule contractile, large et située au sommet
où elle fait saillie. Deux styles frangés et un peu contournés, placés
au-dessous de la bouche. Cinq cornicules placés latéralement et un
seul isolé, situé au-dessus de la bouche.

STYLONYCHIA REGULARIS.

Pl. XIV, fig. 6. — 400 diam.

Corps ovoïde, légèrement rétréci dans la partie supérieure. Bouche
partant du sommet et suivant une ligne courbe qui la ramène au
centre. Cirrhes buccaux très-développés. Quinze cornicules épars dans
la partie supérieure, huit rangés au-dessous de la bouche. Cinq styles
placés parallèlement et décroissant en longueur. La vésicule contractile est placée près de la base de la bouche.

STYLONYCHIA PUSTULATA.

Pl. XIV, fig. 9. — 400 diam.

Kerona pustulata,	Müller, p. 246, pl. XXXIV, fig. 24-25.
Kerona pustulata,	Ehrenberg, *Mém.*, Berlin, 1830-1831.
Stylonychia pustulata,	Ehrenberg, *Inf.*, p. 361.
Kerona pustulata,	Dujardin, *Hist. nat. des inf.*, p. 423, pl. VI, fig. 10, 11, 14 et 18 ; pl. XIII, fig. 7.
—	Claparède et Lachmann, pl. VI, fig. 2.

Corps oblong et arrondi au sommet ; partie inférieure amincie ;

cornicules disséminés sur la surface ventrale. Cinq styles frangés; cirrhes rangés en ligne le long de la partie ventrale, et s'arrêtant près de la bouche. Celle-ci est grande, profonde, garnie de cils vibratiles, et porte à sa base un grand filament flagelliforme, qui n'a été signalé par aucun auteur.

STYLONYCHIA MYTILUS.

Pl. XIV, fig. 10-10ᵉ. — 400 diam.

Kerona mytilus,	Müller, p. 242, pl XXXIV, fig. 1-4.
Stylonychia mytilus,	Ehrenberg, p. 361.
Kerona mytilus,	Dujardin, *Hist. nat. des inf.*, p. 425, pl. XIII, fig. 2-3.
Stylonychia mytilus,	Claparède et Lachmann, pl. VI, fig. 1, 1ª, 1ᵇ, 1ᶜ.

Cet Infusoire a été souvent représenté et décrit par les auteurs qui nous ont précédé. Seulement ils n'ont pas assez fait ressortir les différences qui distinguent les appendices cuticulaires. La bouche est très-dilatée et entourée d'une seule rangée de cirrhes. Une autre rangée part du sommet, à la base du corps hyalin qui le surmonte, et descend à la partie inférieure qu'il contourne, pour remonter et s'arrêter près de la vésicule contractile située près de la base de la bouche. Treize cornicules disséminés sur la surface ventrale. Cinq styles frangés à la base et trois cirrhes épais et aigus, situés plus près de la surface dorsale.

STYLONYCHIA MONOSTYLUS.

Pl. XIV, fig. 12. — 400 diam.

Corps presque arrondi, avec un lobe capital muni d'un cirrhe raide, long, aigu et doué d'un mouvement rapide. Bouche située à la base de ce cirrhe. Quatre cirrhes semblables, mais moins développés, situés à la base. De la partie moyenne et ventrale part un seul style très-frangé et recourbé et dont l'implantation a lieu près de la vésicule contractile. L'absence de cornicule dans cette espèce pourra la séparer des autres

Stylonychia, et on sera peut-être obligé de former pour cet Infusoire un nouveau genre.

KÉRONIENS CUIRASSÉS.

6ᵉ *GENRE :* PLOESCONIA.

PLOESCONIA CRASSA.

Pl. XIII, fig. 14. — 400 diam.

Plœsconia crassa ? Dujardin, *Hist. nat. des inf.,* p. 438, pl. X, fig. 5.

Corps ovale, oblong, épais, légèrement diaphane ; les côtes sont très-peu marquées ; la rangée de cils vibratiles est peu courbée et dépasse à peine la moitié de la longueur du corps. Cinq cirrhes en avant et autant à la partie inférieure.

PLOESCONIA OVALIS.

Pl. XIII, fig. 17. — 400 diam.

De forme ovale, large et tronquée à la base, cette Plœsconie a quatre côtes bien nettement marquées. Bouche bien ciliée ; nombreux crochets ventraux. Large vésicule contractile située à la base de l'Infusoire.

PLOESCONIA MAMILLATA.

Pl. XIII, fig. 18-18ᵃ. — 400 diam.

Cette Plesconie semble toute différente quand on la voit tournée en deux sens opposés, et, si on ne la suivait pas, on pourrait supposer qu'on examine deux animaux de même genre, mais de formes différentes. En effet, d'un côté, on remarque au-dessus des crochets servant à la marche trois petits appendices ressemblant à des bouts de mamelles, appendices qui sont très-remarquables, mais qu'on ne peut apercevoir que d'un côté, le tégument de l'animal n'étant pas assez transparent

pour qu'on puisse les voir quand on n'examine pas la Plesconie du
côté où ils sont implantés. Les cils frontaux produisent un fort tourbillon. La marche est assez rapide ; les côtes sont à peine visibles.

PLOESCONIA PATELLA ?

Pl. XIII, fig. 20-21. — 400 diam.

Trichoda patella ?	Müller, *Verm.*, p. 95.
Kerona patella ?	Müller, *Inf.*, pl. XXXIII, fig. 14-18, p. 238.
Euplota patella ?	Ehrenberg, 1833, *Inf.*, pl. XLII, fig. IX, p. 378.
Plœsconia patella ?	Dujardin, *Hist. nat. des inf.*, p. 435, pl. VIII, fig. 1-4.

Corps presque plat, d'un ovale assez régulier, aminci et transparent près des bords. Rangée de cils vibratiles entourant la fente buccale, qui tient à peu près les deux tiers de la longueur du corps. On
compte cinq côtes très-marquées. Le corps de l'animal est d'une
grande transparence. On remarque à l'intérieur de nombreux globules verts.

7ᵉ *GENRE :* EUPLOTES.

EUPLOTES PATELLA ?

Pl. XII, fig. 1. — 400 diam.

Trichoda patella ?	Müller, *Verm.*, p. 95.
Euplotes patella,	Ehrenberg, p. 365.
—	Claparède et Lachmann, p. 170, pl. VII, fig. 1-2.

Animal de forme plutôt longue que large, mais très-irrégulière.
Quatre côtes marquées dans la cuirasse. On voit à l'intérieur du
corps une partie charnue, conique, allongée, remplie de globules
verdâtres. Les mouvements de l'animal sont très-brusques. Cinq
cirrhes épais à la base et plusieurs cornicules disséminés à la surface
ventrale.

EUPLOTES CHARON.

Pl. XII, fig. 9. — 400 diam.

Himantopus charon ?	Müller, p. 252, pl. XXXIV, fig. 22.
Trichoda charon,	Müller, p. 229, pl. XXXII, fig. 12-20.
Euplotes charon,	Ehrenberg, *Mém.*, Berlin, 1830, p. 43-82, pl. VI, fig. 2.
—	Claparède et Lachmann, p. 173, pl. VII, fig. 10.
Plœsconia charon,	Dujardin, *Hist. nat. des inf.*, p. 438, pl. X, fig. 8-13.

« Carapace petite, ovale, elliptique; partie antérieure légèrement tronquée ; raies dorsales granuleuses. » C'est ainsi que M. Ehrenberg décrit son *Euplotes charon*. Nous ferons seulement remarquer à l'intérieur de notre *Euplota* de nombreux globules verts très-brillants, une bouche sinueuse et trois forts cirrhes disposés à la base. Cinq cornicules frontaux et cinq à la partie inférieure de la surface ventrale.

EUPLOTES GRANDIS.

Pl. XII, fig. 12. — 400 diam.

Cet *Euplotes* est d'une forme parfaitement régulière. La partie inférieure est plus large que le reste du corps, et se termine en s'arrondissant. Le sillon qui commence à la partie supérieure pour arriver à la bouche, est garni de cils vibratiles très-serrés. On remarque onze cornicules : cinq dans la partie supérieure, et six environ aux deux tiers de la longueur de l'animal, et entourant presque la vésicule contractile. Quatre longs styles aigus sont implantés au bord de la partie inférieure. Sept sillons très-fortement granuleux sont visibles dans toute la longueur. Le front est saillant et hyalin.

9° *GENRE :* ASPIDISCA.

ASPIDISCA RADIATA.

Pl. XII, fig. 8. — 400 diam.

Animal de forme ovale, tronquée et échancrée dans le haut. Dix cornicules sont implantés irrégulièrement sur la partie supérieure de

la face ventrale ; six autres sont rangés en demi-cercle non loin de la
partie inférieure On compte six côtes légèrement accusées. La rangée
des cils buccaux est très-régulière. Quelques globules verts se font
remarquer dans l'intérieur de cette Infusoire.

ASPIDISCA PULVINATA.

Pl. XIV, fig. 13-14. — 400 diam.

Corps ovale, arrondi, épais d'à peu près moitié de sa largeur.
Dix cornicules. Cils buccaux donnant un très-fort tourbillon. Cuirasse divisée par quatre sillons bien marqués ; bouche latérale bien
visible.

VIe FAMILLE : NASSULIENS.

1er GENRE : TRICHODON.

TRICHODON ACUMINATUS.

Pl. XV, fig. 9-9ª. — 400 diam.

Chilodon cucululus ? Pritchard, *Inf.*, pl. XXIV, fig. 301-309, 1861.

Animal en forme de palme finissant légèrement en pointe. Partie
supérieure aplatie. Bouche en cornet, de laquelle sort une longue soie.
Tégument blanc, granuleux, très-transparent. Vésicule contractile
située au-dessous de l'appareil dentaire.

TRICHODON CILIATUS.

Pl. XVII, fig. 6-9ª. — 400 diam.

Comme le précédent *Trichodon*, celui-ci a la forme d'une palme,
mais bien plus arrondie aux deux extrémités. Le tégument est fin,
excessivement transparent, et hérissé de cils d'une telle ténuité, qu'il
est très-difficile de les apercevoir. Le cornet buccal est protractile et

rétractile et sa projection est très-remarquable. La soie qui part de la bouche est toujours en mouvement. Sur la partie supérieure, qui est aplatie, on compte trois rangs de cils très-régulièrement implantés. Ce *Trichodon* nage en tournant à plat, et un peu aussi par soubresauts, quelquefois en zigzags. Il possède deux vésicules contractiles. Les globules intérieurs sont tantôt ovales, tantôt ronds, et composés de petites granulations verdâtres. La fig. 9ᵃ représente la reproduction par fissiparité déjà très-avancée.

2ᵉ GENRE : PRORODON.

PRORODON TERES ?

Pl. III, fig. 9-9ᵃ. — 400 diam.

Prorodon teres ?   Ehrenberg, p. 333, pl. X, fig. 108.

Corps ovale, cylindrique, blanc grisâtre; couronne de dents cylindrique.

Deux vésicules contractiles. L'appareil dentaire n'est pas positivement au sommet de l'Infusoire, il est un peu incliné sur son axe. Le corps est complétement couvert de cils très-fins.

3ᵉ GENRE : CHILODON.

CHILODON AUREUS.

Pl. XVI, fig. 1-1ᵃ. — 400 diam.

Chilodon aureus ?   Ehrenberg, p. 343.
Nassula aurea,   Ehrenberg, *Mém.*, Berlin, 1833, pl. II, fig. 3.

Ehrenberg décrit ainsi son *Chilodon aureus :* « Corps ovale, conique, renflé, couleur jaune d'or, bout antérieur courbé en forme de bec obtus, bout postérieur aminci. » Sauf la couleur jaune d'or, ce Chilodon est bien le nôtre, qui est d'un jaune très-clair. Son tégument est d'une grande souplesse et hérissé de cils vibratiles d'une si grande ténuité qu'il faut une attention très-soutenue pour les apercevoir. Vésicule contractile très-large et située à la partie inférieure.

4ᵉ GENRE : NASSULA.

NASSULA RUBENS.

Pl. XVI, fig. 3. — 400 diam.

Nassula rubens ? Claparède et Lachmann, *loc. cit.*

Animal cylindrique, de forme ovale, plus large dans le bas que dans le haut. Cornet buccal relativement grand. Deux vésicules contractiles. Tégument d'un joli rose, complétement hérissé de cils vibratiles d'une grande ténuité. Globules jaunes, très-brillants, à l'intérieur. MM. Claparède et Lachmann disent que la couleur du *Nassula rubens* est d'un rouge brique tirant sur le rosé; quelquefois cette couleur devient si pâle que l'animal paraît presque incolore.

NASSULA AUREA.

Pl. XVI, fig. 4. — 400 diam.

Nassula aurea,   Ehrenberg, p. 346, pl. XXXVII, fig. 3.
—   Dujardin, *Hist. nat. des inf.*, p. 497.
—   Pritchard, p. 626.

Cette Nassule est d'une forme ovale irrégulière. La vésicule contractile est placée au milieu du corps de l'animal.

L'intérieur du corps est tellement rempli de globules jaunes très-brillants de toutes grosseurs, que ces derniers donnent une teinte dorée à la Nassule. Le tégument est souple et hérissé de cils très-fins.

NASSULA VIRIDIS.

Pl. XV, fig. 8-8ᵃ. — 400 diam.

Nassula ornata,   Ehrenberg, p. 345.
Nassula viridis,   Dujardin, p. 495, pl. XI, fig. 18.
—   Pritchard, p. 626, pl. XXVIII, fig. 65-71.

Cylindrique, de forme ovale allongée. cette Nassula est d'un beau

vert foncé. Cette teinte lui est donnée par les globules verts dont elle
est remplie. Ses bords seuls, de quelque côté qu'elle se montre, sont
toujours blancs et très-transparents ; les cils vibratiles dont elle est
hérissée sont courts, mais relativement forts. L'appareil dentaire a la
forme d'un cornet très-large dans le haut ; il résiste à la dessiccation.
La *Nassula viridis* nage presque toujours en tournant. On remarque
deux vésicules d'une grande contractilité.

NASSULA DENTATA.

Pl XV, fig. 10-10ᵃ. — 400 diam.

Loxode dentatus, Dujardin, *Hist. nat. des Inf.*, p. 453 ; pl. XIV, fig. 10ᵃ, 10ᵇ, 10ᶜ.

Si le genre *Otostoma* de Carter était mieux étudié, très-probablement y aurions-nous placé cette Nassule à cornet recourbé, que nous
avons représentée par les figures 10 et 10' ; mais la caractéristique de
ce genre étant encore douteuse, nous laissons notre Infusoire dans le
genre *Nassula,* dont il ne diffère que par le cornet buccal qui affecte
un peu une forme courbée, puis par une rangée de cils frontaux plus
visibles que ceux qui hérissent le reste du corps. Ces cils déterminent
dans le liquide un tourbillon énergique qui amène à la bouche les
particules nutritives.

VIIIᵉ *FAMILLE :* LACRYMARIENS.

1ᵉʳ *GENRE :* LACRYMARIA.

LACRYMARIA VERMICULARIS.

Pl. XV, fig. 3-3ᵃ. — 400 diam.

Trichoda vermicularis, Müller, p. 198, pl. XXVIII, fig. 1-4.
Phialina vermicularis, Ehrenberg, p. 342, pl. X, fig. 111.
Lacrymaria lagenula, Claparède et Lachmann, p. 302, pl. XVIII, fig. 7.

« Corps blanc, ovale, cylindrique, bout antérieur peu à peu aminci ;
cou très-court. » C'est ainsi que M. Ehrenberg décrit sa *Phialina,*

qui est bien notre *Lacrymaria*. Nous ajouterons seulement qu'on remarque une vésicule contractile tout à fait à l'extrémité inférieure, et
que le tégument rétractile de l'animal est hérissé de cils d'une grande
ténuité. La bouche est entourée d'une auréole ciliaire mince et très-
transparente.

LACRYMARIA PROTEUS.

Pl. XV, fig. 4-4ª, 4ᵇ, 4ᶜ. — 400 diam.

Trichoda proteus,	Müller, *Inf.*, p. 176, pl. XXV, fig. 1-3.
Lacrymaria proteus,	Ehrenberg, *Inf.*, p. 330, pl. IX, fig. 105.
—	Dujardin, *Inf.*, p. 470.
—	Pritchard, *Inf.*, p. 610, pl. XXIV, fig. 274-275.
Lacrymaria olor,	Claparède et Lachmann, p. 298, pl. XVI, fig. 5.

« Ovale, obtuse en arrière, cou allongé, rétractile ; extrémité supérieure garnie de cils. » Müller, page 176. La cuticule semble striée
dans deux directions opposées ; mais cela vient de ce qu'étant très-
transparente, elle laisse voir les stries en dessous du corps aussi bien
qu'en dessus, et c'est ce qui produit cet effet croisé. Claparède et
Lachmann réunissent dans la même espèce le *Lacrymaria olor* et le
Lacrymaria proteus, qui nous paraissent devoir être séparées.

LACRYMARIA TENUICULA.

Pl. XV, fig. 11. — 400 diam.

Cette Lacrymaire est la plus petite qu'il nous ait été donné d'étudier. Sa forme est celle d'une fiole à goulot étroit, surmonté d'un bouchon allongé. La vésicule contractile est située à l'extrémité postérieure. L'appendice buccal est relativement plus allongé que chez les
autres espèces.

LACRYMARIA OLOR.

Pl. XV, fig. 7. — 400 diam.

Trichoda versatilis,	Müller, *Inf.*, p. 178, pl. XXV, fig. 6-10.
Trichoda militea ?	Müller, *Inf.*, p. 199, pl. XXVIII, fig. 5-10.
Lacrymaria olor,	Ehrenberg, *Mém.*, 1830-1831.
Trachelocerca olor,	Ehrenberg, *Inf.*, 1838, pl. XXXVIII, fig. 7, p. 342.
Lacrymaria olor,	Dujardin, *Hist. nat. des inf.*, p. 467.
—	Claparède et Lachmann, p. 298, pl. XVI, fig. 5-8.

« Corps fusiforme, prolongé en un cou très-long, renflé à l'extrémité. » (Dujardin, page 469.) Cuticule éminemment rétractile, ainsi que l'indiquent les stries profondes que l'on remarque sur le tégument. Le corps, le cou, la partie supérieure, tout l'animal enfin est hérissé de cils d'une grande ténuité. La vésicule qui est placée à l'extrémité postérieure de ce *Lacrymaria*, se contracte très-souvent.

Les mouvements du cou sont onduleux et gracieux comme ceux du cygne. Quand cet Infusoire se contracte, le cou rentre complétement dans la masse du corps, qui devient globuleux. Sous l'influence de cette contraction les fibres myosiques s'épaississent, deviennent très-prononcées en même temps que les sillons de la cuticule s'accentuent davantage.

2ᵉ *GENRE* : SPIROSTOMUM.

SPIROSTOMUM AMBIGUUM.

Pl. XV, fig. 1 à 1ᶠ. — 100 diam.

Trichoda ambigua,	Müller, *Inf.*, p. 200, pl. XXVIII, fig. 11-16.
Spirostomum ambiguum,	Ehrenberg, *Inf.*, p. 342, pl. X, fig. 113.
—	Dujardin, *Inf.*, p. 514, pl. XII, fig. 3 à 3ᵈ.
—	Pritchard, *Inf.*, p. 623, pl. XXIX, fig. 297-298.
—	Claparède et Lachmann, *Inf.*, p. 213.

Tous les auteurs cités nous disent le *Spirostomum ambiguum* de couleur blanche ; nous, nous l'avons toujours vu d'un brun très-clair. Le corps est filiforme, cylindrique, pliable : le bout postérieur est tronqué, le bout antérieur allongé et plus étroit que le reste du corps. La vésicule contractile placée tout à fait à la partie inférieure en occupe toute la largeur; elle n'est pas ronde, mais a une forme rectangulaire en rapport avec la figure qui représente cette partie inférieure du Spirostomum. Tout le tégument est hérissé de cils ; les stries obliques sont très-développées ; aussi la contractilité de l'animal est-elle très-grande.

La frange des cirrhes buccaux part du sommet du corps et finit environ au premier tiers, arrivant à l'ouverture buccale en formant un tour de spire. La bouche est béante et suivie d'un œsophage relativement court. Les *Spirostomum* prennent les formes les plus différentes depuis la forme très-allongée jusqu'à celle d'une masse globuleuse. Le nucléus est un chapelet contourné et à grains petits.

SPIROSTOMUM VIRENS.

Pl. XV, fig. 2 à 2ᶠ. — 100 diam.

Spirostomum virens ?	Ehrenberg, p. 342.
Bursaria spirigera,	Ehrenberg, *Mém.*, Berlin, 1833, p. 234.
Spirostomum spirigera,	Ehrenberg, *Mém.*, Berlin, 1833, p. 252-313.
Spirostomum virens ?	Pritchard, *Inf.*, p. 623, pl. XXIV, fig. 296.
Spirostomum teres,	Claparède et Lachmann, *Inf.*, p. 233, pl. XI, fig. 1-2.

Corps cylindrique, un peu renflé dans le milieu, tronqué à la partie inférieure et presque pointu à la partie supérieure. Le sillon renfermant les cirrhes buccaux est dirigé comme celui du *Spirostomum ambiguum*, mais il s'arrête un peu plus bas que la moitié de la longueur du corps, où est située la bouche. Comme dans le précédent *Spirostomum*, le corps est couvert de cils très-déliés, et les stries sont profondes. Dans celui que nous décrivons, nous avons pu voir parfaitement le nucléus en chapelet de deux grosseurs différentes ; le chapelet descendant a les grains oblongs et gros, et le chapelet ascendant les a petits et arrondis.

La vésicule contractile, placée à la base de l'animal, est rectangulaire.

Ce *Spirostomum* se reproduit par séparation transversale, ainsi
que le montre la fig. 2ᵇ. Le tégument est d'un brun tirant beaucoup
sur le vert. Le corps est entièrement couvert de cils vibratiles. Contracté, cet Infusoire revêt la forme d'une olive.

5° *GENRE* : AMPHILEPTUS.

AMPHILEPTUS ANSER.

Pl. XVIII, fig. 9, 9ª. — 400 diam.

Vibrio anser,	Müller, *Inf.*, p. 73, pl. X, fig. 7-11, 1786.
Amphileptus anser,	Ehrenberg, p. 355, pl. XXXVII, fig. 4, 1838.
Dileptus anser,	Dujardin, p. 407, pl. VII, fig. 17, 1841.
Amphileptus anser,	Pritchard, *Inf.*, p. 636, pl. XXIV, fig. 312-313.
—	Claparède et Lachmann, *Inf.*, p. 350, 1852-1859.

Corps fusiforme, renflé, brunâtre ; cou à peu près de la longueur
du corps. Queue courte, aiguë. Le mouvement du corps est lent,
celui du cou est plus vif, souvent en spirale, et presque continuel.
Cils vibratiles très-fins, hérissant le tégument, qui est d'une grande
souplesse. Bouche située à la base du cou et garnie de cirrhes buccaux très-développés. La vésicule contractile est située à la base du
corps et reste toujours arrondie.

AMPHILEPTUS CYGNUS.

Pl. XX, fig. 2 et fig. 10. — 400 diam.

Amphileptus cygnus,   Claparède et Lachmann, *Inf.*, p. 350, pl. XVII, fig. 1.

C'est la plus grande espèce des *Amphileptus* qu'il nous ait été
donné d'étudier. L'animal a le corps cylindrique, fusiforme, diminuant
rapidement à la partie inférieure qui finit en longue queue. Le cou
est à peu près de la longueur du corps ; il est muni d'une espèce de

crinière, qui se hérisse à sa base, dans une excavation où se trouve la
bouche, et où elle forme un tour de spire.

Claparède et Lachmann disent que « la vésicule est grosse et
unique, qu'elle est logée à la base de la trompe, tout en étant opposée
à la bouche, en un mot, qu'elle se trouve très-rapprochée du dos. »
Nous avons toujours remarqué que la vésicule contractile est placée à
l'endroit où finit le corps et où commence l'appendice caudale, c'est-
à-dire à la partie inférieure du corps, comme on le remarque dans
l'espèce précédente. Le corps de cet Infusoire est complétement
rempli de vésicules claires et très-réfringentes.

AMPHILEPTUS VIRIDIS.

PI. XIX, fig. 3. — 400 diam.

Amphileptus viridis ?   Ehrenberg, p. 354.
—   Dujardin, *Inf.*, p. 485.

Corps fusiforme, renflé, vert-brun, finissant en pointe arrondie à
l'extrémité inférieure. Cou relativement court et épais, se terminant
un peu en forme de bec. Véritable crinière de cils allant de l'extrémité
supérieure à la bouche. Trois vésicules contractiles également distantes. Tégument fortement granuleux, hérissé de cils d'une grande
force et couvert de stries obliques.

AMPHILEPTUS MONILIGER.

PI. XIX, fig. 7. — 400 diam.

Amphileptus moniliger,   Ehrenberg, *Inf*, pl. XXXVIII, fig. 1.
—   Dujardin, *Inf.*, p. 486.
—   Claparède et Lachmann, p. 352.
—   Pritchard, p. 636.

Le corps est sub-cylindrique et fusiforme ; la partie inférieure se
rétrécit brusquement en pointe. La partie antérieure se prolonge en
forme de col à la base duquel s'ouvre la bouche, qui est ronde, et au
bord de laquelle vient aboutir la frange de cirrhes, qui commence au

sommet de l'animal. On remarque quatre vésicules contractiles placés
à peu près à égales distances. La fig. 7, pl. XIX, montre un *A. moni-*
liger subissant un commencement de division par fissiparité oblique.

AMPHILEPTUS ELEGANS.

Pl. XIX, fig. 11. — 200 diam.

Cet Amphilepte est plus petit que ses congénères et se rapproche,
par la forme, de l'*A. anser*. Il est d'une grande élégance de forme,
très-limpide et doué de mouvements gracieux. Sa partie inférieure,
terminée en pointe, est garnie de longs cils vibratiles ; la partie supérieure, prolongée au col mince, est munie depuis le sommet d'une
frange de cirrhes qui aboutissent à la bouche située à la base du col.
On remarque, rapprochée de la partie dorsale, une série de vésicules
contractiles également distantes et au nombre de huit environ.

AMPHILEPTUS HIRSUTUS.

Pl. XIX, fig. 12. — 400 diam.

Corps sub-cylindrique et fusiforme. Partie inférieure arrondie et
fortement ciliée ; partie supérieure terminée par un col court et mince
à la base duquel commence la bouche, qui se prolonge presque jusqu'à la partie moyenne du corps. La frange buccale est très-developpée
et toute la partie ventrale est hérissée de cils très-forts. Deux vésicules contractiles. Corps fortement granulé.

AMPHILEPTUS LONGICOLLIS.

Pl. XX. fig. 6. — 400 diam.

Cet Amphilepte, assez voisin de l'*A. cygnus*, s'en distingue par sa
partie inférieure, beaucoup plus effilée, son col plus long et plus
mince, et enfin par la place qu'occupe la vésicule contractile qui est
placée près de la bouche au lieu d'être située à la base du corps,
comme on le remarque chez l'*A. cygnus*.

Les granulations du corps sont plus petites et aussi moins serrées que dans cette dernière espèce.

6ᵉ *GENRE :* DILEPTUS.

DILEPTUS MELEAGRIS.

Pl. XVIII, fig. 1. — 400 diam. et 1ᵃ-1ᵈ. 100 diam.

Ce Dilepte est mince, foliacé et très-transparent. Il est complétement revètu de cils fins et courts qui sont placés sur des stries myosiques qui vont obliquement de la base au sommet. Le corps est très-contractile et change très-facilement de forme. Les cils du sommet et la frange buccale ont une grande activité. La vésicule contractile située à la base est rapprochée du côté dorsal. Le nucléus se montre sous forme de grains oblongs disposés en chapelet, qui se plisse diversement suivant la forme que prend le corps de l'Infusoire. Nous avons donné le nom de *Meleagris* à cette espèce, parce que, par sa forme, elle est très-voisine du *Loxophyllum meleagris*, dont elle diffère par les caractères génériques.

DILEPTUS CYLINDRICUS.

Pl. XVIII, fig. 2. — 400 diam.

Corps sub-cylindrique terminé en pointe à la base et arrondi au sommet. Stries myosiques, obliques et très-développées. Tégument entièrement cilié. Frange buccale très-forte et aboutissant à la bouche qui descend presque à la partie moyenne de l'Infusoire. Vésicule contractile large et située à la base.

DILEPTUS STRIATUS.

Pl. XVIII, fig. 3 et pl. XVIII, fig. 4. — 400 diam.

Trichoda striata, Müller, *Anim. inf.*, p. 183, pl. XXVI, fig. 10.
— Brugnière, *Encyclop.*, p. 39, pl. 13, fig. 29-30.

Cette espèce assez commune est petite et amincie au sommet et à

la base. Le tégument est jaune-clair et légèrement rosé. Les stries de
la cuticule sont obliques et bien prononcées. La vésicule contractile
est située près de la base.

DILEPTUS FASCIOLA.

Pl. XVIII, fig. 8. — 400 diam.

Vibrio anas (pars),   Müller, *Anim. inf.*, p. 72, pl. X, fig. 3-5.
Amphileptus fasciola,   Ehrenberg, *Inf.*, p. 354, pl. X, fig. 122.

Ehrenberg décrit ainsi cet Infusoire : « Corps blanchâtre, déprimé,
linéaire, lancéolé, ventre plat, dos bombé. »

Cette espèce est surtout remarquable par l'auréole transparente qui
entoure tout le parenchyme. Celui-ci est très-granulé et contient à sa
base la vésicule contractile. Le sommet fortement cilié est légèrement
recourbé latéralement.

DILEPTUS PISCIS.

Pl. XIX, fig. 1. — 400 diam.

Trichoda piscis,   Müller, *Anim. inf.*, p. 214, pl. XXXI, fig. 1-4.
Uroleptus piscis,   Ehrenberg, *Inf.*, p. 355.

Infusoire mince, foliacé, à face ventrale aplatie et à dos bombé.
Le corps est garni de nombreux globules brillants. Les cils du sommet
et de la base sont très-développés, et ces derniers, en se réunissant en
faisceaux, simulent une queue qui n'existe pas. La vésicule contractile est placée à la partie inférieure du corps.

DILEPTUS GALLINA.

Pl. XIX, fig. 2. — 400 diam.

Trichoda gallina,   Müller, *loc. cit.*, p. 209, pl. XXX, fig. 4.

Corps fusiforme, ramassé, terminé en avant par un col court,
aminci et légèrement relevé. Cils antérieurs très-développés. Vésicule
contractile située près de la partie inférieure.

DILEPTUS ANAS.

Pl. XIX, fig. 4. — 400 diam.

Trichoda anas,   Müller, *loc. cit.*, pl. XXVII, fig. 14-15, p. 193.

Tégument blanc, clair au sommet et sur les bords, opaque au centre. Corps allongé au sommet et garni d'une frange buccale qui descend jusqu'à la bouche placée au-dessous du tiers supérieur. Vésicule large et située au tiers inférieur du corps.

DILEPTUS FOLIUM.

Pl. XIX, fig. 8 et 10. — 400 diam.

Vibrio fasciola (pars),   Müller, *loc. cit.*, p. 69, pl. IX, fig. 18-20.
Vibrio fasciolaris,   Brugnière, *Encyclop.*, p. 15, pl. 4, fig. 29-31.
Dileptus folium,   Dujardin, *Hist. nat. des inf.*, p. 409, pl. XI, fig. 6.
Loxophyllum fasciola,   Claparède et Lachmann, *Étude sur les inf.*, p. 361.

Corps allongé, foliacé, atténué à la base et complétement cilié. Partie antérieure en forme de col long et mince. Vésicule contractile située dans la partie inférieure du corps. La bouche est placée dans la partie supérieure et moyenne du col.

DILEPTUS TRUNCATUS.

Pl. XIX, fig. 9. — 400 diam.

Ce Dilepte a le corps allongé et peu large, les parties inférieure et supérieure brusquement tronquées. Le tégument est complétement cilié et les cils sont disposés suivant des stries myosiques très-développées et presque verticales. La couleur du corps est brune ; la vésicule contractile qui se trouve à la partie moyenne de l'Infusoire est allongée.

DILEPTUS CALCEOLUS.

Pl. XX, fig. 3. — 400 diam.

Corps atténué à la base, tronqué au sommet, avec une échancrure

latérale, garnie de cirrhes assez forts et qui aboutissent à la bouche
située à la base de l'échancrure. Les stries du tégument sont fines,
serrées et parallèles aux côtes du corps. La vésicule contractile placée
au-dessous de la bouche occupe la partie moyenne de l'Infusoire.

DILEPTUS CORNIGER.

Pl. XV, fig. 6. — 400 diam.

Ce Dilepte est remarquable par la présence au sommet de deux
appendices ayant la forme de tentacules. La bouche est située dans la
partie moyenne de l'Infusoire, et la frange qui y aboutit et part du sommet est constituée par des cirrhes très-développés. La vésicule contractile est très-large et au niveau de la bouche. Le tégument est bleuâtre
et forme autour du parenchyme une auréole brillante. Nous n'avons
rencontré que deux fois ce Dilepte pendant nos études.

DILEPTUS LACRIMULA.

Pl. XV, fig. 5.

Ce Dilepte a la forme d'une Lacrymaire contractée. Le corps complétement cilié est sub-globuleux, aplati du côté de la face ventrale et
couvert de stries fines et très-obliques. La partie antérieure est prolongée en forme de col, à la base duquel se trouve la bouche. La vésicule contractile est immédiatement située sous la cuticule à la base.

DILEPTUS MUSCULUS.

Pl. XVIII, fig. 3.

Trichoda musculus,   Müller, *loc. cit.*, pl. XXX, fig. 5-7, p. 210.
Uroleptus musculus,   Ehrenberg, *Inf.*, p. 353.

Corps blanc, cylindrique, atténué à la base, arrondi au sommet et
couvert de stries fines et obliques. Tégument entièrement cilié; bouche

située au tiers supérieur de l'Infusoire. La progression se fait suivant
une ligne spirale.

DILEPTUS CAUDATUS.

Pl. XVIII, fig. 7. — 400 diam.

Enchelys caudata,   Müller, *loc. cit.*, p. 34, pl. IV, fig. 25-26.
Uroleptus filum ?   Ehrenberg, *Inf.*, p. 356.

Corps fusiforme, terminé par une pointe aiguë et arrondi au sommet. Stries très-obliques et garnies de cils fins et longs. Bouche placée
très-près du sommet et garnie de cirrhes très-développés. Le nucléus
est allongé et la vésicule contractile placée près de l'extrémité postérieure.

DILEPTUS UVULA.

Pl. XIX, fig. 5. — 400 diam.

Trichoda uvula,   Müller, *loc. cit.*, p. 184, pl. XXVI, fig. 11-12.

Corps très-allongé, terminé en pointe un peu recourbée à la base.
Sommet arrondi, garni d'une frange buccale très-forte et qui aboutit
à la bouche située non loin de la partie antérieure. Vésicule ronde et
placée à la partie moyenne de l'Infusoire.

DILEPTUS CRINITUS.

Pl. XIX, fig. 6. — 400 diam.

Trichoda crinita,   Müller, *loc. cit.*, p. 195, pl. XXVIII, fig. 21.

Assez voisin du précédent, ce Dilepte s'en distingue par sa forme
plus épaisse, ses stries plus prononcées et plus obliques et par la position de la vésicule contractile qui se trouve placée au sommet, près de
la bouche. Celle-ci se trouve à peu de distance de la partie supérieure
dans une petite échancrure garnie de cirrhes bien développés. Le
tégument est blanc et complétement cilié.

8ᵉ *GENRE* : TRICHOLEPTUS.

TRICHOLEPTUS ACULEATUS.

Pl. XX, fig. 7. — 400 diam.

Corps fusiforme, terminé en pointe aiguë à la base et arrondi au
sommet. Tégument brun clair, légèrement granuleux. Bouche située
latéralement à la partie supérieure et munie, outre les cirrhes buccaux, de deux filaments placés l'un au sommet, l'autre à la base de la
bouche et toujours agités. Les cils de la surface tégumentaire ne
semblent pas vibratiles. La vésicule contractile est située à la partie
inférieure de la bouche.

9ᵉ *GENRE* : LOXOPHYLLUM.

LOXOPHYLLUM MELEAGRIS.

Pl. XVIII, fig. 10. — 400 diam.

Kolpoda meleagris,	Müller, *loc. cit.*, p. 93, pl. XIV, fig. 1-6.
Amphileptus meleagris,	Ehrenberg, *Inf.*, p. 354.
Loxophyllum meleagris,	Dujardin, *loc. cit.*, p. 488, pl. XIV, fig. 6.
—	Pritchard, *Syt. hist. of the inf.*, p. 639.
—	Claparède et Lachmann, *Étud. sur les Inf.*, p. 358, pl. XVI, fig. 9.

Cet Infusoire a été depuis longtemps bien étudié par les micrographes. C'était un Kolpode pour Müller et un Amphilepte pour Ehrenberg. Dujardin a créé pour lui le genre *Loxophyllum*, qui est admis
aujourd'hui dans la science.

10ᵉ *GENRE* : CHOETOSPIRA.

CHOETOSPIRA MUCICOLA.

Pl. IX, fig. 8. — 400 diam.

Chœtospira mucicola,	Claparède et Lachmann, *loc. cit.*, p. 216.

Corps complétement cilié, globuleux à la base, prolongé au sommet en forme de col contourné et garni d'une forte frange de cirrhes

qui aboutit à la bouche située à la partie moyenne du col, près de la vésicule contractile. Trois cils plus forts et raides arment la partie antérieure. Le corps est très-contractile et peut prendre au fond de la coque une forme globuleuse en retirant toute la partie antérieure, comme le font les Lacrymaires.

11ᵉ *GENRE :* PANOPHRYS.

PANOPHRYS CHRYSALIS.

Pl. XVI, fig. 5.

Panophrys chrysalis, Dujardin, *loc. cit.,* p. 492, pl. XIV, fig. 7.

Corps sub-cylindrique, globuleux, couvert de cils fins et très-nombreux ; bouche élargie au sommet, atténuée à la base et garnie d'une lèvre dentelée et vibrante. OEsophage assez court. Vésicule contractile placée à la partie moyenne du corps et communiquant visiblement avec des canaux qui se répandent à travers le corps de l'Infusoire. La figure représente un Panophrys qui renferme un embryon déjà bien développé et doué de mouvement.

IXᵉ *FAMILLE :* PARAMÉCIENS.

1ᵉʳ *GENRE :* LEUCOPHRYS.

LEUCOPHRYS PATULA.

Pl. XVI, fig. 6. — 400 diam.

Trichoda patula,	Müller, *loc, cit.,* p. 181, pl. XXVI, fig. 3-5.
Leucophrys patula,	Ehrenberg, *Inf.*, p. 330.
Spirostomum virens,	— p. 332.
Bursaria patula et spirigera,	Dujardin, *loc. cit.*, p. 510-511.
Leucophrys patula,	Pritchard, *loc. cit.*, p. 611, pl. XXIV, fig. 276-277.
—	Claparède et Lachmann, *loc. cit.*, p. 229, pl. XII, fig. 2.

Corps pyriforme, entièrement cilié et couvert de stries verticales. Partie antérieure latéralement tronquée, cirrhes buccaux entourant la

partie tronquée et venant faire un tour de spire à la bouche. Celle-ci
est suivie d'un œsophage courbé offrant sa convexité en haut et suivi
d'un intestin qui se contourne sur lui-même avant d'arriver à l'anus
situé à la base, près de la vésicule contractile. Le corps est rempli de
globules verts, qui sont moins nombreux aux abords de la fente intestinale et laisse bien voir son parcours.

5ᵉ *GENRE :* PARAMECIUM.

PARAMECIUM AURELIA.

Pl. XVI, fig. 8. — 400 diam.

Paramecium aurelia, Müller, *loc. cit.*, p. 86, pl. XII, fig. 1-14.
        —   Ehrenberg, *Inf.*, p. 350, pl. X, fig. 121.
        —   Dujardin, *loc. cit.*, p. 482, pl. VIII, fig. 5-6.
        —   Pritchard, *loc. cit.*, p. 634, pl. XXV, fig. 329-332.
        —   Claparède et Lachmann, *loc. cit.*, p. 265, pl. XI, fig. 8 à 14
                   et 17.

Cet Infusoire, bien étudié par tous les microzoologistes, est très-
commun dans les ruisseaux ou les infusions. MM. Claparède et
Lachmann voient dans certaines variétés des effets pathologiques que
nous n'avons jamais constatés et qui doivent être plutôt dus à des
espèces voisines. Le jeu des vésicules contractiles a été aussi bien
étudié par les auteurs et depuis longtemps aurait dû les mettre sur la
voie de la circulation chez les Infusoires.

PARAMECIUM OVATUM.

Pl. XVII, fig. 3.

Paramecium ovatum, Ehrenberg, *Inf.*, p. 352.

Corps ovoïde, complétement cilié ; bouche large, située au tiers
supérieur de l'Infusoire et continuée par un long œsophage qui
descend jusqu'à la partie inférieure. Une seule vésicule contractile à
la base.

PARAMECIUM REGULARE.

Pl. XVI, fig. 7.

Cette espèce, voisine de la précédente, en diffère par une forme
plus allongée. La bouche est placée au tiers inférieur de l'Infusoire et
la vésicule contractile se trouve à la partie supérieure, au-dessus de la
bouche au lieu de se trouver au-dessous.

PARAMECIUM FLAVUM.

Pl. XVII, fig. 10. — 400 diam.

Corps atténué à la base, arrondi au sommet et tronqué latéralement. Tégument jaune clair, couvert de stries obliques et garnies de
cils vibratiles fins et courts. Bouche placée à la base d'une échancrure
latérale et située au tiers inférieur de l'Infusoire. Une seule vésicule
contractile visible à la partie inférieure.

PARAMECIUM ROSEUM.

Pl. XVII, fig. 11.

Cette espèce, très-voisine de la précédente, s'en distingue par sa
coloration rose et ses deux vésicules contractiles : l'une ronde est située
au bas de l'œsophage ; l'autre oblongue occupe la base de l'Infusoire.
L'espèce que nous avons figurée subit un commencement de division
longitudinale.

PARAMECIUM MILIUM.

Pl. XXI, fig. 13-13ª. — 400 diam.; fig. 13ᵇ. — 700 diam.

Cyclidium milium,   Müller, *loc. cit.*, p. 79, pl. XI, fig. 2-3.
Paramecium milium,   Ehrenberg, *Inf.*, p. 353.

Corps cylindrique, arrondi à la base et au sommet et d'une couleur
verte assez prononcée. La bouche est située dans une petite échancrure près du sommet, et suivie d'un œsophage recourbé en bas. La

vésicule contractile est située à la partie inférieure. Les mouvements sont vifs et rapides.

PARAMECIUM SUBOVATUM.

Pl. XXI, fig. 27. — 400 diam.

Voisine des *Paramecium ovatum* et *regulare*, cette espèce en diffère par des stries plus prononcées et surtout par la présence de deux vésicules contractiles, l'une placée au-dessus de la bouche et l'autre au-dessous en face de l'œsophage. Le *Paramecium subovatum* se distingue aussi du *P. aurelia* par sa forme générale et l'absence de plis profonds au-devant de la bouche.

PARAMECIUM COLPODA.

Pl. XXI, fig. 22.

Kolpoda ren,	Müller, *loc. cit.*, p. 107, pl. XV, fig. 20-22.
Paramecium kolpoda,	Ehrenberg, *Inf.*, p, 352.
—	Claparède et Lachmann, *loc. cit*, p. 267.

Corps ovoïde complétement cilié et strié. Bouche située dans une petite dépression, un peu au-dessous du sommet. Forme générale rappelant un peu celle des Colpodes. Une seule vésicule contractile située à la base du corps de l'Infusoire.

6° GENRE : TRICHOMECIUM.

TRICHOMECIUM PALMA.

Pl. XVII, fig. 8.

Corps pyriforme, présentant les caractères des Paramécies. Sommet terminé en pointe recourbée latéralement. Bouche située à la partie moyenne du corps à la base de la frange de cirrhes qui part du sommet. Une soie épaisse et raide sort de la partie inférieure de la bouche. La vésicule contractile est située à la partie inférieure de l'Infusoire.

TRICHOMECIUM CAUDATUM.

Pl. XVIII, fig. 5.

Infusoire d'un beau rose, pyriforme et terminé à la base par un appendice caudal un peu recourbé. Sommet terminé en pointe obtuse. Frange de cirrhes commençant au-dessous du sommet et se terminant à la bouche, qui est située au tiers inférieur du corps. Tégument strié et cilié partout. Vésicule contractile large et placée au-dessous de la bouche. Une longue soie ondulante sort d'une éminence placée en face de la frange buccale et descend jusqu'au-dessous de la bouche.

SOUS-FAMILLE : DES BURSARIENS.

2ᵉ *GENRE :* COLPODA.

COLPODA CRINATA.

Pl. XVII, fig. 12. — 400 diam.

Animalcule arrondi au sommet et atténué à la base. Tégument couvert de cils fins et assez longs. Bouche largement ouverte latéralement, garnie d'une lèvre inférieure épaisse et munie d'une touffe de longs cils. Vésicule contractile située à la partie inférieure du corps.

COLPODA REN.

Pl. III, fig. 14. — 400 diam.

Colpoda parvifrons,   Claparède et Lachman, *loc. cit.*, p. 270, pl. XIV. fig. 3.
Colpoda ren.   Ehrenberg, *Inf.*, p. 350.

Corps cylindrique arrondi à la base et au sommet. Tégument strié et couvert de cils fins, courts et peu visibles. Bouche située latéralement dans une dépression garnie d'une frange buccale assez forte. Vésicule contractile placée à la partie inférieure de l'Infusoire.

COLPODA PARVA.

Pl. XXI, fig. 4. — 400 diam.

Corps petit, globuleux, très-granulé et couvert de cils fins et assez longs. Bouche située dans une dépression latérale et munie d'une lèvre inférieure saillante. Cils du sommet très-développés. Deux vésicules contractiles placées presque horizontalement à la partie inférieure de l'Infusoire.

4ᵉ *GENRE :* METOPUS.

METOPUS SIGMOIDES.

Pl. XX, fig. 4 et 9. — 400 diam.

Tricoda ?   Müller, *loc. cit.*, p. 150, pl. XXVII, fig. 7-8.
Metopus sigmoides,   Claparède et Lachmann, *loc. cit.*, p. 255, pl. XII, fig. 1.

Corps cylindrique, arrondi à la base et contourné au sommet. Au-dessous du pli formé par la partie supérieure se trouve la bouche, où vient aboutir une forte frange de cirrhes qui part du sommet. Vésicule contractile très-développée et située tout à fait à la base. Le tégument est strié et couvert de cils fins et courts.

METOPUS INFLATUS.

Pl. XVII, fig. 7. — 400 diam.

Nous rapportons avec doute au genre *Metopus* l'Infusoire que nous avons figuré pl. XVII, fig. 7.

Le corps, au lieu d'être contourné au sommet, l'est à la base, et la bouche ne se trouve plus dans le pli formé par la portion contournée, mais elle est placée près du sommet où elle prend naissance, pour descendre obliquement jusqu'à la partie moyenne du corps. Il existe deux vésicules contractiles, l'une au sommet au-dessus de la bouche et l'autre à la base. La progression a lieu suivant une ligne spirale.

6ᵉ *GENRE :* PLEURONEMA.

PLEURONEMA CHRYSALIS.

Pl. XXI, fig. 10 et pl. XXII, fig. 16. — 400 diam.

Paromecium chrysalis,   Ehrenberg, *Inf.*, p. 351.
Pleuronema marina,   Dujardin, *loc. cit.*, p. 475, pl. XIV, fig. 3.
Pleuronema chrysalis,   Claparède et Lachmann, *loc. cit.*, p. 274, pl. XIV, fig. 8.

Corps sub-globuleux, aplati du côté de la bouche. Tégument finement strié et couvert de cils longs et fins. Bouche arrondie donnant naissance à trois longues soies saltatrices recourbées en bas. Vésicule contractile située à côté et au niveau de la bouche.

PLEURONEMA CRASSA.

Pl. XXII, fig. 13. — 400 diam.

Pleuronema crassa,   Dujardin, *loc. cit.*, p. 474, pl. XIV, fig. 2.

Corps ovale, allongé, couvert de stries fines et de cils longs et très-fins. De la bouche ovale et située latéralement sort un faisceau de longues soies saltatrices dirigées de haut en bas. Deux vésicules contractiles placées latéralement l'une au-dessus et l'autre au-dessous du niveau de la bouche. Les cils de la base, comme dans l'espèce précédente, sont très-développés.

PLEURONEMA PARVA.

Pl. XXII, fig. 10. — 400 diam.

Corps petit, globuleux, couvert de stries fortes et profondes. La partie buccale est aplatie et semble lisse. La bouche est ronde et donne naissance à un faisceau de quatre ou cinq soies saltatrices bien développées et dirigées en bas. Deux vésicules contractiles, une au sommet et l'autre à la base.

SOUS-FAMILLE : DES ENCHELIENS.

1er GENRE : ENCHELYS.

ENCHELYS PUPA.

Pl. XVI, fig. 1. — 400 diam.

Enchelys pupa,   Müller, *loc. cit.*, p. 42, pl. V, fig. 25-26.
—   Ehrenberg, *Inf.*, p. 325.
—   Claparède et Lachmann, *loc. cit.*, p. 311.

Corps en forme de larme ; partie supérieure rétrécie et transparente, partie inférieure renflée et renfermant un parenchyme granuleux et opaque. Des cils sur toute la surface.

ENCHELYS UTRICULUS.

Pl. XXI, fig. 20. — 400 diam.

Infusoire en forme de bourse. Partie supérieure rétrécie et tronquée ; partie inférieure renflée et arrondie. Corps cilié partout ; deux globules rougeâtres à l'intérieur.

ENCHELYS CORRUGATA.

Pl. XXI, fig. 28. — 400 diam.

Enchelys corrugata,   Dujardin, *loc. cit.*, p. 390, pl. VII, fig. 11.

Corps allongé, mince au sommet, renflé à la base. La bouche est située au sommet de la partie supérieure, qui est aplatie. La partie inférieure est très-granuleuse et contient la vésicule contractile. — Dujardin a trouvé cette espèce dans l'eau de mer.

ENCHELYS ROSTRATA.

Pl. XXI, fig. 8. — 400 diam.

Cyclidium rostratum, Müller, *Anim. inf.,* p. 82, pl. XI, fig. 11-12.
Enchelys ovata, Dujardin, *loc. cit.,* p. 391, pl. VII, fig. 12.

Corps ovoïde, cilié partout. Partie supérieure un peu rétrécie, transparente et portant, un peu au-dessous du bord, une saillie arrondie. Mouvements vifs et continus; vésicule contractile bien développée et située à la base.

2ᵉ *GENRE :* HOLOPHRYA.

HOLOPHRYA OVATA.

Pl. XX, fig. 1. — 400 diam.

Corps ovoïde complétement cilié et muni de stries verticales. Bouche située tout à fait au sommet de l'Infusoire. Vésicule contractile très-développée et placée à la base. Les granules intérieures ont une teinte grisâtre.

HOLOPHRYA GLOBOSA.

Pl. XXI, fig. 2. — 100 diam.

Corps globuleux, gris verdâtre et finement cilié. Bouche placée au sommet dans une petite dépression latérale. Tégument épais et transparent.

HOLOPHRYA VESICULIFERA.

Pl. XXI, fig. 3. — 400 diam.

Leucophra vesiculifera, Müller, *loc. cit.,* p. 148, pl. XXII, fig. 2-3.

Corps elliptique, cilié sur toute la surface et couvert de stries fines et verticales. Le parenchyme est rempli de globules arrondis, nombreux et transparents. La vésicule contractile est située à la base de l'Infusoire.

HOLOPHRYA VIRESCENS.

Pl. XXI, fig. 7. — 400 diam.

Leucophra virescens, Müller, *loc. cit.*, p. 142, pl. XXI, fig. 6-8.

Corps ovoïde, opaque, d'un vert terne, et couvert de cils longs et très-fins. Bouche située latéralement au sommet. Vésicule contractile placée à la base.

HOLOPHRYA VIRIDIS.

Pl. XXI, fig. 11. — 400 diam.

Leucophra viridis,   Müller, *loc. cit.*, p. 143, pl. XXI, fig. 9-11.
Holophrya ovum,   Ehrenberg, *loc. cit.*, p. 332.
—   Dujardin, *loc. cit.*, p. 500.
—   Pritchard, *loc. cit.*, pl. XXIV, fig. 287.
—   Claparède et Lachmann, *loc. cit.*, p. 313, pl. XVII, fig. 5.

Corps ovoïde, finement strié et couvert de cils fins et serrés. Tégument épais et transparent recouvrant un parenchyme rempli de globules d'un beau vert. Vésicule contractile située vers la partie moyenne et supérieure de l'Infusoire.

HOLOPHRYA BURSATA.

Pl. XXI, fig. 19. — 400 diam.

Leucophra bursata? Müller, *loc. cit.*, p. 143, pl. XXI, fig. 12.

Corps elliptique allongé, verdâtre et cilié partout. La bouche paraît située dans une petite dépression latérale du sommet. Les cils tégumentaires sont fins et longs. La vésicule contractile, bien développée, est placée au tiers inférieur du corps de l'Infusoire. Müller a trouvé cette espèce dans la mer.

HOLOPHRYA DISCOLOR.

Pl. XXI, fig. 25. — 400 diam.

Holophrya discolor,   Ehrenberg, *Inf.*, p. 332.

Corps ovale, blanc, rétréci à la base et arrondi au sommet. Cils antérieurs très-développés ; granulations noirâtres distribuées à la base du parenchyme. Un point oculaire près du sommet.

HOLOPHRYA ALBA.

Pl. XXI, fig. 23. — 400 diam.

Corps allongé en forme de massue, très-transparent, avec quelques granulations grisâtres à l'intérieur. La vésicule contractile semble située à l'extrémité inférieure rétrécie.

HOLOPHRYA GLOBULIFERA.

Pl. XXII, fig. 17. — 400 diam.

Leucophra globulifera,   Müller, *loc. cit.*, p. 149, pl. XXII, fig. 4.
Holophrya coleps,   Ehrenberg, *Inf.*, p. 332.

Corps ovale, cylindrique, très-transparent et rempli de globules d'un jaune vif. Cils tégumentaires longs et déliés. La bouche semble placée à l'extrémité supérieure.

HOLOPHRYA LAGENA.

Pl. XXII, fig. 18.

Corps ovale, cylindrique, arrondi à la base, terminé au sommet par un goulot court et étroit où se trouve la bouche. Le tégument est entièrement cilié et couvert de stries épaisses et transversales. La vésicule contractile est située à la base. La natation se fait suivant une ligne spirale.

HOLOPHRYA GIBBERA.

Pl. XVII, fig. 1. — 400 diam.

Corps allongé, bossué, aplati à la partie ventrale et atténué au sommet où se trouve la bouche. Le parenchyme est rempli de globules presque égaux et très-réfringents. La vésicule contractile est située à la base, et la natation se fait suivant une ligne spirale.

3ᵉ GENRE : GLAUCOMA.

GLAUCOMA SCINTILLANS.

Pl. XVI, fig. 2 et pl. XXI, fig. 24. — 400 diam.

Glaucoma scintillans,	Ehrenberg, *Inf.*, p. 343, pl. XXXVI, fig. 5.
—	Dujardin, *loc. cit.*, p. 476, pl. VI, fig. 13 pl. VIII, fig. 8 ; pl. XIV, fig. 4.
—	Pritchard, *loc. cit.*, p. 624, pl. XXVIII, fig. 4-7.
—	Claparède et Lachmann, p. 277.

Cet Infusoire, bien connu des auteurs, a le corps ovoïde, transparent, bien strié verticalement et couvert de cils fins et courts. La bouche est munie de lèvres vibrantes qui donnent à cet organe un grand éclat. La vésicule contractile est située près de la bouche.

GLAUCOMA ELONGATA.

Pl. XXI, fig. 29. — 400 diam.

Assez voisine de la précédente, cette espèce s'en distingue par sa forme plus allongée, sa bouche placée plus près du sommet et sa vésicule contractile située à la base.

4ᵉ GENRE : DISTRICHA.

DISTRICHA STRIATA.

Pl. XXI, fig. 29. — 400 diam.

Corps ovoïde, arrondi à la base et au sommet et légèrement courbé.

La bouche, placée au sommet, descend sur la paroi latérale et porte à la base une soie forte et courte. La base du corps montre plusieurs stries, dont une est fortement ciliée et porte en outre une soie ondulante et courte. La vésicule contractile est située près de la bouche, et la natation se fait selon une ligne spirale très-allongée.

DISTRICHA HIRSUTA.

Pl. XXI, fig. 18. — 400 diam.

Corps ovoïde, rétréci au sommet, hérissé de cils non vibratiles à la base et très-agités au sommet. Parenchyme renfermant des granulations jaunâtres. La bouche part du sommet et descend obliquement, on y remarque une soie qui sort de la partie supérieure. Une autre soie épaisse et ondulante est implantée à la base où se trouve la vésicule contractile.

5ᵉ GENRE : CYCLIDIUM.

CYCLIDIUM NIGRICANS.

Pl. III, fig. 10. — 400 diam.

Cyclidium nigricans,   Müller, *loc. cit.*, p. 82. pl. XI, fig. 9-10
Cyclidium glaucoma,   Ehrenberg, *Inf.*, p. 298.
—   Claparède et Lachmann, *loc. cit.*, p. 272.

Corps ovale, d'un gris verdâtre, et montrant sur les bords un tégument qui ressemble à une ligne noirâtre. Nombreux globules à l'intérieur. Bouche située au sommet et munie d'une touffe de soies saltatrices. Un peu avant la dessiccation complète du liquide, cet Infusoire se met en boule et se détruit par diffluence. La vésicule contractile est située au tiers inférieur du corps.

CYCLIDIUM SALTANS.

Pl. XXI, fig. 9 et 14. — 400 diam.

Alyscum saltans,   Dujardin, *loc. cit.*, p. 391, pl. VI, fig. 3.

Corps ovoïde, transparent, granuleux et couvert de cils longs et très-fins. La bouche part obliquement du sommet et porte deux ou trois soies saltatrices bien développées. La vésicule contractile se trouve à la partie inférieure de l'Infusoire.

CYCLIDIUM ELONGATUM.

Pl. XXII, fig. 15 et 27. — 400 diam.

Corps allongé, arrondi à la base et au sommet et hérissé de cils épais, courts et placés suivant des lignes verticales. Deux longues soies saltatrices partent du sommet où se trouve la bouche et descendent à l'état de repos jusqu'au-dessous de la partie moyenne du corps. La vésicule contractile bien développée se trouve à la base.

CYCLIDIUM VIRIDE.

Pl. XXII, fig. 14.

Corps ovoïde, un peu rétréci à la base, finement granuleux et d'un beau vert foncé. L'intérieur est rempli de globules nombreux. Deux soies saltatrices courtes partent de la bouche située sur la paroi latérale. La vésicule contractile est immédiatement placée à la base.

7ᵉ *GENRE :* OPHRYOGLENA.

OPHRYOGLENA CITREUM.

Pl. XXI, fig. 5. — 400 diam.

Ophryoglena citreum,   Claparède et Lachmann, *loc. cit.*, pl. XIII, fig. 3-4.

Corps ovoïde un peu rétréci au sommet et couvert de stries fines et verticales. Tégument entièrement cilié. Parenchyme renfermant de nombreux globules clairs et transparents. Bouche située latéralement et accompagnée d'un organe en forme de verre de montre dont la fonction est reconnue. Cette espèce est bien décrite et figurée par les auteurs que nous avons cités.

8° GENRE : FRONTONIA.

FRONTONIA ALBA.

Pl. XVII, fig. 2. — 400 diam.

Corps ovoïde, allongé, granuleux et couvert de cils épais et peu serrés. La bouche est une fente située au sommet et garnie d'une frange de cirrhes buccaux. La vésicule contractile est placée au tiers inférieur de l'Infusoire.

FRONTONIA ROSTRATA.

Pl. XVII, fig. 4. — 400 diam.

Corps en forme de palme, arrondi à la base et aminci au sommet, qui est légèrement contourné. La bouche est située latéralement dans la courbure du sommet. Le tégument est épais, transparent et couvert de cils épais et courts. Le parenchyme est épais et renferme des globules verdâtres. La vésicule contractile est large et placée à la base.

FRONTONIA ACUTA.

Pl. XVII, fig. 6. — 400 diam.

Très-voisine de la précédente, cette espèce en diffère par son sommet plus aigu et non recourbé. La bouche est plus visible et placée à la base de la pointe du sommet. Le corps est rempli de globules grisâtres, nombreux et serrés. Les cils sont épais et courts, excepté ceux du sommet qui sont très-développés.

FRONTONIA CURVA.

Pl. XXI, fig. 12.

Corps mince, allongé, terminé par une pointe à la base et recourbé au sommet. Bouche située sur le bord convexe de la courbure. Cils forts et bien développés, surtout au sommet et à la base. La vésicule contractile est située à la partie inférieure de l'Infusoire.

FRONTONIA OVALIS.

Pl. XXI, fig. 16. — 400 diam.

Corps régulièrement ovale, couvert de cils longs et fins et très-transparents. Bouche bien visible, latérale et munie d'une frange buccale. Granulations fines et nombreuses à l'intérieur. Vésicule contractile située au tiers inférieur de l'animal.

FRONTONIA PARVA.

Pl. XXI, fig. 17 et 30. — 400 diam.

Corps ovoïde, arrondi à la base et au sommet, granuleux, transparent, d'une couleur verte ou grise. Bouche latérale partant du sommet. Cils tégumentaires très-longs et déliés. Vésicule contractile située à la base.

FRONTONIA PERNA.

Pl. XXI, fig. 25 et 26. — 400 diam.

C'est avec doute que nous rapportons cette espèce au genre Frontonia. Le corps est pyramidal, tronqué à la base, atténué au sommet avec une dépression latérale très-prononcée, garnie de cils très-forts et où se trouve probablement la bouche. Le tégument est strié transversalement et entièrement cilié. Nous n'avons pu remarquer la vésicule contractile. La natation a lieu suivant une ligne spirale assez resserrée.

X° *FAMILLE* : COLÉPIENS.

GENRE UNIQUE : COLEPS.

COLEPS HIRTUS.

Pl. XXII, fig. 25. — 400 diam.

Cercaria hirta,	Müller, *loc. cit.*, p. 128, pl. XIX, fig. 17-18.
Coleps hirtus,	Ehrenberg, *Inf.*, p. 333.
—	Dujardin, *loc. cit.*, p. 566, pl. XVI, fig. 10.
—	Pritchard, *loc. cit.*, p. 616, pl. XXIV, fig. 284-286.
—	Claparède et Lachmann, *loc. cit.*, p. 366.

Le Coleps, bien étudié par les auteurs qui nous ont précédé, est un animal symétrique renfermé dans une enveloppe dure, cassante, disposée en treillis dont les ouvertures laissent passer des cils forts et nombreux. La bouche se trouve au sommet, qui, comme la base, est garnie de cils très-développés. La vésicule contractile est placée au-dessous de la bouche. Le nucléus est ovoïde et bien visible, surtout au moment de l'accouplement qui se fait par les extrémités buccales (fig. 25*).

XI° *FAMILLE* : PÉRIDINIENS.

2° *GENRE* : PERIDINIUM.

PERIDINIUM CINCTUM.

Pl. XXIV, fig. 11-12. — 200 et 400 diam.

Vorticella cincta,	Müller, *Anim. inf.*, p. 256, pl. XXXV, fig. 5-6.
Glenodinium cinctum,	Ehrenberg, *loc. cit.*, pl. XXII, fig. 22.
Peridinium cinctum,	Dujardin, *loc. cit.*, p. 375.
—	Pritchard, *loc. cit.*, p. 576.
—	Claparède et Lachmann, *loc. cit.*, p. 404.

Corps ovalaire divisé par un sillon d'où sortent des cils ondulants,

visibles seulement sur les côtés. Vésicule contractile située au niveau
du sillon. Tache oculaire placée latéralement à la base. Le flagellum
antérieur n'est pas indiqué dans ces figures.

XIIe *FAMILLE : EUGLÉNIENS.*

Ier *GENRE : PERANEMA.*

PERANEMA GLOBULOSA.

Pl. XXIII, fig. 39. — 400 diam.

Peranema globulosa,   Dujardin, *loc. cit.*, p. 353, pl. III, fig. 24.
   —   Pritchard, *loc. cit.*, p. 545, pl. XXIV, fig. 13.

Corps allongé, aplati d'un côté, hyalin, renfermant des globules
jaunâtres à l'intérieur. Flagellum, long, épais à la base et diminuant
rapidement en volume.

PERANEMA PROTRACTA.

Pl. XXIII, fig. 41. — 400 diam.

Peranema protracta,   Dujardin, *loc. cit.*, p. 354.
   —   Pritchard, *loc. cit.*, p. 544.

Corps oblong, cylindrique, tronqué à la base; allongé au sommet.
Le flagellum très-long est épais et raide à la base et se termine
en filament délié et souvent roulé en spirale. La bouche paraît
située à la base du flagellum.

PERANEMA DUBIA.

Pl. XXIII, fig. 18. — 400 diam.

Corps ovoïde, arrondi à la base, renfermant de nombreux
globules verts. Le flagellum est long, un peu épais et raide à la
base, mais, dans une courte étendue, le reste est très-mobile. Cette
espèce établi le passage entre les Péranèmes et les Astasies.

2ᵉ GENRE : ASTASIA.

ASTASIA PUPILLA.

Pl. XXII, fig. 12. — 400 diam.

Astasia pupilla. Ehrenberg, *Inf.*, p. 230.

Animal de formes très-variables dues à la contractilité remarquable de son tégument. On remarque à l'intérieur un nucléus jaunâtre qui paraît constant.

ASTASIA ACUMINATA.

Pl. XXII, fig. 11. — 400 diam.

Cette espèce très-voisine de la précédente en diffère en ce que la partie inférieure du corps se déforme seule et que son sommet reste toujours acuminé. Les granules de l'intérieur semblent aussi plus volumineux.

ASTASIA PALMA.

Pl. XXIII, fig. 26. — 400 diam.

Corps en forme de palme, coloré en vert. Long flagellum très-mobile. Granulations nombreuses à la base.

ASTASIA UTRICULUS.

Pl. XXIII, fig. 29. — 400 diam.

Corps en forme de petite outre, arrondi à la base et au sommet. Flagellum placé latéralement. Couleur blanche.

ASTASIA INFLATA.

Pl. XXIII, fig. 34.

Astasia inflata. Dujardin, p. 357, pl. V, fig. 2.

Corps très-contractile, changeant souvent de forme, passant de l'état globuleux à la forme cylindrique. Flagellum long et fin. Vésicule contractile très-développée.

ASTASIA CYLINDRICA.

Pl. XXIII, fig. 36.

Corps cylindrique, allongé, tronqué à la base et allongé au sommet. Long flagellum très-mobile à son extrémité; bouche située à la base du flagellum. La vésicule contractile est placée au sommet au-dessous de la bouche.

ASTASIA PYRIFORMIS.

Pl. XXIV, fig. 19. — 400 diam.

Corps pyriforme, échancré à la base. Granulations nombreuses et grisâtres. Vésicule contractile située au-dessous du flagellum.

ASTASIA CUCURBITA.

Pl. XXIV, fig. 20. — 400 diam.

Corps en forme de gourde très-renflée à la base et atténuée au sommet. Des granulations rosées. Flagellum mince et peu développé.

ASTASIA DEFORMIS.

Pl. XXIV, fig. 21.

Corps hyalin, irrégulier avec des expansions au sommet et à la base. Une vésicule contractile située à la base éloigne cette astasie de l'*A. pyriformis*.

ASTASIA TURBO.

Pl. XXIV, fig. 24. — 400 diam.

Corps en forme de toupie avec le sommet et la base effilés. Le tégument est finement granuleux et le flagellum fin et très-délié.

ASTASIA FLAVICANS.

Pl. XXIV, fig. 26. — 400 diam.

Astasia flavicans,   Ehrenberg, *loc. cit.*, p. 230.
—   Dujardin, *loc. cit.*, p. 357.

Corps cylindro-conique avec de gros globules bruns à l'intérieur d'un parenchyme très-transparent. Flagellum relativement assez court.

ASTASIA FUSIFORMIS.

Pl. XXIV, fig. 34 ; pl. XXVII, fig. 22. — 400 diam.

Corps fusiforme, atténué aux deux extrémités. Trois gros globules rosâtres à l'intérieur, accompagnés de deux petites taches brunes. Vésicule contractile bien développée et située près de la base.

ASTASIA CRASSA.

Pl. XXVII, fig. 29. — 400 diam.

Corps très-contractile, globuleux, changeant souvent de formes, mais laissant toujours à sa base sa forme allongée. Flagellum long et très-délié ; bouche située à sa base ; tégument blanc et assez granuleux.

ASTASIA PARVA.

Pl. XXIII, fig. 7. — 400 diam.

Corps cylindro-conique, tronqué à la base, allongé au sommet qui est muni d'un long flagellum. Quelques globules verts à l'intérieur.

ASTASIA REGULARIS.

Pl. XXIII, fig. 20. — 400 diam.

Corps de forme régulièrement ovale, un peu aplatie d'un côté d'où part le flagellum. A la base de celui-ci on aperçoit la fente

buccale qui est bien prononcée. Granulations vertes et jaunes
nombreuses à l'intérieur.

3ᵉ *GENRE* : EUGLENA.

EUGLENA DISCOLOR.

Pl. III, fig. 11.

Corps allongé, cylindrique. Partie supérieure blanche et transparente, partie inférieure jaunâtre. Flagellum plus court que dans
les autres espèces. En se contractant, cette Euglena prend une
forme conique ; ses mouvements sont très-lents et on n'y remarque
point de tache oculaire.

EUGLENA GENICULATA.

Pl. XXII, fig. 1. — 400 diam.

Euglena geniculata,   Dujardin, *loc. cit.*, p. 362.
        —   Pritchard, *loc. cit.*, p. 543.

Corps allongé, cylindrique, très-flexible, mais peu contractile et
coloré en vert. Partie supérieure blanche et transparente ; flagellum
assez court ; mouvements lents ; vésicule contractile très-développée
et située à la partie moyenne du corps. Tache oculaire grosse et
placée au sommet.

EUGLENA PYRUM.

Pl. XXII, fig. 2.

Euglena pyrum.   Ehrenberg, *loc. cit.*, p. 233.
      —   Dujardin, *loc. cit.*, p. 366.
      —   Pritchard, *loc. cit.*, pl. 542, pl. XVIII, fig. 41-42

Corps pyriforme et fortement coloré en vert. Tégument granuleux et très-contractile. Extrémité antérieure blanche et transparente. Flagellum épais et peu développé. Vésicule contractile placée

à la partie inférieure : au-dessous on remarque une tache oculaire rouge. Mouvement assez vif.

EUGLENA LONGICAUDA.

Pl. XXII, fig. 3. — 400 diam.

Euglena longicauda,   Ehrenberg. *loc. cit.*, p. 233.
Phacus longicauda.   Dujardin, *loc. cit.*, pl. V, fig. 6.
Euglena longicauda.   Pritchard, *loc. cit.*, pl. XVIII, fig. 44.

Corps aplati. légèrement déprimé à la partie supérieure arrondie et terminé à la base par une longue pointe. Stries myosiques verticales très-développées. Bouche située à la base d'un flagellum très-long. Tache oculaire près de la bouche; vésicule contractile située à la partie moyenne du corps. Celui-ci coloré en vert clair a des mouvements lents pendant lesquels il se retourne sur lui-même en se repliant comme une feuille.

EUGLENA DESES.

Pl. XXII, fig. 4.

Euglena deses.   Ehrenberg, *loc. cit*, p. 231.
Euchelis deses,   Müller, *Inf.*. pl. IV. fig. 43.
Euglena deses,   Dujardin. *loc. cit.*, pl. V, fig. 19.
                   Pritchard., *loc. cit.*. p. 542.

Corps cylindro-conique. un peu rétréci au sommet qui est arrondi et transparent pendant que le reste du corps est d'un vert foncé. Bouche située à la base d'un flagellum peu développé. Partie inférieure terminée en pointe. Vésicule contractile située au tiers supérieur : au-dessus on remarque une tache oculaire très-grosse et oblongue.

EUGLENA UTRICULUS.

Pl. XXII, fig. 5. — 400 diam.

Corps en forme de gourde. ayant la partie inférieure verte et

la partie supérieure amincie et transparente. Tache oculaire double,
très-petite et située au sommet; tégument granuleux, flagellum très-
développé et flexueux.

EUGLENA VIRIDIS.

Pl. XXII, fig. 6-7. — 400 diam.

Cercaria viridis,	Müller, *loc. cit.*, p. 126, pl. XIX, fig. 6-13.
—	Schrank, p. 80.
Euglena vidiris,	Ehrenberg, *Inf.*, p. 231.
—	Dujardin, *loc. cit.*, pl. V, fig. 9-10.
—	Pritchard, *loc. cit.*, pl. XVIII, fig. 46.

Animal en forme de fuseau allongé prenant par la contraction
une forme ovoïde. Bouche située à la base d'un flagellum assez long.
Couleur verte; tache oculaire située à la partie supérieure au-dessus
d'une vésicule contractile très-développée.

EUGLENA ROSTRATA.

Pl. XXII, fig. 21. — 400 diam.

Euglena rostrata,	Ehrenberg, *Inf.*, p. 234.
—	Dujardin, *loc. cit.*, p. 363.
—	Pritchard, *loc. cit.*, p. 543.

Corps bursiforme arrondi à la base, aminci brusquement au
sommet, où se trouve une dépression à la base du col. Couleur
verte, granules nombreux. Tache oculaire située au-dessous de la
dépression du col.

EUGLENA ACUS.

Pl. XXII, fig. 26. — 400 diam.

Vibrio acus,	Müller, *Inf.*, p. 56, pl. VIII, fig. 9-10.
Lacrymatoria acus.	Bory, 1824-1830.
Euglena acus,	Ehrenberg, *Inf.*, p. 234.
—	Dujardin, *loc. cit.*, pl. V, fig. 18.
—	Pritchard, *loc. cit.*, p. 543.

Corps en forme de fuseau, de couleur verte avec le sommet

hyalin. Partie inférieure très-effilée. Tache oculaire située au sommet. Mouvements du flagellum en zigzag. Voisine de l'*E. Viridis.* cette espèce en diffère par sa tête plus allongée et le mouvement de son flagellum.

EUGLENA PLEURONECTES.

Pl. XXII. fig. 9. — 400 diam.

Cercaria pleuronectes.	Müller, *loc. cit.*, pl. XIX, fig. 19-21.
Euglena pleuronectes,	Ehrenberg, *loc. cit.*, p. 232.
—	Dujardin, *loc. cit.*, pl. V, fig. 5.
—	Pritchard, *loc. cit.*, p. 542.

Corps comprimé, ovale, orbiculaire, foliacé et couvert de stries longitudinales. Couleur verte. Tache oculaire, petite, située près du sommet au-dessous de la vésicule contractile. Partie supérieure présentant une dépression d'où sort un flagellum long et mince.

4ᵉ *GENRE :* TRICHONEMA.

TRICHONEMA HIRSUTA.

Pl. XXII, fig. 8.

Corps bursiforme, allongé, devenant arrondi par contraction et couvert de cils courts, assez épais et qui ne paraissent pas vibratils. Tégument granuleux et hyalin ; flagellum très-flexible surtout à la partie supérieure. Bouche située à la base du flagellum et se montrant sous forme d'une fente oblique.

5ᵉ *GENRE :* STOMONEMA.

STOMONEMA OVALIS.

Pl. XXIII, fig. 1. — 400 diam.

Corps ovale, fusiforme, aminci au sommet. Flagellum long et délié situé au sommet d'une bouche ovale largement ouverte. Corps

assez granuleux; vésicule contractile petite et située à la base de
l'animal. La progression se fait suivant une ligne spirale.

6° *GENRE* : ZYGOSELMIS.

ZYGOSELMIS ANGUSTA.

Pl. XIII, fig. 11 et 34. — 400 diam.

Diselmis angusta,　Dujardin, *loc. cit.*, pl. III, fig. 22.
　　　—　　　　Pritchard, *loc. cit.*, p. 512.

Corps oblong, cylindrique, devenant sphérique par suite de la
contraction. Globules petits et nombreux à l'intérieur qui est coloré
en vert. Deux longs filaments flagelliformes divergents.

ZYGOSELMIS NEBULOSA.

Pl. XXIII, fig. 25. — 400 diam.

Zygoselmis nebulosa,　Dujardin, *loc. cit.*, p. 369.
　　　—　　　　Pritchard, *loc. cit.*, pl. XXVI, fig. 12ᵃᵇ.

Corps turbiné, renflé à sa partie supérieure qui est arrondie. Base
amincie et légèrement contournée. Bouche située au sommet à la
base des deux filaments flagelliformes. Nombreux globules grisâtres
au milieu d'un parenchyme hyalin.

ZYGOSELMIS VIRIDIS.

Pl. XXIV, fig. 9. — 400 diam.

Corps turbiné, arrondi au sommet, se termine par une pointe
effilée et devenant fusiforme par la contraction. Parenchyme vert
très-granuleux. Vésicule contractile très-développée située au tiers
supérieur au-dessous de la bouche qui occupe le sommet : près de
celle-ci se remarque une tache rouge oculaire. Deux filaments
très-fins et assez courts.

ZYGOSELMIS LEUCOA.

Pl. XXIV, fig. 22-23. — 400 diam.

Cette espèce voisine de la précédente s'en distingue par son sommet aminci, l'absence de tache oculaire et sa vésicule contractile située à la base. Mouvements assez lents.

ZYGOSELMIS ORBICULARIS.

Pl. XXIV, fig. 32.

Corps globuleux, hyalin, rempli de globules verts de différentes grosseurs. Vésicule contractile bien développée. Deux flagellums assez écartés, longs et très-déliés.

7ᵉ *GENRE :* POLYSELMIS.

POLYSELMIS DISCOLOR.

Pl. XXIV, fig. 10.

Corps arrondi, composé de deux parties : l'une foncée en couleur occupe la base, forme deux mamelons en haut et est remplie de forts globules. L'autre transparente, située au-dessus des deux mamelons, est arrondie au sommet qui supporte trois flagellum épais, assez rigides et courts.

C'est avec doute que nous plaçons cette espèce dans le genre Polyselmis, et peut-être faudrait-il créer pour elle un genre nouveau sous le nom de *Triselmis*.

XIIIe *FAMILLE* : MONADIENS.

1er *GENRE* : TRACHELOMONAS.

TRACHELOMONAS VOLVOCINA

Pl XXIV, fig. 18. — 400 diam.

Trachelomonas volvocina, Ehrenberg, *Inf.*, p. 212.
   —   Dujardin, *loc. cit.*, p. 328.
   —   Pritchard, *loc. cit.*, pl. XVIII, fig. 9-10.

Corps globuleux, brun clair, muni d'un long flagellum, à la base duquel se trouve une tache oculaire rouge. Ce corps qui prend souvent l'aspect pyriforme est contenu dans une carapace ronde, cristalline et cassante comme du verre et fortement striée. Une petite ouverture placée dans une espèce de goulot laisse passer le flagellum de l'infusoire, dont le corps se meut librement dans cette enveloppe sans le remplir. Sorti de son test, l'infusoire a une teinte verte. Cet animal très-commun et très-abondant dans les mares, forme à la surface de l'eau une couche pulvérulente à reflets dorés et irisés.

TRACHELOMONAS AUREA.

Pl. XXIV, fig. 13, 14, 17.

Ce *Trachelomonas* ne diffère du précédent que par son enveloppe cassante, qui est d'un beau jaune d'or avec des reflets rosés. Cette enveloppe est lisse et ne présente pas les stries ou rayures concentriques de l'espèce précédente. Ici le goulot n'existe pas, il est remplacé par une dépression de la carapace, à l'endroit où sort le flagellum.

5e *GENRE :* DISELMIS.

DISELMIS TURBO.

Pl. XXIII, fig. 2. — 400 diam.

Corps très-petit, blanc, turbiné et portant au sommet du cône deux filaments longs et déliés. Tégument légèrement granuleux.

DISELMIS GLOBULUS.

Pl. XXIII, fig. 40. — 400 diam.

Corps sphérique, hyalin et granuleux. La vésicule contractile est située près de la base. Les filaments partent d'un même point où se trouve la bouche.

6e *GENRE :* PLOEOTIA.

PLOETIA VITREA.

Pl. XXIII, fig. 52-53

Plœotia vitrea, Dujardin, *loc. cit.*, pl. V, fig. 3, p. 346.
— Pritchard, *loc. cit.*, pl. XXVI, fig. 10, p. 312.

Corps en forme de nacelle, hyalin et présentant plusieurs lignes longitudinales et parallèles. Deux vésicules contractiles situées l'une au sommet, l'autre à la base. Deux flagellum, le premier placé au sommet et dirigé en haut, le second prenant naissance sur la partie latérale plane, au tiers supérieur, et descendant en ondulant au-dessous de la partie inférieure.

8e *GENRE :* MONAS.

MONAS LAMELLULA.

Pl. XXIII, fig. 3-27. — 400 diam.

Monas lamellula, Müller, *Inf.*, p. 7, pl. I, fig. 17.

Corps petit, comprimé et diaphane ; filament long et très-ondulant, et donnant à la progression une marche en zigzag.

MONAS KOLPODA.

Pl. XXIII, fig. 5. — 400 diam.

Monas kolpoda, Ehrenberg, *Inf.*, p. 199.

Corps bombé d'un côté, aplati de l'autre. Partie supérieure amincie et portant un long filament flagelliforme. Mouvement oscillant, nombreux globules verts dans le parenchyme.

MONAS GUTTULA.

Pl. XXIII, fig. 10. — 400 diam.

Monas guttula, Ehrenberg, *Inf.*, p. 198.

Corps sphérique, hyalin, présentant un point jaune à l'intérieur. Mouvement lent et oscillant.

MONAS VIVIPARA.

Pl. XXVI, fig. 3. — 400 diam.

Corps sphérique, jaune verdâtre, présentant au sommet, près du flagellum, une partie ligative. Mouvement lent.

MONAS DESES.

Pl. XXIII, fig. 12, 14 et 28. — 400 diam.

Euchelys deses ? Müller, *Inf.*, pl. IV, fig. 4-5.
Bacterium deses, Ehrenberg, *Mém.*, 1830, p. 61 et 67.
Monas deses, Ehrenberg, *Inf.*, p. 201.

Corps oblong, arrondi au sommet et à la base et d'une belle couleur verte. Flagellum long et ondulant, situé au sommet, près de la bouche qui est bien visible. Une vésicule contractile située à la partie moyenne d'un parenchyme granuleux.

MONAS OVALIS.

Pl. XXIII, fig. 13.

Monas ovalis, Ehrenberg, *Inf.*, p. 200.

Cette espèce ne diffère de la précédente que par sa coloration, qui est blanche, hyaline : le flagellum paraît aussi moins développé.

MONAS GLOBOSA.

Pl. XXIII, fig. 15-17. — 400 diam.

Corps sphérique, blanc avec quelques granulations rouges. Vésicule contractile très-visible dans la partie moyenne. Bouche située à la base du flagellum.

MONAS GIBBOSA.

Pl. XXIII, fig. 21. — 400 diam.

Monas gibbosa, Dujardin, *loc. cit.*, p. 284.

Corps sphéroïdal, irrégulier, et portant à la surface des gibbosités. Tégument strié et granuleux, vésicule contractile située latéralement; long flagellum ondulant.

MONAS CUNILLUS.

Pl. XXIII, fig. 24 et 19 — 400 diam.

Corps cylindrique, allongé, portant comme la Kolpode une dépression latérale d'où le flagellum semble partir. Vésicule contractile bien visible dans la partie inférieure. Mouvement tremblotant.

MONAS FLAVICANS.

Pl. XXIII, fig. 22. — 400 diam.

Monas flavicans, Ehrenberg, *Inf.*, p. 201.

Corps cylindrique, ovale et d'une couleur jaune. Le sommet d'où part le flagellum est blanc. Mouvement glissant, continuel. Vésicule contractile à la base.

MONAS STELLATA.

Pl. XXIII, fig. 32, 33, 49. — 400 diam.

Corps sphérique, vert et granulé. Bouche apiciale émettant des rayons étoilés. Filament long et fin, et toujours en mouvement.

MONAS FLUIDA.

Pl. XXIII, fig. 44, 45 ; pl. XXVII, fig. 8. — 400 diam.

Monas fluida, Dujardin, *loc. cit.*, p. 285, pl. IV, fig. 10.

Corps mou, de forme variable, irrégulièrement ovoïde, et quelquefois rétréci à la base. Le flagellum est fin et délié. Souvent on remarque une tache oculaire noire dans le parenchyme. Vésicule contractile bien développée.

MONAS OVUM.

Pl. XXIII, fig. 48.

Corps ovoïde, blanc et fortement granulé. Long flagellum toujours en mouvement. Bouche située à la base du flagellum.

MONAS GLOBULUS.

Pl. XXIII, fig. 51.

Monas globulus, Dujardin, *loc. cit.*, p. 282, pl. IV, fig. 8.

Corps globuleux, aminci au sommet qui porte le flagellum. Tégument granulé. Vésicule contractile située au sommet et très-visible. Dujardin dit avoir rencontré cette espèce dans l'eau de mer.

MONAS MICA.

Pl. XXVII, fig. 4 et 7. — 100, 250 et 400 diam.

Monas mica,   Müller, *Inf.*, pl. I, fig. 14-15.
—   Ehrenberg, *Inf.*, p. 200.
—   Pritchard, *loc. cit.*, p. 490.

Corps ovale, irrégulier, aminci en avant; parenchyme blanc et renfermant de fortes granulations. Mouvement lent et oscillant. Le flagellum n'est pas représenté dans les figures.

MONAS PUNCTUM.

Pl. XXVII, fig. 17-18. — 400 diam.

Monas punctum,   Müller, *Inf.*, p. 3, pl. I, fig. 4.
Punkt thierchen, Gleichen, *Inf.*, p. 128, fig. 3ª, 2.
Monas punctum,   Ehrenberg, *Inf.*, p. 200.

Corps très-petits, paraissant noirâtres, et un peu ovales. Mouvement lent et oscillant sur place.

MONAS PULVISCULUS.

Pl. XXVII, fig. 13. — 400 diam.

Monas pulvisculus,   Müller, *Inf.*, p. 7, pl. I, fig. 5-6.

Corps plus gros et plus arrondi que les précédents. Couleur grise; mouvement tremblotant continuel.

MONAS TERMO.

Pl. XXVII, fig. 14. — 400 diam.

Monas termo,   Müller, *Inf.*, p. 1, pl. I, fig. 1.
—   Ehrenberg, *Inf.*, p 198.

Corps petits, sphériques, hyalins et doués de mouvements très-vifs. Cet infusoire est un peu plus développé que les précédents, et on ne peut voir le flagellum dont il est muni.

MONAS RUBRA.

Pl. XXVII, fig. 15. — 400 diam.

Corps arrondi, muni d'un flagellum relativement long et épais. Couleur d'un beau rouge vif; mouvement tremblotant très-lent.

MONAS NODOSA.

Pl. XXVII, fig. 19. — 400 diam.

Monas nodosa, Dujardin, *loc. cit.*, pl. IV, fig. 3, p. 283.
—   Pritchard, *loc. cit.*, p. 491.

Corps oblong, rétréci en arrière, tronqué en avant, d'où part le flagellum. Bouche située à la base du flagellum. Parenchyme transparent. Dujardin dit avoir rencontré cette espèce dans l'eau de mer.

MONAS VIRIDIS.

Pl. XXVII, fig. 20. — 400 diam.

Monas viridis, Dujardin, *loc. cit.*, p. 286.

Corps sphérique, dont la moitié est verte et l'autre transparente. Flagellum long et délié. Ces infusoires vivent en compagnie.

MONAS OCHRACEA.

Pl. XXVII, fig. 21. — 400 diam.

Monas ochracea, Ehrenberg, *Inf.*, p. 199.

Corps globuleux, en partie jaune, avec un point hyalin, d'où semble sortir le flagellum. Cette espèce vit en société et est assez commune.

MONAS DEPRESSA.

Pl. XXV, fig. 9. — 200 et 400 diam.

Corps allongé, arrondi à la base et au sommet, et déprimé latéralement sur une de ses faces. Mouvement brusque et suivant une ligne brisée que la figure représente. Flagellum assez développé et habituellement dirigé en bas.

MONAS SPHÆRICA.

Pl. XXIV, fig. 33. — 400 diam.

Corps irrégulièrement sphérique, avec un flagellum mince et très-long. Tégument granulé et recouvrant de petits globules rouges. Vésicule contractile très-développée et située latéralement sous la cuticule.

MONAS OVATA.

Pl. XXIV, fig. 16.

Corps ovale, plus large à la base qu'au sommet; couleur blanche avec des granulations jaunâtres à la partie inférieure. Sommet rétréci, hyalin, et donnant naissance à un flagellum long, mince et ondulant.

9ᵉ GENRE : PLEUROMONAS.

PLEUROMONAS GRANULOSA.

Pl. XXIII, fig. 42, 43. — 400 diam.

Corps ovoïde, arrondi à la base et aminci au sommet, qui se replie brusquement sur un des côtés. Le flagellum qui se trouve à l'extrémité repliée du sommet, descend vers la base, et souvent se replie entre le sommet et le corps de l'infusoire, pour se porter un peu en haut latéralement. Parenchyme très-granuleux. Deux vésicules contractiles très-développées et situées dans la partie inférieure.

10ᵉ GENRE : CYATHOMONAS.

CYATHOMONAS VIRIDIS.

Pl. XXIII, fig. 23, 47. — 400 diam.

Corps subcylindrique, arrondi à la base, tronqué au sommet, d'où part un long flagellum. Parenchyme vert et granuleux.

CYATHOMONAS ALBA.

Pl. XXIII, fig. 46. — 400 diam.

Cette espèce, très-voisine de la précédente par la forme du corps, s'en distingue surtout par son parenchyme hyalin, blanc et moins granuleux. Elle n'est peut-être qu'une variété non colorée des *C. viridis*.

CYATHOMONAS LYCHNUS.

Pl. XXIII, fig. 38. — 400 diam.

Corps présentant l'aspect d'une demi-sphère, dont la base et la périphérie sont vertes. Le sommet tronqué est blanc, et donne naissance à un long flagellum.

CYATHOMONAS TURBINATA.

Pl. XXIV, fig. 28.

Corps allongé, turbiné, terminé inférieurement en pointe aiguë et tronqué au sommet. Parenchyme blanc renfermant des granulations grisâtres. Flagellum assez court. Fissiparité verticale.

CYATHOMONAS EMARGINATA.

Pl. XXIV, fig. 27. — 400 diam.

Corps en forme de cornet, avec le bord supérieur échancré. Parenchyme jaune clair avec des granulations rouges. Vésicule contractile située au tiers inférieur et bien visible. Flagellum mince et long.

CYATHOMONAS TURBO.

Pl. XXIV, fig. 30. — 400 diam.

Corps en forme de toupie; cuticule granuleuse; sommet blanc;

flagellum très-long et ondulant; vésicule contractile située latéralement et bien visible.

CYATHOMONAS ELONGATA.

Pl. XXIV, fig. 31.

Corps allongé, cylindrique, un peu rétréci près du sommet, et terminé en pointe à la base. Parenchyme granuleux et jaune clair, avec
quelques points rouges à l'intérieur. Flagellum long et mince. Vésicule contractile située au tiers inférieur.

CYATHOMONAS SPISSA.

Pl. XXVII, fig. 24. — 400 diam.

Corps subcylindrique, renflé au milieu, aminci et arrondi à la base,
et tronqué au sommet; flagellum court; vésicule contractile bien développée, et située au tiers supérieur; fissiparité verticale.

11ᵉ *GENRE :* CHILOMONAS.

CHILOMONAS DESTRUENS.

Pl. XXIII, fig. 30. — 400 diam.

Chilomonas destruens,   Ehrenberg, *Inf.,* p. 207.

Corps subcylindrique allongé, arrondi à la base, un peu rétréci au
sommet qui est tronqué avec une échancrure latérale d'où part le flagellum. Cet espèce ne diffère du Cyathomonas que par l'implantation
du flagellum.

CHILOMONAS OBLIQUA.

Pl. XXIII, fig. 34 et 35. — 400 diam.

Chilomonas obliqua,   Dujardin, *loc. cit.,* p. 295.

Corps allongé, aplati, arrondi à la base, et portant au sommet une
échancrure profonde qui forme deux lèvres. Le flagellum est placé la-

téralement sur la lèvre inférieure. La figure 34 est une variété qui possède le flagellum implanté sur la lèvre supérieure. Il faudra peut-être en faire une espèce distincte sous le nom de *C. inflata*, le corps présentant plus d'épaisseur que celui de l'espèce, fig. 35.

12ᵉ *GENRE :* CYCLOMONAS.

C'est par erreur que dans notre classification nous avons laissé le nom de *Cyclidium* au douzième genre de la famille des Monadiens, le nom de Cyclidium ayant déjà été donné à des espèces que nous avons décrites comme appartenant aux Microzoaires à tourbillon. Le nom de Cyclomonas doit donc remplacer dans la famille des Monadiens le nom de Cyclidium, qui y est resté par inadvertance.

CYCLOMONAS DISTORTA.

Pl. XXVI, fig. 4. — 400 diam.

Cyclidium distortum,   Dujardin, *loc. cit.,* p. 287, pl. IV, fig. 12.

Corps ovale, aplati, noduleux et irrégulièrement contourné, avec un bord épaissi. Parenchyme blanc et granuleux. Flagellum assez développé ; la natation se fait suivant une ligne spirale.

CYCLOMONAS VOLUBILIS.

Pl. XXVII, fig. 23. — 400 diam.

Spiromonas volubilis,   Pritchard, *loc. cit.,* p. 302, pl. XVIII, fig. 24.

Corps aplati, foliacé, subtriangulaire, avec une vésicule contractile centrale très-développée. Le corps se contourne comme chez l'espèce précédente, et sa natation se fait aussi suivant une ligne spirale assez serrée ; le flagellum, situé à l'une des extrémités, n'est pas représenté dans la figure.

13ᵉ *GENRE :* TRICHOMONAS.

TRICHOMONAS LOCELLUS.

Pl. XXIII, fig. 9. — 400 diam.

Corps allongé, arrondi à la base, atténué et tronqué au sommet. Couronne de cils disposée sur le bord de la partie supérieure; du centre de laquelle part un flagellum court et épais à la base. Parenchyme blanc et granuleux.

TRICHOMONAS HIRSUTA.

P.. XXIV, fig. 15. — 400 diam.

C'est avec doute que nous plaçons cet infusoire parmi les Trichomonas. Le corps est sphérique, hérissé de cils qui ne paraissent pas vibratils; mouvement gyratoire lent; vésicule contractile latérale et très-développée. Parenchyme granuleux.

TRICHOMONAS MINIMA.

Pl. XXIII, fig. 50.

Cet infusoire présente mieux que l'espèce précédente les caractères du Trichomonas, il est turbiné, et sa partie supérieure évasée supporte une couronne de cils. Mais nous n'avons pu voir le flagellum, et nous croyons que cette espèce demande à être encore mieux étudiée.

15ᵉ *GENRE :* CERCOMONAS.

CERCOMONAS CYLINDRICA.

Pl. XXIV, fig. 25. — 400 diam.

Cercomonas cylindrica, Dujardin, *loc. cit.*, p. 291, pl. IV, fig. 19.

Corps fusiforme, atténué aux deux extrémités. Parenchyme blanc renfermant de nombreuses granulations jaunâtres. Flagellum ondulant au sommet, cils longs et raides à la base.

16° *GENRE* : TREPOMONAS.

TREPOMONAS AGILIS.

Pl. XXVII, fig. 16. — 400 diam.

Trepomonas agilis, Dujardin, *loc. cit.*, p. 294, pl. III, fig. 24.
    —   Pritchard, *loc. cit.*, p. 493, pl. XVIII, fig. 16, 27.

Corps aplati, arrondi au sommet, et terminé à la base par deux lobes contournés en sens inverse. Flagellum placé au sommet arrondi; vésicule contractile occupant la partie moyenne du corps; la natation a lieu suivant une ligne spirale resserrée.

17° *GENRE* : HETEROMITA.

HETEROMITA OVATA.

Pl. XXIII, fig. 4. — 400 diam.

Heteromita ovata, Dujardin, *loc. cit.*, p. 298, pl. IV, fig. 22.
    —   Pritchard, *loc. cit.*, p. 500, pl. XXVI, fig. 5.

Corps ovale, un peu aplati, arrondi à la base et atténué au sommet. De celui-ci partent presque du même point le flagellum ondulant et le filament rétracteur, dont la longueur dépasse d'un tiers la longueur du corps. Bouche située au sommet.

HETEROMITA MINIMA.

Pl. XXIII, fig. 6. — 400 diam.

Corps petit, ovale, bombé d'un côté et plat de l'autre. Le flagellum et le filament rétracteur partent du sommet. Un point noir très-visible dans la région inférieure.

HETEROMITA GIBBOSA.

Pl. XXIII, fig. 8.

Corps ovale vu de face, plan d'un côté, et formant du côté opposé deux gibbosités, l'une très-grosse et située à la partie inférieure, l'autre moins développée et occupant le sommet. Le flagellum et le filament partent du même point au sommet de la bouche qui est assez largement ouverte. De nombreuses granulations dans le parenchyme. Dans cette espèce comme dans les précédentes le filament traînant est toujours du côté plat de l'infusoire.

HETEROMITA CRASSA.

Pl. XXIII, fig. 16. — 400 diam.

Corps ovalaire, arrondi à la base et atténué au sommet, où le flagellum prend naissance. Le filament rétracteur part du tiers supérieur, remonte en faisant la crosse pour redescendre ensuite. Il est très-épais, mobile, et peut se diriger en haut (fig. 16ᵃ). Au-dessous de son insertion se montre une vésicule contractile très-développée. Parenchyme blanc renfermant de nombreux globules jaunâtres.

HETEROMITA OVUM.

Pl. XXIV, fig. 29. — 400 diam.

Voisine de la précédente, cette espèce en diffère par sa forme plus arrondie et par son filament, qui n'est pas courbé à son point d'insertion, et plus effilé. Parenchyme blanc renfermant des granulations brunâtres.

18ᵉ *GENRE* : DIPLOMITA.

DIPLOMITA INSIGNIS.

Pl. XXIII, fig. 37.

Corps ovalaire, arrondi à la base et aminci au sommet. Celui-ci

porte deux flagellums insérés de chaque côté de la fente buccale. Deux
filaments traînants, partant du même point, très-inégaux et terminés
par de petits renflements. Parenchyme blanc renfermant de nombreux
globules verts et jaunes.

XIV⁰ FAMILLE : VOLVOCIENS.

1⁰ GENRE : DINOBRYON.

DINOBRYON SERTULARIA.

Pl. XXVI, fig. 1. — 400 diam.

Dinobryon sertularia,	Ehrenberg, *Inf.*, pl. VIII, fig. 1, 1838.
—	Dujardin, *loc. cit.*, p. 321.
—	Pritchard, *loc. cit.*, p. 547, pl. XXII, fig. 48, 49.

Colonie rameuse, formée d'étuis ovales superposés, et renfermant
un infusoire ovulaire blanc et jaune, et présentant au sommet une
fente buccale noirâtre, au sommet de laquelle est inséré le flagellum.

2⁰ GENRE : STYLOBRYON.

STYLOBRYON INSIGNIS.

Pl. IX, fig. 12-14 et pl. XXVI, fig. 8. — 400 diam.

Colonie rameuse portée sur un seul pédicule, d'où partent en se
ramifiant les autres supports des infusoires. Ceux-ci sont contenus
dans un étui corné, aminci à la base et évasé au sommet. Le stylobryon qui l'habite est ovale, granuleux, avec une vésicule contractile,
située à la partie moyenne. Il est soutenu et attaché au fond de l'étui
par un pédicule qui peut se contracter comme celui du Vorticelle.
Son sommet porte un long flagellum qui, au moment de la contraction,
se met en spirale. Les figures 8ᵈ et 8ᵉ, pl. XXVI, sont supposées vues
avec un grossissement de 2400 diamètres.

3ᵉ GENRE : PYCNOBRYON.

PYCNOBRYON SOCIALIS.

Pl. IX, fig. 10, 11, et pl. XXVI, fig. 9. — 400 diam.

Infusoires présentant l'organisation des Stylobryons, mais ne constituant pas une colonie rameuse. Les individus sont tous groupés au
sommet d'un pédicule unique. Dans la figure 9, pl. XXVI, le pédicule
semble chargé de parasites qui lui donnent un aspect granuleux. C'est
avec doute que nous avons placé dans ce genre les êtres figurés
pl. IX, fig. 10-11 qui possèdent des filaments doubles et raides, et
qui peut-être appartiennent au règne végétal.

4ᵉ GENRE : EPIPYXIS.

EPIPYXIS UTRICULUS.

Pl. IX, fig. 13. — 400 diam.

Epipyxis utriculus, Ehrenberg, *Inf.,* p. 236.

L'Epipyxis est un être peu connu, qui paraît se rapprocher des
genres précédents, et qui en diffère en ce que l'étui est directement
attaché aux corps étrangers par sa base ou un pédicule très-court.
L'infusoire semble porter au sommet des cils très-courts; la vésicule
contractile est bien visible, et le parenchyme renferme des granulations jaunâtres.

5ᵉ GENRE : ANTHOPHYSA.

ANTHOPHYSA MULLERI.

Pl. XXVI, fig. 5. — 400 diam.

Volvox vegetans.   Müller, *Inf.,* p. 22, pl. III, fig. 22, 23.
Epistylis vegetans,   Ehrenberg, *Inf.,* pl. XXVII, fig. 5.
Anthophysa Mulleri,   Dujardin, *loc. cit.,* p. 303, pl. III, fig. 17, 18.

Animaux réunis en colonies globuleuses, situées à l'extrémité de

longs supports épais, jaunes brunâtres, ramifiés, et qui sont le résultat d'une sécrétion des colonies. Infusoires arrondis, blancs, granuleux, et munis chacun d'un flagellum. Quelquefois la colonie se détache de son support et nage en tournoyant comme les Uvelles, avec
lesquelles ils ont une grande analogie.

6ᵉ *GENRE : UVELLA.*

UVELLA VIRESCENS.

Pl. XXVI. fig. 7. — 400 diam.

Volvox uva.   Müller, *Inf.*, p. 20, pl. III, fig. 17-21.
Uvella virescens. Ehrenberg, *Inf.*, p. 202.
—   Dujardin, *loc. cit.*, p. 301.
—   Pritchard, *loc. cit.*, p. 493.

Colonie libre, constituée par des infusoires pyriformes, unis entre
eux par la base amincie. Parenchyme blanc et jaune, renfermé dans
un tégument épais et hyalin. Filament simple, long et très-ondulant.
La figure 7ᵃ représente un individu isolé, et vu avec un grossissement de 1,000 diamètres.

UVELLA FIMBRIATA.

Pl. XXVI, fig. 6. — 400 diam.

Nous ne connaissons cette espèce que par une colonie composée
de trois individus réunis par la base amincie. Le parenchyme est
d'un beau jaune clair, renfermé dans un tégument épais, hyalin et
festonné. Le flagellum est long, ondulant, et placé au sommet
arrondi de chaque infusoire.

UVELLA DISJUNCTA

Pl. XXV, fig 8.

Colonie formée d'individus verdâtres, fusiformes, réunie au centre
par une queue effilée. Partie antérieure tronquée, et portant trois fi-

laments flagelliformes assez courts. Vésicule contractile bien visible,
et située à la partie inférieure du corps.

7ᵉ GENRE : TETRABOENA.

TETRABOENA DUJARDINI.

Pl. XXVI, fig. 2. — 400 diam.

Cryptomonas socialis,   Dujardin, *loc. cit.*, p. 333, pl. V, fig. 1.

Colonie composée de quatre infusoires pyriformes et adhérents par
les côtés. La base est globuleuse, et le sommet terminé en pointe
porte un long flagellum ondulant. Le parenchyme est vert et très-
granuleux.

8ᵉ GENRE : VOLVOX.

VOLVOX GLOBATOR.

Pl. XXV, fig. 1-2. — 100 et 400 diam.

Volvox globator.	Müller, *Inf.*, p. 18, pl. III, fig. 12-13.
—	Linné, *Syt. nat.*, 1758 et 1766.
—	Pallas, *Elench. Zooph.*, p. 417.
—	Schranck, III, 2, p. 33.
Pandorina Leuwenharchie,	Bory, 1824-1830.
Volvox globator.	Ehrenberg, *Inf.*, 1830-1834-1838, pl. IV, fig. 1.
—	Dujardin, *loc. cit.*
—	Pritchard, *loc. cit.*

Colonie constituée par une masse hyaline, sphérique, portant à sa
surface des infusoires généralement verts et monadiformes. Chaque
animal a un point oculaire rouge, un flagellum, et est uni à ses voisins par des canaux qui rayonnent à la surface de la masse commune. Çà et là on remarque des êtres blancs, pyriformes, plus développés que les autres infusoires, non flagellés, et que l'on considère
comme des êtres fécondés. Un fait digne d'être signalé, c'est que
sur les colonies où se montrent ces corps pyriformes on rencontre à

la surface de la masse commune d'autres êtres libres, flagellés, contournés, et qui fourmillent autour des corps blancs pyriformes. Ces êtres sont-ils des parasites? Ont-ils un rapport plus ou moins éloigné avec les corps pyriformes? Sont-ils préposés comme des zoospermes à l'acte de la fécondation? Toutes ces questions restent et resteront peut-être encore longtemps insolubles.

La masse commune renferme en son intérieur ordinairement de petites colonies de formes et de compositions différentes, et qui s'échappent au dehors quand la colonie mère vient à se rompre (fig. 1ʰ).

10ᵉ GENRE : PANDORINA.

PANDORINA MORUM.

Pl. XXV, fig. 3. — 100 et 400 diam.

Volvox morum,	Müller, *Inf.*, p. 20, pl. III, fig. 14-16.
Eudorina elegans,	Ehrenberg, *Inf.*, p. 217.
Pandorina morum,	Ehrenberg, *loc. cit.*, pl. II, fig. 33.
—	Bory, 1824.
—	Dujardin, *loc. cit.*, p. 317.
—	Pritchard, *loc. cit.*, p. 517, pl. XIX, fig. 59-69.

Colonie libre, constituée par des infusoires globuleux, verts, unis par la base et renfermés dans une masse commune hyaline. Chaque infusoire est muni d'un point oculaire rouge et d'un flagellum qui traverse l'enveloppe pour aller s'agiter au dehors. La masse commune est très-épaisse et mamelonnée à la surface.

PANDORINA ? SIMPLEX.

Pl. XXV, fig. 4-5. — 400 diam.

Nous ne connaissons cette espèce que par la seule colonie que nous avons à étudier. Elle est composée de quatre individus unis par les côtés, et renfermés dans une masse commune peu développée. Ces êtres sont verts et ne présentent point de tache rouge. Natation lente et gyratoire.

11ᵉ *GENRE* : ALLODORINA.

ALLODORINA IRREGULARIS.

Pl. XXV, fig. 7. — 400 diam.

Infusoires globuleux, verts, munis chacun de deux flagellums, et disséminés dans une masse commune hyaline irrégulière. Les infusoires paraissent libres, indépendants et très-granuleux. Les deux flagellums sont courts et ne dépassent pas l'enveloppe commune.

12ᵉ *GENRE* : DIPLODORINA.

DIPLODORINA MASSONI.

Pl. XXV, fig. 6. — 400 diam.

Colonie globuleuse, composée d'infusoires verts, de différentes tailles. On en remarque cinq unis intimement par leur base amincie, relativement gros, et possédant un long flagellum qui traverse la masse commune pour aller s'agiter au dehors en se bifurquant. Ils possèdent une tache oculaire rouge. Dans le centre, ou point de réunion du gros, on en remarque sept beaucoup plus petits, unis entre eux, et qui semblent en voie de développement. Le signe caractéristique de ce genre est la double enveloppe qui recouvre les infusoires, tandis qu'elle est simple dans les genres précédents.

XV⁰ *FAMILLE :* VIBRIONIENS.

1ᵉʳ *GENRE :* BACTERIUM.

BACTERIUM TERMO.

Pl. XXVII, fig. 3. — 400 diam.

Monas termo,	Müller, *Inf.*, pl. I, fig. 1.
Vibrio lincola (pars),	Ehrenberg, *Inf.*, p. 221.
Bacterium termo,	Dujardin, *loc. cit.*, p. 212, pl. I, fig. 1-16.
Vibrio lincola,	Pritchard, *loc. cit.*, p. 522, pl. XVIII, fig. 69.

Corps filiformes, cylindriques, environ deux fois aussi longs que larges, et doués d'un mouvement oscillant constant. Ils vivent toujours réunis en grand nombre.

BACTERIUM TRILOCULARE.

Pl. XXVII, fig. 9 et 10. — 300 et 400 diam.

Bacterium triloculare,	Ehrenberg, *Inf.*, 1826, pl. 2, fig. 6.
—	Dujardin, *loc. cit.*, p. 216.
—	Pritchard, *loc. cit.*, p. 532, pl. XVIII, fig. 17.

Corps ovale, subcylindrique, court, trois ou quatre fois plus long que large avec des granulations à l'intérieur souvent très-visibles. Parenchyme blanc.

BACTERIUM ? PUNCTUM.

Pl. XXVII, fig. 5. — 400 diam.

Monas punctum,	Müller, *Inf.*, p. 3, pl. I, fig. 4.
Melanella monadina,	Bory, 1824-1830.
Bacterium punctum ?	Dujardin, *loc. cit.*, p. 215, pl. I, fig. 2.
—	Pritchard, *loc. cit.*, p. 532.

Animalcules trop petits pour pouvoir être étudiés sérieusement; ils paraissent allongés, granuleux, et sont doués d'un mouvement oscillant. Quelques auteurs ont cru y voir des stries transversales.

2e GENRE : VIBRIO.

VIBRIO RUGULA.

Pl. XXVII, fig. 2 et 3. — 100 et 400 diam.

Vibrio rugula,	Müller, *loc. cit.*, p. 44, pl. VI, fig. 2.
—	Ehrenberg, *Inf.*, p. 222.
—	Schranck, *loc. cit.*, III, 2, 30, 33.
Melanella flexuosa,	Bory, 1824-1830.
Vibrio rugula,	Dujardin, *loc. cit.*, p. 218, pl. I, fig. 4.
—	Pritchard, *loc. cit.*, p. 532, pl. XVIII, fig. 64.

Corps allongés, cylindriques, distinctement articulés. Mouvements assez vifs, flexueux et quelquefois anguleux. Parenchyme blanc.

VIBRIO UNDULA.

Pl. XXVII, fig. 6, 11, 12. — 100 et 400 diam.

Vibrio undula,	Müller, *Inf.*, p. 46, pl. VI, fig. 4-6.
Vibrio lineola,	Dujardin, *loc. cit.*, p. 217, pl. I, fig. 3.

Corps diaphanes, cylindriques, amincis aux deux extrémités, et doués d'un mouvement d'ondulation pendant la natation. Les corps pendant le repos conservent une forme flexueuse. Parenchyme granuleux.

VIBRIO BIFORMATUS.

Pl. XXVII, fig 26. — 400 diam.

Corps cylindrique, allongé et très-transparent. A l'état de repos il est parfaitement droit, mais aussitôt qu'il se meut il affecte une forme ondulée, qu'il conserve encore un instant quand il cesse de nager, et bientôt il s'étend et revient à la forme rectiligne.

VIBRIO BACILLUS.

Pl. XXVII, fig. 28. — 400 diam.

Vibrio bacillus,	Müller, *Inf.*, p. 45, pl. VI, fig. 3.
—	Schranck, *loc. cit.*, III, 2, p. 11.
—	Bory, 1824-1830.
—	Dujardin, *loc. cit.*, p. 220, pl. I, fig. 6.
—	Ehrenberg. *Inf.*, p. 222.

Corps allongé, cylindrique, rectiligne et articulé. La natation se fait lentement, et le corps se balance en formant dans les points articulés des angles plus ou moins prononcés. Parenchyme hyalin; rayures transversales assez nombreuses.

3ᵉ *GENRE :* SPIRILLUM.

SPIRILLUM UNDULA.

Pl. XXVII, fig. 25. — 400 diam.

Vibrio undula (pars),	Müller, *loc. cit.*, p. 47, pl. VI, fig. 4-6.
—	Schranck, *loc. cit.*, III, 2, p. 53.
Spirillum undula,	Ehrenberg, *Inf.*, p. 223.
—	Dujardin, *loc. cit.*, p. 223, pl. I, fig. 8.

Corps allongé, blanc, contourné une ou deux fois sur lui-même. Mouvement vif et spiral.

SPIRILLUM PLICATILE.

Pl. XXVII, fig. 27. — 400 diam.

Vibrio spirillum,	Müller, *Inf.*, p. 48, pl. VI, fig. 9.
Spirillum plicatile,	Dujardin, *loc. cit.*, p. 223, pl. I, fig. 10.

Corps filiforme, contourné en hélice, et plus ou moins long suivant la rapidité de la reproduction par fissiparité. Mouvement vif et hélicoïde. Vivent en grand nombre dans les infusions de substances animales.

GROUPE DE TRANSITION.

XVIe FAMILLE : AMOEBIENS.

1er GENRE : PROTEUS.

PROTEUS TENAX.

Pl. XXVII, fig. 1. — 200 diam.
Proteus tenax, Müller, *Anim. inf.*, p. 10, pl. II, fig. 13-18.

Corps hyalin et granuleux, changeant continuellement de formes, mais revenant toujours à l'une des formes indiquées par les figures, après avoir subi environ neuf transformations. Il n'y a pas d'arrêt complet entre les différentes formes que prend cet infusoire, elles se succèdent toutes et presque toujours dans le même ordre.

2e GENRE : TRICHAMOEBA.

TRICHAMOEBA RADIATA.

Pl. XXVIII, fig. 1. — 400 diam.

Corps polymorphe, subglobuleux, changeant de forme pendant la reptation; parenchyme granuleux, couvert d'une cuticule épaisse, hyaline, et portant un grand nombre de cils longs, raides, minces, répandus sur toute la surface. Vésicule contractile relativement petite.

TRICHAMOEBA HIRTA.

Pl. XXVIII, fig. 4. — 400 diam.

Corps changeant, généralement allongé, avec un lobe terminal ar-rondi et hérissé de cils courts et raides. Parenchyme très-granuleux. Vésicule contractile très-large et très-active.

3ᵉ *GENRE :* THECAMOEBA.

THECAMOEBA QUADRIPARTITA.

Pl. XXVIII, fig. 3. — 400 diam.

Cuirasse de forme ovale, large et arrondie au sommet, rétrécie et presque tronquée à la base. Elle est divisée en quatre parties longitudinales, et chaque partie semble être mobile sur sa ligne séparative comme sur une charnière. Les parties latérales se relèvent quelquefois comme des volets. La reptation se fait toujours en droite ligne, la partie la plus large en avant. Le parenchyme est granuleux en arrière et hyalin en avant. La vésicule contractile est bien développée et située dans le tiers inférieur.

4ᵉ *GENRE :* AMOEBA.

AMOEBA CRASSA.

Pl. XXIX, fig. 1. — 400 diam.

Amœba crassa,   Dujardin, *loc. cit.*, p. 238.

Corps globuleux, changeant de forme, mais n'envoyant pas d'expansions allongées. Parenchyme hyalin, renfermant de nombreux globules blancs.

AMOEBA RAMOSA.

Pl. XXVIII, fig. 2.

Amœba ramosa,   Dujardin, *loc. cit.,* p. 239. — 400 diam.

Corps épais, charnu, très-granuleux, couvert d'un tégument épais et transparent, qui envoie de nombreuses expansions arrondies au sommet. Parenchyme renfermant un grand nombre de granulations et de globules égaux.

AMOEBA GUTTULA.

Pl. XXIX, fig. 2, 3, 5. — 400 diam.

Amœba guttula, Dujardin, *loc. cit.*, p. 285.

Corps en forme de massue, arrondi au sommet et atténué à la base. Forme peu changeante; parenchyme renfermant des granulations très-fines. Vésicule contractile située à la partie moyenne du corps. La reptation se fait presque en ligne droite, la partie la plus large dirigée en avant.

AMOEBA BRACHIATA.

Pl. XXIX, fig. 4. — 400 diam.

Amœba brachiata, Dujardin, *loc. cit.*, p. 238, pl. IV, fig. 4.

Corps très-transparent, et affectant des formes très-variables, mais émettant toujours des prolongements longs, minces et aigus. Le parenchyme est très-granuleux, et renferme des globules d'un beau vert. La cuticule assez épaisse et éminemment contractile forme en grande partie les expansions aiguës. La vésicule contractile est petite, mais très-active.

AMOEBA LACERATA.

Pl. XXIX, fig. 6. — 400 diam.

Amœba lacerata ? Dujardin, *loc. cit.*, p. 235.

Corps assez épais, envoyant des expansions courtes et souvent aiguës, ce qui donne au contour de cette amibe un aspect lacéré. Parenchyme finement granuleux; vésicule contractile bien développée, centrale et très-active.

AMOEBA VERRUCOSA.

Pl. XXIX, fig. 7. — 400 diam.

Amœba verrucosa, Ehrenberg, *Inf.*, pl. VIII, fig. 11, 1838.
— Dujardin, *loc. cit.*, p. 236.

Corps allongé, arrondi au sommet et à la base, émettant des expansions épaisses, arrondies, courtes, et qui prennent la forme de
verrues. Vésicule contractile située dans la portion antérieure élargie.
Parenchyme finement granuleux, recouvert par une cuticule claire,
peu épaisse.

FIN.

CORBEIL. — TYP. ET STÉR. DE CRÉTÉ FILS.

TABLE DES MATIÈRES

PREMIÈRE PARTIE

DEUXIÈME PARTIE

(1. C'est par erreur que les familles : *Peridina, Euglenina, Monadina, Volvocina, Vibrionina* et *Amœbœa* sont indiquées sous les nos XVII, XVIII, XIX, XX, XXI et XXII. c'est XI, XII, XIII, XIV, XV, XVI, qu'il faut lire.

TROISIÈME PARTIE

1. C'est par suite d'une erreur que ce 12e genre est décrit page 207 sous le nom de *Cyclidium*; c'est *Cyclomonas*
qu'il faut lire, le nom de Cyclidium appartenant à un autre
genre.

FIN DE LA TABLE DES MATIÈRES.

EXPLICATION DES PLANCHES

Toutes les espèces que nous allons désigner sont vues avec un grossissement de 300 diamètres, à moins d'indications spéciales.

Planche I.

Fig. 1. — *Stentor polymorphus.* — *a*, vésicule contractile; *b*, anus; *c*, bouche; *d*, œsophage; *e*, nucléus.

Fig. 2. — Le même, étendu et plié dans sa partie inférieure.

Fig. 3. — Le même dans son extension complète et fixé par sa base.

Fig. 4 et 5. — Le même vu à 100 diamètres et en voie de fissiparité transversale.

Fig. 6. — *Stentor roseus.* — *a*, nucléus.

Fig. 7 et 8. — Le même contracté.

Fig. 9. — Partie supérieure du même vue à 600 diamètres.

Fig. 10. — *Stentor anceps.*

Fig. 11. — Le même contracté.

Planche II.

Fig. 1. — *Stentor fuscus.* — *a*, vésicule contractile; *b*, bouche; *c*, œsophage; *d*, place de l'anus qui, étant contracté, est invisible; *e*, navicules avalées; *f*, nucléus.

Fig. 2. — Le même contracté.

Fig. 3. — *Stentor pediculatus.*

Fig. 4. — Le même contracté.

Fig. 6. — *Stentor elegans.* — *a*, vésicule contractile; *b*, bronches; *c*, œsophage; *d*, place de l'anus; *e*, navicule avalée; *f*, nucléus.

Fig. 7. — Le même nageant.

Fig. 8. — Le même contracté.

Fig. 9. — Partie supérieure du même, vue d'en haut quand il est complètement contracté.

Fig. 9. — Le même vu à 100 diamètres.

Fig. 10. — *Stentor deformis.* — *vc*, vésicules contractiles.

Fig. 11. — *Stentor nanus.* — *o*, ovaire.

Fig. 12. — Le même nageant en arrière.

Fig. 13. — Le même contracté.

Fig. 14. — *Stentor fimbriatus* vu à 100 diamètres.

Fig. 15. — Base du même.

Fig. 16. — Papilles de la frange ciliée du même.

Fig. 17. — Partie de l'œsophage du même.

Fig. 18. — Portion du corps intestiniforme, échappé du stentor en résolution et se conservant dans le liquide ambiant.

Fig. 19. — Partie supérieure du même, vue à 150 diamètres.

Planche III.

Fig. 1. — *Stentor roselli.* — *a*, couronne frontale ciliée; *b*, bouche; *c*, anus; *d*, œsophage; *e*, nucléus; *f*, bols formés par des granulations avalées.

Fig. 2. — Portion de la surface cuticulaire d'un stentor contracté.

Fig. 3. — La même dilatée.

Fig. 4. — Coupe verticale de la figure 2, montrant la cuticule de la couche mysiosique sous-jacente, avec l'implantation des cils de la surface.

Fig. 5. — Coupe verticale de la figure 3.

Fig. 6. — Partie supérieure du stentor, vue d'en haut, *a* et *b*, granulations entraînées dans la bouche par le mouvement des cirrhes de la couronne; *c*, bouche; *vc*, anus.

Fig. 7. — Quelques cirrhes de la couronne frontale du stentor fortement grossis.

Fig. 8. — Représente, d'après Lachmann, la partie supérieure et ciliée du *Carchesium polypinum.*

Fig. 9. — *Prorodon teres?* *b*, bouche; *vc*, vésicules contractiles; — 9 *a*, le même plus allongé et vu de profil; *vc*, vésicules contractiles. — 9 *b*, le même, non contracté; *vc*, vésicule contractile.

Fig. 10 à 10 c. — *Cyclidium nigricans.*

Fig. 10 d. — Le même vu à 100 diamètres.
Fig. 11. 11 a. — *Euglena discolor*.
Fig. 12. — *Planicola crystallina*. — b, bouche; cc, vésicules contractiles; a, matières avalées.
Fig. 13. — *Planicola folliculata*. — cc, vésicules contractiles; a, cil en crochet.
Fig. 14. — *Colpoda ren*. — b, bouche; vc, vésicule contractile.

Planche IV.

Fig. 1. — *Scyphidia rugosa*. — a, bouche; b, œsophage; cc, vésicules contractiles.
Fig. 2. — *Epistylis nebulifera*. — a, vésicule contractile.
Fig. 3. — Le même contracté.
Fig. 4. — *Epistylis spheroides*. — a, vésicule contractile; b, bouche.
Fig. 5. — *Vorticella procumbens*. — a, bouche; b, vésicule contractile.
Fig. 6. — *Epistylis ringens*.
Fig. 7. — *Zoothamnium pictum*. — a, Petites boules vertes à l'intérieur.
Fig. 8. — *Vorticella plicata*.
Fig. 9, 10. — *Vorticella striata*, 290 diamètres.
Fig. 11 et 12. — *Vorticella mamillata*. — a, vésicule contractile, 290 diamètres.
Fig. 13. — *Vorticella infusionum*.
Fig. 14. — La même contractée, vue à un grossissement de 290 diamètres.
Fig. 15. — *Vorticella dubia*, 250 diamètres.
Fig. 16. — *Vorticella dilatata*. — b, bouche.
Fig. 17 et 18. — *Carchesium polypinum*. — a, anus; b, bouche; c, œsophage.
Fig. 19. — Pédicule grossi du même.
Fig. 20. — Pédicule du même, montrant le muscle intérieur contracté en spirale.
Fig. 21. — Pédicule du même, faisant le zigzag.
Fig. 22-23. — *Vorticella margaritifera* — a, bouche; b, œsophage.
Fig. 24. *Zoothamnium spectabile*. — a, vésicule contractile.

Planche V.

Fig. 1. — *Vorticella convellaria*. — 100 diamètres.
Fig. 2. — Le même; a, bouche; b, vésicule contractile; c, œsophage; d, longue soie de Lachmann.
Fig. 3. — Le même.
Fig. 4. — *Vorticella fluvialis*. — a, bouche; b, œsophage; c, vésicule contractile; d, pédicule contracté en spirale.
Fig. 5, 5 a. — *Vorticella lunaris*. — 250 diamètres; a, bouche; b, œsophage; c, vésicule contractile; d, nucléus; e, pédicule contracté.
Fig. 6. — *Vorticella elongata*. — 600 diamètres; a, bouche; b, œsophage.
Fig. 7. — Le même contracté.
Fig. 8. — *Vorticella patellina*.
Fig. 9. — Le même contracté.

Fig. 10. — *Vorticella nutans*. — a, bouche; b, œsophage; c, vésicule contractile.
Fig. 11. — Le même; r, un bourgeon.
Fig. 12. — *Vorticella constricta*. — a, bouche; b, vésicule contractile.

Planche VI.

Fig. 1. — *Carchesium polypinum*. — a, bouche; b, œsophage; c, vésicule contractile.
Fig. 2. — *Vorticella campanula*, 300 diamètres. — a bouche; b, bourgeon avec cils à la base.
Fig. 3. — *Vorticella fasciculata*. — a, bouche; b, œsophage.
Fig. 9, 10, 11, 12. — La même portant un bourgeon qui se détache petit à petit.
Fig. 13. — Bourgeon du même, détaché.
Fig. 4, 5, 6, 7. — *Epistylis flavicans*. — a, bouche; b, vésicule contractile.
Fig. 8. — *Vorticella microscopica*.

Planche VII.

Fig. 1 à 9. — *Vorticella alba*. — Ces neuf figures représentent la reproduction par fissiparité verticale, la lettre a de la figure 5 fait voir les cils qui commencent à pousser à la base de la vorticelle qui va se détacher de la vorticelle mère.
Fig. 10. — *Vorticella appunctata*. — a, bouche; b, vésicule contractile; c, anus.
Fig. 11. — Le même contracté.
Fig. 12. — Pédicule perlé du même, supposé vu à 1200 diamètres.
Fig. 13. — *Vorticella multangula*. — a, bouche; b, œsophage.
Fig. 14. — Pédicule du même, considérablement grossi.
Fig. 15. — *Vorticella margaritata*. — b, bouche.
Fig. 16. — Le même contracté.
Fig. 17. — *Planicola inclinata*. — b, bouche; cc, vésicule contractile; a, œsophage.
Fig. 18. — *Vorticella microstoma*. — b, bouche; a, œsophage; vc, vésicule contractile; c, granules avalés.
Fig. 19. — Le même, détaché de son pédicule.
Fig. 20. — *Vorticella nebulifera*.
Fig. 21. — *Vorticella cucullus*. — a, œsophage; b, bouche; c, granulations avalées; d, commencement de reproduction transversale; vc, vésicule contractile.
Fig. 22. — Développement du pédicule du *vorticella alba*, en 10, 15 et 20 minutes (voir page 6, du 1er fascicule).

Planche VIII.

Fig. 1. — *Scyphydia inclinans*. — a, bouche; œsophage; c, vésicule contractile.
Fig. 2. — Le même contracté.
Fig. 3. — Le même.

Fig. 4. — Le même contracté et avec une pose retombante.

Fig. 5. — *Epistylis plicatilis*. — *a*, bouche; *b*, œsophage; *c*, vésicule contractile.

Fig. 6 à 13, montrent les différentes phases que le corps subit quand il va quitter son pédicule.

Fig. 14 et 15. — Le même quand il est libre.

Fig. 16. — Le même, tournant sur elle-même.

Fig. 17, 18 et 19. — Reproduction par fissiparité de l'*Epistylis digitalis*. — *a*, bouche; *b*, vésicule contractile; *c*, granulations rouges avalées.

Fig. 20. — *Planicola ingenita*. — *a*, deux bourgeons ciliés.

Planche IX.

Fig. 1. — Branche végétale supportant le *Cothurnia ovata*. Dans ces 8 figures, on remarque des fourreaux qui contiennent tantôt un individu épanoui ou contracté; tantôt un individu avec un bourgeon à sa base; tantôt deux individus d'égale grosseur; *a*, longs cils frontaux faisant le tourbillon; *b*, bouche; *c*, œsophage; *d*, bourgeon déjà gros, ayant des cils à la base.

Fig. 2. — *Planicola folliculata*. — *b*, bouche; *c*, fentes dans le fourreau; *vc*, vésicule contractile.

Fig. 3. — *Epistylis articulata*. — *a*, soie de Lachmann; *b*, bouche; *vc*, vésicule contractile.

Fig. 4. — Partie supérieure de l'*Epistylis articulata*, vue d'en haut. — *a*, anus; *b*, bouche.

Fig. 5. — *Epistylis anastica*. — *a*, bouche; *b*, œsophage; *vc*, vésicule contractile.

Fig. 6. — Le même contracté; *vc*, vésicule contractile.

Fig. 6 *a*. — Le même contracté d'une différente manière.

Fig. 7 et 9. — *Vorticella aperta*. — *b*, bouche; *a* et *vc*, vésicule contractile.

Fig. 8. — *Chœtospira mucicola*. — *a*, bouche; *vc*, vésicule contractile.

Fig. 10. — *Pycnobryon socialis*.

Fig. 11. — *Pycnobryon socialis*.

Fig. 12. — *Stylobryon insignis*.

Fig. 13. — *Epipyxis utriculus*.

Fig. 14. — *Stylobrion insignis*.

Planche X.

Fig. 1. — *Vaginicola tincta*. — *a*, bouche; *b*, œsophage; *c*, vésicules contractiles.

Fig. 2. — Le même contracté. — *a*, nucléus.

Fig. 3 et 4. — *Vaginicola mollis*, contractée et épanouie.

Fig. 5. — *Vaginicola dilatata*. — *a*, bouche; *b*, œsophage; *c*, vésicule contractile; *d*, granulations rouges avalées.

Fig. 6. — *Vaginicola ampulla*.

Fig. 7. — Le même vu de profil.

Fig. 8. — *Vaginicola regularis*.

Fig. 9. — *Vaginicola truncata*.

Fig. 10. — *Vaginicola striata*.

Fig. 11. — Le même contracté.

Fig. 12. — *Cothurnia patula*.

Fig. 13. — Le même contracté.

Fig. 14. — *Cothurnia elongata*.

Fig. 15. — *Stylocola ampula*.

Fig. 16. — Le même contracté.

Fig. 17. — *Cothurnia spissa*.

Fig. 18. — *Vaginicola gracilis*.

Fig. 19. — Le même contracté.

Fig. 20. — *Planicola attenuata*.

Fig. 21. — Le même contracté.

Fig. 22. — *Planicola vestita*. — *a*, soie de Lachmann; *b*, œsophage; *c*, vésicule contractile; *d*, bouche.

Fig. 23. — *Cothurnia nodosa*.

Fig. 24. — Le même contracté.

Fig. 25. — *Stylocola striata*.

Fig. 26. — Le même contracté.

Fig. 27. — *Vaginicola decumbens*.

Planche XI.

Fig. 1. — *Epistylis plicatilis*. — *a*, bouche; *b*, anus; *vc*, vésicule contractile.

Fig. 1. *a*. — *a*, anus d'où sortent les bols, composés de granulations avalées. Ces bols suivent le sens de la flèche indicative; *vc*, vésicule contractile.

Fig. 16. — *a*, anus; *b*, bouche; *vc*, vésicule contractile.

Fig. 1 *c* à 1 *f*. — Différentes contractions de l'*Epistylis plicatilis*.

Fig. 2. — *Epistylis galea*. — *a*, anus; *b*, bouche; *d*, le même contracté.

Fig. 3 à 3 *b*. — Kystes d'*Epistylis plicatilis*. — *a*, bouche; *vc*, vésicule contractile.

Fig. 4. — *Epistylis hospes*. — *a*, bouche; *vc*, vésicule contractile.

Fig. 4 *a* à 4 *c*. — Différentes contractions de l'*Epistylis hospes*. — *vc*, vésicule contractile.

Fig. 5. — *Epistylis plicatilis*, détaché de son pédicule. — *a*, bouche; *vc*, vésicule contractile.

Fig. 6. — *Vorticella communis*. — *a*, bouche; *vc*, vésicule contractile.

Fig. 7. — *Vaginicola ingenita*. — *b*, bourgeon; *vc*, vésicule contractile.

Planche XII.

Fig. 1. — *Oxytricha labiata*. — *a*, bouche; *b*, navicules avalées; *vc*, vésicule contractile.

Fig. 2. — *Oxytricha ovalis*. — *a*, bouche; *vc*, vésicule contractile.

Fig. 3. — *Halteria bipartita*.

Fig. 3 *a*. — Le même fixé par ses soies saltatrices.

Fig. 4. — *Euplotes patella*. — *a*, bouche; *vc*, vésicule contractile.

Fig. 5. — *Kerona triangularis*. — *vc*, vésicule contractile.

Fig. 6. — *Oxytricha bilobata*. — *a*, bouche; *vc*, vésicule contractile.

Fig. 7. — *Oxytricha crassa* contracté

Fig. 7 a. — Le même étendu ; a, bouche ; b, navicules avalées : vc, vésicule contractile.
Fig. 8. — Aspidisca radiata. — a, bouche ; vc, vésicule contractile.
Fig. 9. — Euplota charon. — a, bouche ; vc, vésicules contractiles.
Fig. 10 et 10 b. — Tricodina stellina. — Nageant.
Fig. 10 a. — Le même marchant sur une hydre ; a, bouche ; vc, vésicule contractile.
Fig. 10 c. — Le même tournant sur lui-même ; a, bouche ; vc, vésicule contractile.
Fig. 10 d. — Partie du même, considérablement grossi. Bouche et crochets entourant l'ouverture centrale inférieure.
Fig. 11. — Kerona lacerata. — a, bouche ; vc, vésicule contractile.
Fig. 12. — Euplotes grandis. — a, bouche ; vc, vésicule contractile.
Fig. 13. — Stentor albus. — vc, vésicule contractile.
Fig. 13 a. — a, bouche ; b, petite vésicule hérissée de cils courts et raides ; vc, vésicule contractile.
Fig. 13 b à 13 d. — Différentes formes de contractions que prend le Stentor albus.

Planche XIII.

Fig. 1 à 1 b. — Oxytricha cimex. — a, bouche ; vc, vésicule.
Fig. 2. — Oxytricha pubes. — a. bouche ; b, longs filaments flagelliformes ; c, corps ingérés par l'animal, et rejetés par l'anus.
Fig. 3. — Kerona mytilus. — a, bouche ; b, appendice en forme de bras ; vc, vésicule contractile.
Fig. 4. — Oxytricha caudata. — a, bouche ; vc, vésicule contractile.
Fig. 5. — Oxytricha viridis. — a, bouche.
Fig. 6 et 6 a. — Oxytricha platystoma. — a, bouche ; vc, vésicule contractile.
Fig. 7. — Kerona elongata. — a, bouche ; vc, vésicule contractile.
Fig. 8. — Oxytricha deformis.
Fig. 9. — Oxytricha præceps. — vc, vésicule contractile.
Fig. 10. — Kerona polyporum. — vc, vésicule contractile.
Fig. 11. — Kerona rotunda. — vc, vésicule contractile.
Fig. 12 à 12 a. — Oxytricha pullaster. — vc, vésicule contractile.
Fig. 13. — Oxytricha cypris. — vc, vésicule contractile.
Fig. 14. — Plesconia crassa.
Fig. 15. — Kerona aper. — a, bouche.
Fig. 16. — Oxytricha leucon. — a, bouche ; vc, vésicule contractile.
Fig. 17. — Plesconia ovalis. — vc, vésicule contractile.
Fig. 18. — Plesconia mamillata.
Fig. 18 a, le même marchant. — a, bouche.
Fig. 19. — Kerona multipes. — a, bouche ; b, bols formés de granulations avalées ; vc, vésicule contractile.
Fig. 20. — Plesconia patella. — a, bouche.
Fig. 20 a. — Le même marchant. — a, bouche.
Fig. 21. — Kerona urostyla. — a, bouche ; b, navicules avalées ; vc, vésicule contractile.

Planche XIV.

Fig. 1. — Kerona rostrata ; vc, vésicule contractile.
Fig. 2. — Stylonychia calva. — vc, vésicule contractile.
Fig. 3. — Stynolychia virgula. — a, bouche ; vc, vésicule contractile.
Fig. 4. — Stylonychia appendiculata.
Fig. 5. — Stylonychia sphærica. — a, bouche ; vc, vésicule contractile.
Fig. 6. — Stynolychia regularis. — a, bouche ; vc, vésicule contractile.
Fig. 7. — Kerona histrio. — a, bouche.
Fig. 8. — Kerona silurus. — a, bouche ; vc, vésicule contractile.
Fig. 9. — Stylonychia pustullata. — a, bouche ; vc, vésicule contractile.
Fig. 10. — Stylonychia mytilus. — a, bouche ; dans laquelle entrent des granulations rouges entraînées par les cils buccaux ; vc, vésicule contractile.
Fig. 10 a. — Le même vu de profil.
Fig. 11. — Kerona histrio. — Sa reproduction par fissiparité horizontale. — a, bouche ; vc, vésicule contractile.
Fig. 12. — Stynolychia monostylus. — a, bouche ; b, long et fort style frangé. — vc, vésicule contractile ; e, 4 cirrhes.
Fig. 13. — Aspidisca pulvinata.
Fig. 14. — Le même, marchant.

Planche XV.

Fig. 1. — Spirostomum ambiguum. — a, bouche ; vc, vésicule contractile.
Fig. 1 a à 1 c. — Différentes formes de contraction de l'animal.
Fig. 1. — Partie supérieure du même considérablement grossie.
Fig. 1 d. — bouche du même ; a, bouche ; b, œsophage.
Fig. 1 f. — Base du même ; vc, vésicule contractile.
Fig. 2. — Spirostomum virens. — a, bouche ; b, nucléus ; vc, vésicule contractile.
Fig. 2 a. — Le même contracté.
Fig. 2 b. — Le même se reproduisant par séparation transversale ; a, bouche ; vc, vésicule contractile.
Fig. 2 c. — Le même très-grossi et contracté ; a, bouche ; b, nucléus ; vc, vésicule contractile.
Fig. 2 d. — Etat des globules ronds après la destruction par dessiccation.
Fig. 2 f. — Glandules du chapelet sortis du corps avant sa destruction complète.

Fig. 3. — *Lacrymaria vermicularis*. — a, bouche; vc, vésicule contractile.
Fig. 3 a. — Le même.
Fig. 4. — *Lacrymaria proteus*.
Fig. 4 a, 4 b, 4 c. — Le même; a, bouche.
Fig. 5. — *Dileptus lacrimula*. — a, bouche; vc, vésicule contractile.
Fig. 5 a. — Le même, vu de profil.
Fig. 5 b. — Partie supérieure du même très-grossi.
Fig. 6. — *Dileptus corniger*. — a, bouche; vc, vésicule contractile.
Fig. 7. — *Lacrymaria olor*. — a, bouche; vc, vésicule contractile.
Fig. 8. — *Nassula viridis*. — a, cornet buccal; vc, vésicule contractile.
Fig. 8 a. — Le même, vu de profil: a, cornet buccal; vc, vésicule contractile.
Fig. 8 b. — Cornet buccal considérablement grossi.
Fig. 9. — *Trichodon acuminatus*. — a, cornet buccal avec sa grande soie; vc, vésicule contractile.
Fig. 9 a. — Reproduction ou copulation; a, cornet buccal; vc, vésicule contractile.
Fig. 10. — *Nassula dentata*. — a, cornet buccal; vc, vésicule contractile.
Fig. 10 a. — Le même.

Planche XVI.

Fig. 1. — *Chilodon aureus*. — a, cornet buccal; vc, vésicule contractile.
Fig. 1 a. — Le même, vu de profil; a, cornet buccal; b, navicules avalées; vc, vésicule contractile.
Fig. 2. — *Glaucoma scintillans*.
Fig. 2 a. — Le même, vu de profil; a, bouche; vc, vésicule contractile.
Fig. 2 b. — Le même en voie de reproduction transversale; a, a, bouches; b, b, b, b, granulations rouges avalées; vc, vésicules contractiles.
Fig. 3. — *Nassula rubens*. — a, cornet buccal; vc, vésicules contractiles.
Fig. 4. — *Nassula aurea*. — a, cornet buccal; vc, vésicule contractile.
Fig. 5. — *Panaphrys chrysalis*. — a, bouche; b, globule volumineux entouré d'un courant granuleux; vc, vésicule contractile.
Fig. 6. — *Leucophrys patula*. — a, bouche; vc, vésicules contractiles.
Fig. 6 a. — Le même reproduit d'après un dessin de M. Claparède.
Fig. 7. — *Paramecium regulare*. — a, bouche; b, bols formés par des granulations rouges avalées; vc, vésicule contractile.
Fig. 8. — *Paramecium aurelia*. — a, bouche; b, couleur rouge avalée; vc, vésicule contractile.

Planche XVII.

Fig. 1. — *Holophrya gibbera*. — b, bouche; vc, vésicule contractile.
Fig. 1. — Le même, vu de profil.
Fig. 2. — *Frontonia alba*. — b, bouche; vc, vésicule contractile.
Fig. 2 a. — Le même, de profil.
Fig. 3. — *Paramecium ovatum*. — a, œsophage; b, bouche; c, bols formés par la couleur rouge avalée; vc, vésicule contractile.
Fig. 4. — *Frontonia rostrata*. — a, petite navicule avalée; b, bouche; c, petit point acuminiforme; vésicule contractile.
Fig. 5. — *Dileptus striatus*. — b, bouche; c, vésicule contractile.
Fig. 6. — *Frontonia acuta*. — b, bouche.
Fig. 7. — *Metopus inflatus*. — a, couleur rouge avalée; b, bouche; vc, vésicules contractiles.
Fig. 8. — *Trichomecium palma*. — a, petite cornicule; b, bouche; c, nucleus; vc, vésicule contractile.
Fig. 9. — *Trichoda cirrata*. — a, longue soie sortant du cornet buccal; b, cornet buccal; vc, vésicules contractiles.
Fig. 9 a. — Le même, sa reproduction par séparation transversale; a, longue soie; b, cornet buccal; vc, vésicules contractiles.
Fig. 10. — *Paramecium flavum*. — a, œsophage; b, bouche; c, amas de couleur avalée; vc, vésicule contractile.
Fig. 10 a. — Reproduction ou copulation.
Fig. 11. — *Paramecium roseum*. — a, œsophage; b, bouche; c, amas de couleur rouge avalée; vc, vésicules contractiles.
Fig. 12. — *Colpoda crinata*. — a, navicule avalée; b, bouche; vc, vésicule contractile.
Fig. 13, 13 a. — *Oxytricha fimbriata*. — b, cornet buccal dentelé; vc, vésicules contractiles.

Planche XVIII.

Fig. 1. — *Dileptus meleagris*. — a, bouche; vc, vésicule contractile.
Fig. 1 a à 1 d. — Le même, vu à 100 diamètres; vc, vésicules contractiles.
Fig. 2. — *Dileptus cylindricus*. — b, bouche; vc, vésicule contractile.
Fig. 3. — *Dileptus musculus*. — a, vésicules contractiles.
Fig. 4. — *Dileptus striatus*. — b, bouche; a, globules roses; vc, vésicules contractiles.
Fig. 4 a. — Le même, vu de profil.
Fig. 5. — *Trichomecium caudatum*. — a, bouche; b, œsophage; c, longue soie ondulante; vc, vésicule contractile.
Fig. 7. — Cette figure indiquée sous le n° 7 dans le texte correspond à la figure 11 de la XVIII° planche.
Fig. 8. — *Dileptus fasciola*. — b, bouche; vc, vésicule contractile.
Fig. 8 a. — Le même, vu de profil.
Fig. 9. — *Amphileptus anser*. — b, bouche; a, bols formés par la couleur rouge avalée; vc, vésicule contractile.

Fig. 9 a. — Le même; b, bouche; a, couleur avalée; vc, vésicule contractile.
Fig. 10. — *Loxophyllum meleagris*. — vc, vésicules contractiles.
Fig. 11. — *Dileptus caudatus*. — b, bouche; a, nucléus; vc, vésicule contractile.

Planche XIX.

Fig. 1. — *Dileptus piscis*. — b, bouche.
Fig. 1 a. — Le même; b, bouche; vc, vésicule contractile.
Fig 2. — *Dileptus gallina*. — vc, vésicule contractile.
Fig. 3. — *Amphileptus viridis*. — b, bouche; vc, vésicules contractiles.
Fig. 4. — *Dileptus anas*. — a, point oculiforme; b, bouche; vc, vésicule contractile.
Fig. 5. — *Dileptus ucula*. — b, bouche; vc, vésicule contractile.
Fig. 6. — *Dileptus crinitus*. — b, bouche; a, globules granuleux; vc, vésicule contractile.
Fig. 7. — *Amphileptus moniliger*. — a, nucléus; b, bouche; vc, vésicules contractiles.
Fig. 8 et 10. — *Dileptus folium*. — b, bouche; vc, vésicule contractile.
Fig. 9. — *Dileptus truncatus*. — b, bouche; vc, vésicule contractile.
Fig. 11. — *Amphileptus elegans*. — b, bouche.
Fig. 12. — *Amphileptus hirsutus*. — b, bouche; vc, vésicules contractiles.
Fig. 13. — *Dileptus piscis*. — b, bouche; vc, vésicule contractile.

Planche XX.

Fig. 1. — *Holophrya ovata*. — b, bouche; vc, vésicule contractile.
Fig. 2. — *Amphileptus cygnus*. — a, petites vésicules non contractiles; b, bouche; vc, vésicule contractile.
Fig. 3. — *Dileptus calceolus*. — b, bouche; cv, vésicule contractile.
Fig. 4. — *Metopsus sygmoides*. — a, nucléus; b, bouche; vc, vésicule contractile.
Fig. 5 à 5 b. — *Spatulium hyalinum*. — a, nucléus; vc, vésicule contractile.
Fig. 6. — *Amphileptus longicollis*. — b, bouche; vc, vésicule contractile.
Fig. 7. — *Tricholeptus aculeatus*. — b, bouche; vc, vésicule contractile.
Fig. 7 a. — Le même en voie de reproduction par séparation transversale; b, b, bouches; vc, vésicules contractiles.
Fig. 8. — *Oxytricha merula*. — b, bouche; vc, vésicules contractiles.
Fig. 9. — *Metopus sygmoides*. — b, bouche; vc, vésicule contractile.
Fig. 10. — *Amphileptus cygnus*. — a, petites vésicules non contractiles; b, bouche; vc, vésicule contractile.

Planche XXI.

Fig. 1 à 1 a. — *Enchelys pupa*.
Fig. 2. — *Holophrya globosa*.
Fig. 3. — *Holophrya vesiculifera*. — vc, vésicule contractile.
Fig. 4, 4 a. — *Colpoda parva*. — b, bouche; vc, vésicule contractile.
Fig. 5. — *Ophryoglena citreum*. — a, point auculiforme; b, bouche.
Fig. 6 à 6 e. — *Districha striata*. — b, bouche; vc, vésicule contractile.
Fig. 7. — *Holophrya virescens*. — b, bouche; vc, vésicule contractile.
Fig. 8. — *Enchelys rostrata*. — vc, vésicule contractile.
Fig. 9 et 14. — *Cylidium saltans*. — b, bouche; vc, vésicule contractile.
Fig. 10. — *Pleuronema chrysalis*. — b, bouche; vc, vésicule contractile.
Fig. 10 a. — Le même, vu de profil.
Fig. 11. — *Holophrya viridis*. — vc, vésicule contractile.
Fig. 12. — *Frontonia curva*. — b, bouche; vc, vésicule contractile.
Fig. 13, 13 a. — *Paramecium milium*. — b, bouche; vc, vésicule contractile.
Fig. 14. — *Cylidium saltans*; vc, vésicule contractile.
Fig. 15 et 26. — *Frontonia perna*.
Fig. 16. — *Frontonia ovalis*. — b, bouche; vc, vésicule contractile.
Fig. 17 et 30. — *Frontonia parva*. — b, bouche; vc, vésicule contractile.
Fig. 18. — *Districha hirsuta*. — b, bouche; vc, vésicule contractile.
Fig. 19. — *Holophrya bursata*. — vc, vésicule contractile.
Fig. 20. — *Enchelys utriculus*.
Fig. 21. — *Halteria vorax*.
Fig. 22. — *Paramecium colpoda*. — a, bols formés par de la couleur avalée; b, bouche; vc, vésicule contractile.
Fig. 23. — *Holophrya alba*.
Fig. 24. — *Glaucoma scintillans*. — a, bols formés par de la couleur avalée; b, bouche; vc, vésicule contractile.
Fig. 25. — *Holophrya discolor*. — a, point anuliforme; b, nucléus.
Fig. 26. — *Frontonia perna*.
Fig. 27. — *Paramecium subovatum*. — a, œsophage; b, bouche; vc, vésicules contractiles.
Fig. 28. — *Enchelys corrugata*. — b, bouche; vc, vésicule contractile.
Fig. 29. — *Glaucoma elongata*. — b, bouche; vc, vésicule contractile.
Fig. 29 a. — Bouche du même, grossie.
Fig. 30. — *Frontonia parva*. — b, bouche; vc, vésicule contractile.

Planche XXII.

Fig. 1, 1 a. — *Euglena geniculata*. — a, tache oculaire rouge ; b, bouche ; vc, vésicule contractile.
Fig. 2. — *Euglena pyrum*. — a, tache oculaire ; vc, vésicule contractile.
Fig. 3. — *Euglena longicauda*. — a, tache oculaire ; vc, vésicule contractile.
Fig. 4. — *Euglena deses*. — a, tache oculaire ; b, bouche ; vc, vésicule contractile.
Fig. 4 a. — La même contractée.
Fig. 5. — *Euglena utriculus*.
Fig. 6, 7, 7 a. — *Euglena viridis*. — a, tache oculaire ; b, bouche ; vc, vésicule contractile.
Fig. 8. — *Trichonema hirsuta*.
Fig. 9. — *Euglena pleuronectes*. — a, tache oculaire ; b, bouche ; vc, vésicule contractile.
Fig. 10 à 10 d. — *Pleuronema parva*. — b, bouche ; vc, vésicules contractiles.
Fig. 11 à 11 c. — *Astasia acuminata*.
Fig. 12. — a, nucléus coloré en jaune foncé.
Fig. 13. — *Pleuronema crassa*. — a, nucléus ; b, bouche ; vc, vésicules contractiles.
Fig. 14. — *Cyclidium viridis*. — b, bouche ; vc, vésicule contractile.
Fig. 15 et 27. — *Cyclidium elongatum*. — b, bouche ; vc, vésicule contractile.
Fig. 16. — *Pleuronema chrysalis*. — b, bouche ; vc, vésicule contractile.
Fig. 17. — *Holophrya globulifera*.
Fig. 18. — *Holophrya lagena*.
Fig. 19. — *Halteria minima*.
Fig. 20. — *Halteria viridis*.
Fig. 21. — *Euglena rostrata*.
Fig. 22, 22 a. — *Halteria verrucosa*. — a, vésicule contractile.
Fig. 23-23 a. — *Strombidium sulcatum*. — b, bouche ; vc, vésicule contractile.
Fig. 24. — *Halteria volvox*. — vc, vésicules contractiles.
Fig. 25. — *Coleps hirtus*.
Fig. 25 a. — Accouplement du même. — vc, vésicule contractile.
Fig. 26, 26 b. — *Euglena acus*. — a, tache oculaire ; b, bouche.
Fig. 27. — *Cyclidium elongatum*. — vc, vésicule contractile.

Planche XXIII.

Fig. 1. — *Stenonema ovalis*. — b, bouche ; vc, vésicule contractile.
Fig. 2. — *Diselmis turbo*.
Fig. 3. — *Monas lamellula*.
Fig. 4 a, b, c. — *Heteromita ovata*. — vc, vésicule contractile.
Fig. 5 a, b. — *Monas colpoda*. — De face et de profil.
Fig. 6 a, b. — *Heteromita minima*.
Fig. 7. — *Astasia parva*. — De face et de profil.

Fig. 8 a, b. — *Heteromita gibbosa*. — De face et de profil.
Fig. 9. — *Trichomonas locellus*.
Fig. 10. — *Monas guttula*.
Fig. 11 et 31. — *Zygoselmis angusta*.
Fig. 12, 14 et 28. — *Monas deses*. — vc, vésicule contractile.
Fig. 13. — *Monas ovalis*.
Fig. 15 et 17. — *Monas globulus*. — vc, vésicule contractile.
Fig. 16. — *Heteromita crassa*.
Fig. 18. — *Peranema dubia*. — a, navicule avalée.
Fig. 19 et 24. — *Monas cunillus*.
Fig. 20. — *Astasia regularis*. — De face et de profil.
Fig. 21. — *Monas gibbosa*.
Fig. 22. — *Monas fluvicans*.
Fig. 23 et 47. — *Cyathomonas viridis*.
Fig. 24. — *Monas cunillus*.
Fig. 25. — *Zygoselmis nebulosa*. — b, bouche.
Fig. 26. — *Astasia palma*.
Fig. 27. — *Monas lamellula*.
Fig. 28. — *Monas deses*.
Fig. 29. — *Astasia utriculus*.
Fig. 30. — *Chilomonas destruens*.
Fig. 31. — *Zygoselmis angusta*.
Fig. 32, 33 et 49. — *Monas stellata*.
Fig. 34 à 34 b. — *Astasia inflata*.
Fig. 35 et 51. — *Chilomonas obliqua*.
Fig. 36 à 36 c. — *Astasia cylindrica*. — vc, vésicule contractile.
Fig. 37. — *Diplomita insignis*.
Fig. 38. — *Cyathomonas lychnus*.
Fig. 39. — *Peranema globulosa*.
Fig. 40. — *Diselmis globulus*. — vc, vésicule contractile.
Fig. 41. — *Peranema protracta*. — a, flagellum grossi.
Fig. 42, 43. — *Pleuromonas granulosa*.
Fig. 44. — *Monas fluida*.
Fig. 45. — Les mêmes, moins gros.
Fig. 46. — *Cyathomonas alba*.
Fig. 47. — *Cyathomonas viridis*.
Fig. 48. — *Monas ovum*.
Fig. 49. — *Monas stellata*.
Fig. 50. — *Trichomonas minima*.
Fig. 51. — *Monas globulus*.
Fig. 52 et 53. — *Phrotia vitrea*. — vc, vésicule contractile.

Planche XXIV.

Fig. 1, 1 a. — *Halteria grandinella*. — b, bouche ; vc, vésicule contractile.
Fig. 2, 2 a. — *Halteria ovata*. — b, bouche ; vc, vésicule contractile.
Fig. 3. — *Halteria acuta*. — vc, vésicule contractile.
Fig. 4. — *Halteria lobata*. — a, nucléus ; vc, vésicule contractile.
Fig. 5. — *Urocentrum turbo*. — vc, vésicule contractile.

Fig. 5 a. — Le même, vu à 100 diamètres.

Fig. 6. — *Strombidion globosum*. — a, navicule; vc, vésicules contractiles.

Fig. 7 et 8. — *Strombidion caudatum*. — vc, vésicule contractile.

Fig. 9. — *Zygoselmis viridis*. — a, tache oculaire. — vc, vésicule contractile.

Fig. 10. — *Polyselmis discolor*. — a, tache oculaire.

Fig. 11. — *Peridinium cinctum*. — a, tache oculaire.

Fig. 12. — Le même, vu à 200 diamètres. — a, tache oculaire; vc, vésicule contractile.

Fig. 13, 14. — *Trachelomonas aurea*. — a, tache oculaire.

Fig. 15. — *Trichomonas hirsuta*. — vc, vésicule contractile.

Fig. 16. — *Monas ovalis*.

Fig. 17. — *Trachelomonas aurea*, vu à 200 diamètres.

Fig. 18. — *Trachelomonas valvorina*.

Fig. 19. — *Astasia pyriformis*. — vc, vésicule contractile.

Fig. 20. — *Astasia cucurbita*.

Fig. 21. — *Astasia deformis*. — vc, vésicule contractile.

Fig. 22 et 23. — *Zygoselmis leucosa*. — vc, vésicule contractile.

Fig. 24. — *Astasia turbo*.

Fig. 25. — *Cercomonas cylindrica*.

Fig. 26. — *Astasia flavicans*. — a, globules bruns.

Fig. 27. — *Cyathomonas emarginata*. — vc, vésicule contractile.

Fig. 28. — *Cyathomonas turbinata*.

Fig. 29. — *Heteromita ovum*.

Fig. 30. — *Cyathomonas turbo*. — vc, vésicule contractile.

Fig. 31. — *Cyathomonas elongata*.

Fig. 32. — *Zygoselmis orbicularis*.

Fig. 33. — *Monas sphaerica*. — vc, vésicule contractile.

Fig. 34. — *Astasia fusiformis*. — vc, vésicule contractile.

Planche XXV.

Fig. 1. — *Volvox globator*. — a, petits infusoires verts unis entre eux par de petits canaux, formant un réseau qui enveloppe toute la masse sphérique et hyaline du volvox; b, êtres pyriformes, blancs, sans point oculaire et sans flagellum; c, jeune volvox contenu dans l'intérieur de la masse hyaline.

Fig. 1 a. — Partie du même, supposé à un grossissement considérable.

Fig. 1 b. — Parasites du *volvox globator*.

Fig. 1 c, 1 d. — Parasites du même.

Fig. 1 e. — Partie de jeune volvox contenue dans le *volvox globator*.

Fig. 2. — *Volvox globator*, vu à 100 diamètres.

Fig. 3. — *Pandorina neorum*. — a, disque formé par la masse hyaline qui renferme la colonie; b, individu de la colonie; point oculaire et flagellum dépassant le disque.

Fig. 3 a. — Le même, vu à 100 diamètres.

Fig. 4, 5. — *Pandorina simplex*.

Fig. 6. — *Diplodorina Massoni*. — a, colonie d'animaux; b, double enveloppe recouvrant ces infusoires.

Fig. 7. — *Allodorina irregularis*. — a, enveloppe hyaline; c, vésicule contractile se remarquant au centre des animaux.

Fig. 8. — *Urcella disjuncta*. — vc, vésicule contractile.

Planche XXVI.

Fig. 1. — *Dinobryon sertularia*.

Fig. 2. — *Toxoloxia Dujardini*. — Vu de profil.

Fig. 2 a. — Les mêmes, vus de face.

Fig. 3. — *Monas vivipara*.

Fig. 4. — *Cyclomonas distorta*. — Vu de face et de profil.

Fig. 5. — *Anthophysa Mulleri*.

Fig. 5 a. — Individus détachés de la tige et nageant librement.

Fig. 6. — *Urcella fimbriata*.

Fig. 7. — *Urcella virescens*.

Fig. 7 a. — 5 individus du même.

Fig. 7 b. — Individu détaché nageant librement supposé vu à un grossissement de 1000 diamètres.

Fig. 8. — *Stylobryon insignis*.

Fig. 8 a et 8 b. — Le même.

Fig. 8 c. — Le même, vu à 400 diamètres.

Fig. 8 e. — Le même, contracté et supposé vu à 2,400 diamètres; vc, vésicule contractile.

Fig. 8 d. — Le même, épanoui, vu à un grossissement extrême.

Planche XXVII.

Fig. 1 de a à j. — *Proteus tenax*.

Fig. 2. — *Vibrio rugula*.

Fig. 3. — *Bacterium termo* et *Vibrio rugula*.

Fig. 4. — *Monas mica*.

Fig. 4 a. — Les mêmes, vus à 100 diamètres.

Fig. 5. — *Bacterium punctum*.

Fig. 6. — *Vibrio undula*.

Fig. 7. — *Monas mica*.

Fig. 8. — *Monas fluida*.

Fig. 9 et 10. — *Bacterium triloculare*.

Fig. 11, 12. — *Vibrio undula*.

Fig. 13. — *Monas pulvisculus*.

Fig. 14. — *Monas termo*.

Fig. 15. — *Monas rubra*.

Fig. 16. — *Trepomonas agilis*.

Fig. 17, 18. — *Monas punctum*.

Fig. 19. — *Monas nebulosa*.

Fig. 20. — *Monas viridis*.

Fig. 21. — *Monas cervacea*.

Fig. 22. — *Astasia fusiformis*.

Fig. 3. — *Cyclomonas volubilis*. — *vc*, vésicule contractile.
Fig. 24. — *Cyathomonas spissa*.
Fig. 25. — *Spirillum undula*.
Fig. 26. — *Vibrio biformatus*.
Fig. 27. — *Spirillum plicatile*.
Fig. 28. — *Vibrio bacillus*.
Fig. 29. — *Astasia crassa*.

Planche XXVIII.

Fig. 1. — *Trichamœba radiata*. — *vc*, vésicule contractile.
Fig. 2. — *Amœba ramosa*
Fig. 3. — *Thecamœba quadripartita*. — *vc*, vésicule contractile.
Fig. 4. — *Trichamœba hirta*. — *vc*, vésicule contractile.

Planche XXIX.

Fig. 1. — *Amœba crassa*.
Fig. 2, 3, 5. — *Amœba guttula*. — *vc*, vésicule contractile.

Fig. 4 à 4 *b*. — *Amœba brachiata*. — *a*, globules verts ; *vc*, vésicule contractile.
Fig. 6. — *Amœba lacerata*. — *vc*, vésicule contractile.
Fig. 7. — *Amœba verrucosa*. — *a*, navicules ; *b*, gros globules ; *vc*, vésicule contractile.

Planche XXX.

Cette planche contient des sommets de vorticellides détachés de leurs pédicules et nageant librement. Ces capitules appartiennent au genre *Vorticella, Epistylis, Carthesium* et *Zoothamnium*; mais ainsi détachés et leurs péristomes étant fermés, ces corps ne présentent plus de caractères génériques certains. Ils ont été considérés par quelques auteurs comme des êtres complets, et Muller en a décrit un certain nombre sous le nom générique de *Vorticella*. La figure 28 représente un jeune Epistylis qui possède encore sa couronne de cils adventifs.

FIN.